U0266561

本书受国家社科基金青年项目"'科学、技术、社会'视域下民生科技发展的路径研究"（10CZX012）
教育部人文社会科学重点研究基地——山西大学科学技术哲学研究中心基金资助

科学技术哲学文库

丛书主编／郭贵春

民生科技发展的广义语境路径研究

——基于STS视域

苏玉娟 ⊙ 著

科学出版社

北京

图书在版编目（CIP）数据

民生科技发展的广义语境路径研究：基于 STS 视域 / 苏玉娟著. —北京：科学
出版社，2016.4
（科学技术哲学文库）
ISBN 978-7-03-047599-2

Ⅰ. ①民…　Ⅱ. ①苏…　Ⅲ. ①科学技术–技术发展–科学哲学–研究　Ⅳ. ①N02

中国版本图书馆 CIP 数据核字（2016）第 047061 号

丛书策划：孔国平
责任编辑：邹　聪　刘　溪　刘巧巧 / 责任校对：郑金红
责任印制：徐晓晨 / 封面设计：黄华斌　陈　敬
联系电话：010-64035853
电子邮箱：houjunlin@mail.sciencep.com

科　学　出　版　社　出版
北京东黄城根北街 16 号
邮政编码：100717
http://www.sciencep.com

北京京华虎彩印刷有限公司印刷

科学出版社发行　各地新华书店经销
*
2016 年 4 月第　一　版　开本：720×1000　B5
2016 年 4 月第一次印刷　印张：19
字数：372 000
定价：98.00 元

（如有印装质量问题，我社负责调换）

总　　序

认识、理解和分析当代科学哲学的现状，是我们抓住当代科学哲学面临的主要矛盾和关键问题、推进它在可能发展趋势上取得进步的重大课题，有必要对其进行深入研究并澄清。

对当代科学哲学的现状的理解，仁者见仁，智者见智。明尼苏达科学哲学研究中心在 2000 年出版的 *Minnesota Studies in the Philosophy of Science* 中明确指出："科学哲学不是当代学术界的领导领域，甚至不是一个在成长的领域。在整体的文化范围内，科学哲学现时甚至不是最宽广地反映科学的令人尊敬的领域。其他科学研究的分支，诸如科学社会学、科学社会史及科学文化的研究等，成了作为人类实践的科学研究中更为有意义的问题、更为广泛地被人们阅读和争论的对象。那么，也许这导源于那种不景气的前景，即某些科学哲学家正在向外探求新的论题、方法、工具和技巧，并且探求那些在哲学中关爱科学的历史人物。"[①] 从这里，我们可以感觉到科学哲学在某种程度上或某种视角上地位的衰落。而且关键的是，科学哲学家们无论是研究历史人物，还是探求现实的科学哲学的出路，都被看作一种不景气的、无奈的表现。尽管这是一种极端的看法。

那么，为什么会造成这种现象呢？主要的原因就在于，科学哲学在近 30 年的发展中，失去了能够影响自己同时也能够影响相关研究领域发展的研究范式。因为，一个学科一旦缺少了范式，就缺少了纲领，而没有了范式和纲领，当然也就失去了凝聚自身学科，同时能够带动相关学科发展的能力，所以它的示范作用和地位就必然要降低。因而，努力地构建一种新的范式去发展科学哲学，在这个范式的基底上去重建科学哲学的大厦，去总结历史和重塑它的未来，就是相当重要的了。

换句话说，当今科学哲学在总体上处于一种"非突破"的时期，即没有重大的突破性的理论出现。目前，我们看到最多的是，欧洲大陆哲学与大西洋哲学之间的渗透与融合，自然科学哲学与社会科学哲学之间的借鉴与交融，常规科学的进展与一般哲学解释之间的碰撞与分析。这是科学哲学发展过程中历史地、必然地要出现的一种现象，其原因在于五个方面。第一，自 20 世纪的后历史主义出现以来，科学哲学在元理论的研究方面没有重大的突破，缺乏创造性的新视角和新方法。第二，对自然科学哲学问题的研究越来越困难，无论是拥有什么样知识背景的科学哲学家，对新的科学发现和科学理论的解释都存在着把握本质的困难，

---

① Hardcastle G L, Richardson A W. Logical Empiricism in North America//Minnesota Studies in the Philosophy of Science. Volume XVIII. University of Minnesota Press，2000：6.

它所要求的背景训练和知识储备都愈加严苛。第三，纯分析哲学的研究方法确实有它局限的一面，需要从不同的研究领域中汲取和借鉴更多的方法论的经验，但同时也存在着对分析哲学研究方法忽略的一面，轻视了它所具有的本质的内在功能，需要在新的层面上将分析哲学研究方法发扬光大。第四，试图从知识论的角度综合各种流派、各种传统去进行科学哲学的研究，或许是一个有意义的发展趋势，在某种程度上可以避免任何一种单纯思维趋势的片面性，但是这确是一条极易走向"泛文化主义"的路子，从而易于将科学哲学引向歧途。第五，科学哲学研究范式的淡化及研究纲领的游移，导致了科学哲学主题的边缘化倾向，更为重要的是，人们试图用从各种视角对科学哲学的解读来取代科学哲学自身的研究，或者说把这种解读误认为是对科学哲学的主题研究，从而造成了对科学哲学主题的消解。

然而，无论科学哲学如何发展，它的科学方法论的内核不能变。这就是：第一，科学理性不能被消解，科学哲学应永远高举科学理性的旗帜；第二，自然科学的哲学问题不能被消解，它从来就是科学哲学赖以存在的基础；第三，语言哲学的分析方法及其语境论的基础不能被消解，因为它是统一科学哲学各种流派及其传统方法论的基底；第四，科学的主题不能被消解，不能用社会的、知识论的、心理的东西取代科学的提问方式，否则科学哲学就失去了它自身存在的前提。

在这里，我们必须强调指出的是，不弘扬科学理性就不叫"科学哲学"，既然是"科学哲学"就必须弘扬科学理性。当然，这并不排斥理性与非理性、形式与非形式、规范与非规范研究方法之间的相互渗透、融合和统一。我们所要避免的只是"泛文化主义"的暗流，而且无论是相对的还是绝对的"泛文化主义"，都不可能指向科学哲学的"正途"。这就是说，科学哲学的发展不是要不要科学理性的问题，而是如何弘扬科学理性的问题，以什么样的方式加以弘扬的问题。中国当下人文主义的盛行，并不是证明科学理性不重要，而是在科学发展的水平上，社会发展的现实矛盾激发了人们更期望从现实的矛盾中，通过对人文主义的解读，去探求新的解释。但反过来讲，越是如此，科学理性的核心价值地位就越显得重要。人文主义的发展，如果没有科学理性作为基础，就会走向它关怀的反面。这种教训在中国社会发展中是很多的，比如有人在批评马寅初的人口论时，曾以"人是第一可宝贵的"为理由。在这个问题上，人本主义肯定是没错的，但缺乏科学理性的人本主义，就必然走向它的反面。在这里，我们需要明确的是，科学理性与人文理性是统一的、一致的，是人类认识世界的两个不同的视角，并不存在矛盾。从某种意义上讲，正是人文理性拓展和延伸了科学理性的边界。但是人文理性不等同于人文主义，正像科学理性不等同于科学主义一样。坚持科学理性反对科学主义，坚持人文理性反对人文主义，应当是当代科学哲学所要坚守的目标。

　　我们还需要特别注意的是，当前存在的某种科学哲学研究的多元论与 20 世纪后半叶历史主义的多元论有着根本的区别。历史主义是站在科学理性的立场上，追求科学理论进步纲领的多元性，而现今的多元论，是站在文化分析的立场上，追求对科学发展的文化解释。这种解释虽然在一定层面上扩张了科学哲学研究的视角和范围，但它却存在着文化主义的倾向，存在着消解科学理性的倾向。在这里，我们千万不要把科学哲学与技术哲学混为一谈。这二者之间有重要的区别。因为技术哲学自身本质地赋有更多的文化特质，这些文化特质决定了它不是以单纯科学理性的要求为基底的。

　　在世纪之交的后历史主义的环境中，人们在不断地反思 20 世纪科学哲学的历史和历程。一方面，人们重新解读过去的各种流派和观点，以适应现实的要求；另一方面，试图通过这种重新解读，找出今后科学哲学发展的新的进路，尤其是科学哲学研究的方法论的走向。有的科学哲学家在反思 20 世纪的逻辑哲学、数学哲学及科学哲学的发展，即"广义科学哲学"的发展中提出了五个"引导性难题"（leading problems）。

　　第一，什么是逻辑的本质和逻辑真理的本质？

　　第二，什么是数学的本质？这包括：什么是数学命题的本质、数学猜想的本质和数学证明的本质？

　　第三，什么是形式体系的本质？什么是形式体系与希尔伯特称之为"理解活动"（the activity of understanding）的东西之间的关联？

　　第四，什么是语言的本质？这包括：什么是意义、指称和真理的本质？

　　第五，什么是理解的本质？这包括：什么是感觉、心理状态及心理过程的本质？[①]

　　这五个"引导性难题"概括了整个 20 世纪科学哲学探索所要求解的对象及 21 世纪自然要面对的问题，有着十分重要的意义。从另一个更具体的角度来讲，在 20 世纪科学哲学的发展中，理论模型与实验测量、模型解释与案例说明、科学证明与语言分析等，它们结合在一起作为科学方法论的整体，或者说整体性的科学方法论，整体地推动了科学哲学的发展。所以，从广义的科学哲学来讲，在 20 世纪的科学哲学发展中，逻辑哲学、数学哲学、语言哲学与科学哲学是联结在一起的。同样，在 21 世纪的科学哲学进程中，这几个方面也必然会内在地联结在一起，只是各自的研究层面和角度会不同而已。所以，逻辑的方法、数学的方法、语言学的方法都是整个科学哲学研究方法中不可或缺的部分，它们在求解科学哲学的难题中是统一的和一致的。这种统一和一致恰恰是科学理性的统一和一致。必须看到，认知科学的发展正是对这种科学理性的一致性的捍卫，而不是相反。

---

① Shauker S G. Philosophy of Science，Logic and Mathematics in 20th Century. London：Routledge，1996：7.

我们可以这样讲，20 世纪对这些问题的认识、理解和探索，是一个从自然到必然的过程；它们之间的融合与相互渗透是一个从不自觉到自觉的过程。而 21 世纪，则是一个"自主"的过程，一个统一的动力学的发展过程。

那么，通过对 20 世纪科学哲学的发展历程的反思，当代科学哲学面向 21 世纪的发展，近期的主要目标是什么？最大的"引导性难题"又是什么？

第一，重铸科学哲学发展的新的逻辑起点。这个起点要超越逻辑经验主义、历史主义、后历史主义的范式。我们可以肯定地说，一个没有明确逻辑起点的学科肯定是不完备的。

第二，构建科学实在论与反实在论各个流派之间相互对话、交流、渗透与融合的新平台。在这个平台上，彼此可以真正地相互交流和共同促进，从而使它成为科学哲学生长的舞台。

第三，探索各种科学方法论相互借鉴、相互补充、相互交叉的新基底。在这个基底上，获得科学哲学方法论的有效统一，从而锻造出富有生命力的创新理论与发展方向。

第四，坚持科学理性的本质，面对前所未有的消解科学理性的围剿，要持续地弘扬科学理性的精神。这应当是当代科学哲学发展的一个极关键的方面。只有在这个基础上，才能去谈科学理性与非理性的统一，去谈科学哲学与科学社会学、科学知识论、科学史学及科学文化哲学等流派或学科之间的关联。否则，一个被消解了科学理性的科学哲学还有什么资格去谈论与其他学派或学科之间的关联？

总之，这四个从宏观上提出的"引导性难题"既包容了 20 世纪的五个"引导性难题"，也表明了当代科学哲学的发展特征：一是科学哲学的进步越来越多元化。现在的科学哲学比过去任何时候，都有着更多的立场、观点和方法；二是这些多元的立场、观点和方法又在一个新的层面上展开，愈加本质地相互渗透、吸收与融合。所以，多元化和整体性是当代科学哲学发展中一个问题的两个方面。它将在这两个方面的交错和叠加中寻找自己全新的出路。这就是当代科学哲学拥有强大生命力的根源。正是在这个意义上，经历了语言学转向、解释学转向和修辞学转向这"三大转向"的科学哲学，而今转向语境论的研究就是一种逻辑的必然，成为科学哲学研究的必然取向之一。

这些年来，山西大学的科学哲学学科，就是围绕着这四个面向 21 世纪的"引导性难题"，试图在语境的基底上从科学哲学的元理论、数学哲学、物理哲学、社会科学哲学等各个方面，探索科学哲学发展的路径。我希望我们的研究能对中国科学哲学事业的发展有所贡献！

郭贵春

2007 年 6 月 1 日

前　　言

21 世纪以来，人类逐步进入了一个高科技时代，科学技术成为经济、社会发展的决定力量。科学技术与社会的关系也逐步由经济领域扩展到政治和社会等领域。

中国是四大发明的故乡，华夏文明所创造的奇迹是炎黄子孙永远的骄傲。但近代社会，中国的科学技术发展明显落后于西方，出现了"李约瑟难题"。直到新中国成立以后，在中国共产党的领导下，中国的科学技术才取得了显著成就。特别是在"863 计划"实施以来，中国的信息技术、生物技术、空间技术、新能源技术、新材料技术、海洋技术等取得了一系列成果。在一些领域，中国的科学技术甚至处于世界前列。中国科学技术不仅本身发展很快，而且转化率不断提升。现代科学技术的发展促进了中国经济建设、政治建设、文化建设、社会建设和生态建设；促进了中国产业结构的不断升级，使中国从工业社会逐步向信息社会转变；同时，也促进了中国工业化、信息化和知识化的发展。但是，科学技术作为一把"双刃剑"，它在促进社会发展的同时，也带来了一系列问题，如环境问题、资源问题和能耗问题等。

进入 21 世纪，从 2001 年美国的"9·11"事件到 2004 年西班牙的"3·11"事件，从 2003 年的"非典"到近年来频繁爆发的禽流感，从 2004 年年底的印度洋海啸到 2005 年的南亚大地震，从 2008 年中国的汶川大地震到 2009 年的甲型H1N1 流感，安全问题日益突出，成为对人类和平与发展的严重威胁。21 世纪，中华民族的现代化事业既面临着极大的机遇，也同样面临着极大的挑战。中国面临的涉及民生的安全问题、健康问题、人口问题、环境问题等越来越多。民生问题给人类造成了很大的经济损失、环境破坏和人员伤亡。十七大报告提出"社会建设与人民幸福安康息息相关。必须在经济发展的基础上，更加注重社会建设，着力保障和改善民生，推进社会体制改革，扩大公共服务，完善社会管理，促进社会公平正义，努力使全体人民学有所教、劳有所得、病有所医、老有所养、住有所居，推动建设和谐社会"。科学技术作为服务于人类发展的工具，面对民生问题越来越突出的情况，客观上要求科学技术服务于民生问题的解决。《国家"十二五"科学和技术发展规划》，在发展农业科技、工业科技、高科技的基础上，增加了发展公共安全科技、健康科技等民生科技。当代科学技术的发展越来越向解决民生问题的方向转变。在这种背景下，民生科技应运而生。

作为一个新名词，"民生科技"直接反映了科学技术解决民生问题的程度和领域。2007 年,"民生科技"首次被重庆市科学技术委员会主任周旭带进了人们的视线。"对省级以下的科技部门来说,我认为目前主要应把精力放在民生科技上,也就是让先进的实用技术成为我们科研的主要方向。"① 之后,周元、王海燕、王瑟、孟宪平、刘莉、朱彤、刘恕等对民生科技的元理论及其价值进行了研究。他们之中有人认为,民生科技是与民生问题最直接相关的科学技术;也有人认为,民生科技是在民生科学基础上融合了相关的技术。其实,民生科技是用于解决民生问题的所有科学技术,不仅包括直接民用化的科学技术,还包括军用科技民用化的科学技术。由于民生问题处于动态的变化之中,因而民生科技也是处于动态变化之中的。不同时代的民生科技发展的重点都是不同的,一方面它的发展受科学技术本身发展水平的制约,另一方面,也受到社会需求的影响。民生科技直接拉近了科学技术与社会发展的距离,使科学技术成为服务于人类的重要工具。

如何抓住机遇,迎接挑战,把中国的事情办好,是我们当前的首要任务。顺利完成这一任务的关键是解决好中国目前面临的民生问题,这有必要对民生科技进行深入的探讨。民生科技作为解决民生问题的工具支撑,它的发展过程涉及历史维度、认知维度、科学维度和社会维度。只有系统地研究民生科技,才能更好地促进民生科技转化与应用,解决中国面临的民生问题,实现科学发展。

虽然,已出版的关于科技与社会的著作不少,有的侧重分析科学技术发展的社会功能,有的侧重分析现代科技发展的领域,有的侧重分析科技与社会之间的互动关系,但是,这些著作总体上都比较宏观,且侧重理论分析。本书立足于现实社会,在理论层次对民生科技发展的路径及评估体系进行了深入的分析。在实践层次上通过对人口健康科技、生态环境科技、公共安全科技和防灾减灾科技发展水平进行评估,分析其发展水平,并寻求民生科技解决民生问题时存在的问题并提出相应的对策。之后,本书阐述了民生科技发展的广义语境路径的未来走向,主要从民生科技与第六次科技革命、社会转型、中国梦角度阐述民生科技发展对我国科技、经济、社会和文化发展的重要作用。本书采用语境分析方法、数理模型方法、调查分析方法、历史分析方法等,实现了方法的创新。总之,本书对发展民生科技,解决中国的民生问题具有重要的理论意义和现实价值。

苏玉娟

2015 年 10 月 10 日

---

① 王瑟:《关注与我们息息相关的民生科技》.《光明日报》,2007-03-11 (2)。

目　　录

第一篇　理论篇

第二篇　实证篇

第三篇　走向篇

导　　论

进入 21 世纪，科学技术与社会走向新的发展阶段。一方面，科学技术在促进社会经济发展的同时，越来越关注健康、安全、环保与防灾减灾等民生问题；另一方面，社会发展从解决温饱向建设小康社会和构建和谐社会迈进，科学技术正在改善民众健康、安全、环保与防灾减灾等民生问题。民生科技正是在这种时代背景下提出来的。

一、民生科技提法的由来

2007 年，"民生科技"首次被重庆市科学技术委员会主任周旭带进了人们的视线。他说："对省级以下的科技部门来说，我认为目前主要应把精力放在民生科技上，也就是让先进的实用技术成为我们科研的主要方向。"[①] 之后，周元、王海燕、王瑟、孟宪平、刘莉、朱彤、刘恕等对民生科技的元理论及其价值进行研究。有人认为，民生科技是与民生问题最直接相关的科学技术；也有人认为，民生科技是在民生科学基础上融合了相关的技术。笔者和魏屹东教授合作写了一篇《民生科技解决民生问题的维度分析》，认为民生科技是用于解决民生问题的所有科学技术，不仅包括直接民用化的科学技术，还包括军用科技民用化的科学技术，不仅扩展了民生科技的内涵，并认为民生科技的提法直接来源于社会需要，使科学技术与社会之间的关系越来越紧密。虽然过去曾有军用科技和民用科技的提法，但它是从科学技术应用的范围进行划分的。军用科技就是服务于军用领域的科学技术，民用科技就是服务于社会生活中的科学技术。军用科技与民用科技的提法是一定时代发展的产物。在和平时代，军用科技与民用科技走向融合，出现了军用科技民用化，民用科技军用化的趋势。2011 年 7 月，科技部出台的《关于加快发展民生科技的意见》中提出："民生科技主要涉及民生改善的科学技术，是围绕人民群众最关心、最直接、最现实的社会发展重大需求，开展的科学研究、产品开发、成果转化和科技服务。"[②] "十二五"期间，我国民生科技发展的重点领域为人口健康科技、公共安全科技、生态环境科技和防灾减灾科技等。

民生科技的提出体现了科学技术与民生问题的融合性。十七大报告将解决民生问题作为目前需要解决的重要问题。十八大报告进一步指出加强社会建设，必

---

① 王瑟：《关注与我们息息相关的民生科技》.《光明日报》，2007-03-11（2）。
② 科技部：《关于加快发展民生科技的意见》，中国聚合物网，2011-7-21，http://www.polymer.cn/sci/kjxw6029.html[2011-7-23]。

须以保障和改善民生为重点。要多谋民生之利，多解民生之忧，解决好人民最关心、最直接、最现实的利益问题，在学有所教、劳有所得、病有所医、老有所养、住有所居上持续取得新进展，努力让人民过上更好的生活。民生是任何时代都必须关注的重要领域，只有解决好民生问题，民众才能安居乐业，社会才能稳定，国家才能发展。所以，民生问题是不同时代的一个共同问题，只不过在不同时代，需要解决的民生问题侧重点不同而已。科学技术作为服务于社会的工具，在任何时代解决民生问题的过程中都起到了巨大的推动作用。一方面，民生问题为科学技术发展提供了方向和研究领域；另一方面，科学技术发展应用于社会领域，促进了民生问题的解决。科学技术与民生问题的有机结合，推动人类社会不断前进发展。

民生科技的提出体现了大科学时代社会发展的需要。每一次科技革命都促进了新概念的产生，如蒸汽机、电动机、发电机、电脑、纳米技术、基因工程、克隆技术等。同时，每一次科技革命都促进了社会的进步。近代科技革命使人类从农业社会进入了工业社会，现代科技革命使人类从工业社会进入了知识经济社会。科学技术与社会的关系越来越密切。特别是大科学时代，科学技术研究的经费、人才、研究方向越来越受到社会的影响。在大科学时代，科学技术解决民生问题的价值取向越来越明显，成为社会发展的重要支撑。

民生科技的提出反映了社会实践是科学技术发展的立足点与落脚点。民生科技虽然是近期才提出来的新概念，但在人类发展过程中，科学技术一直都具有服务于解决民生问题这样一个功能。原始社会的石器技术，使当时的民众有熟饭吃，有房屋住，为当时民众解决最基本的生存问题提供了条件。而漫长的农业社会里，青铜器技术、铁器技术促进了农耕技术的发展，为民众解决温饱问题提供了工具。近代科技革命通过产业革命，大大提高了生产力的发展，为社会提供了丰富的产品，满足了民众生存、生活的需要。现代科技革命不仅解放了人类的体力劳动，而且解放了人类的脑力劳动，为民众全面发展提供了时间和精力。科学技术的发展与社会的进步紧密联系在一起。民生科技这种提法既体现了不同时代民生科技解决民生问题的共性，又对研究不同时代民生科技解决民生问题的特殊性提供了方法论，坚持了历史唯物主义与辩证唯物主义。因此，社会实践是民生科技解决民生问题的立足点与落脚点。

二、民生科技相关领域的研究现状

目前，科学技术服务于民生问题已成为世界各国政府制定科技政策的重要导向。国外虽然没有提出"民生科技"概念，但是它们的科学技术已转向解决民生问题。一些学者研究了发达国家科技解决民生问题的路径，如美国企业主导路径、北欧政府与企业联合开发路径、日韩政府主导路径等。十七大以来，解决民生问题也已成为我国社会建设的重要任务。我国学者提出"民生科技"概念，并从理论和实践等方面对民生科技及其相关领域进行研究。自《关于加快发展民生科技的意见》对民生科技概念进行界定后，民生科技发展领域逐步明晰。该意见指出"十二五"期间，我国民生科技发展重点领域包括人口健康科技、公共安全科技、生态环境科技和防灾减灾科技。《国家中长期科学技术发展规划纲要（2006—2020年)》中重点发展领域包括人口与健康、生态环境科技等。在《国家"十二五"科学和技术发展规划》中，"民生科技"成为重点领域发展的核心关键技术，该规划主张大力发展人口健康科技、生态环境科技、绿色城镇关键技术、防灾减灾科技等。从《国家"十二五"科学和技术发展规划》及《关于加快发展民生科技的意见》看，民生科技发展主要领域包括人口健康科技、公共安全科技、生态环境科技和防灾减灾科技。由于民生科技概念提出是近几年的事情，为避免辉格式研究，我们主要通过中国知网检索民生科技概念被提出来之后民生科技研究状况及其所属人口健康科技、公共安全科技、生态环境科技、防灾减灾科技等研究状况。

（一）民生科技的研究现状

目前民生科技研究的主要表现形式是论文和图书。图书目前有《民生科技研究》和《民生科技论》，其主要对民生科技发展特征、水平、存在问题和对策等进行系统研究。多数是以论文的形式进行研究的，下面主要分析论文和报道研究情况。

2007年，"民生科技"首次以新的科技名词成为研究主题。2007年3月8日，刘莉和朱彤所写报道《科技人员应关注民生科技》发表于《科技日报》，主要报道重庆市科学技术委员会主任周旭所思考的问题，即科技部门怎样抓民生问题。在他看来，"如果我们的科技人员多一些精力投入'民生科技'，我们的未来生活就会变得更加舒适、方便"。自此，民生科技开始进入研究者的领域。该年度共有18篇关于民生科技的论文和报道，分别发表于《人民日报》《科技日报》《人民政协报》《石家庄日报》《天津日报》《温州日报》和《学习时报》等。它们主要以报纸宣传为主，重点研究发展民生科技对改善百姓生活、构建和谐社会、解决民生问题等的重要性。

2008年，关于民生科技研究的论文和报道共37篇，分别发表于《光明日报》《科技日报》《中国水利报》《内蒙古日报》《南宁日报》《江苏科技报》《南京日报》《南通日报》等报纸。它们重点研究民生科技发展的必要性，民生科技发展路径需要政策和资金支撑及奖励和示范工程推动，军口与民口、威望科技与民生科技的关系问题，以及广州、宜兴、廊坊、深圳、山东、江苏、广安等地区促进民生科技发展的措施等。

2009年，关于民生科技研究论文和报道共48篇，发表于《科学学研究》《太原科技》《山西科技》《北京水务》《科技潮》《中国科技财富》等杂志和《广东科技报》《中国气象报》《福建科技报》《山西日报》《科技日报》《烟台日报》《太原日报》等。它们重点研究民生科技发展对解决三农问题、气象问题、水务问题等的重要作用,民生科技发展广义语境路径的维度分析,北京、太原、山东、河北、陕西等地区促进民生科技发展的措施及民生科技发展的实践。

2010 年,关于民生科技研究论文和报道共 22 篇,分别发表于《中国科技奖励》《河北农业科学》《中国高新技术企业》《学会》《中国水利》《科协论坛》《福建农业科技》《西藏日报》《乐山日报》《中国气象报》等上。它们重点研究民生科技发展对水利、农业和工业及贵州、邯郸等区域发展的重要性,民生科技发展广义语境路径应体现科协、科技社团、科技战略和科技奖励的作用。

2011 年,关于民生科技研究论文和报道共 51 篇,分别发表于《广东科技》《企业研究》《科技管理研究》《甘肃科技》《华东科技》《青海科技》《北京日报》《人民日报》《科技日报》《杭州日报》《学习时报》《南方日报》等。它们重点研究民生科技对幸福、可持续发展、环境等的重要作用,美国、日本等国家对我国民生科技发展的启示,民生科技发展支撑体系建设,新疆、青海、广东等地区民生科技工程建设的实践。

2012 年,关于民生科技研究论文和报道共 75 篇,分别发表于《科学学研究》《学习月刊》《杭州科技》《国防科技工业》《求是》《科技日报》《保定日报》《北京日报》等。它们重点研究民生科技发展规划、民生科技产业与新兴产业的关系、民生科技范围及其评价体系,以及国外民生科技发展对我国的启示等。

总之,近些年来对民生科技研究整体呈现上升趋势,更多关注其重要性、区域性、国际经验性。目前,国内外对民生科技发展的路径研究存在以下三方面的缺陷。第一,缺乏全面性。这些路径主要从民生科技发展多元主体的相对重要性出发,忽视其他因素的作用。第二,缺乏定量分析。这些路径只是反映了一些因素在民生科技发展中的主导性作用,不能通过相关指标反映民生科技解决民生问题的具体程度。第三,缺乏系统性。民生科技发展的路径由民生科技的内涵与特征决定,而很多研究并没有对民生科技内涵、特征、路径进行系统分析。总体上看,民生科技还是新生事物,目前的研究主要围绕民生科技内涵、作用等方面,对民生科技发展的路径研究比较欠缺。本书以"解决民生问题"为切入点,从 STS(科学、技术、社会)视域研究民生科技发展的路径,是一个具有挑战性的课题。

（二）人口健康科技的研究现状

自 1956 年我国第一个科技规划制定以来,人口健康科技成为我国科技发展的重要领域。目前对人口健康科技研究主要以论文为主,研究起于 20 世纪 80 年代。为便于研究,我们将人口健康科技研究划分为 20 世纪 80 年代、20 世纪 90 年代、

21 世纪初三个阶段进行分析。

　　虽然 20 世纪 50 年代人口健康科技已经进入国家规划，但是对它的研究比较晚。20 世纪 80 年代人口健康科技相关论文比较少，主要侧重对工程师、科技人员健康问题的调查与解决。

　　20 世纪 90 年代，人口健康科技研究主要侧重基层科技人员的健康状况及对他们健康教育的研究，生物工程对解决健康问题的作用，人口健康科技产业和健康睡眠工程的发展等。

　　21 世纪，随着民众对健康问题关注的不断提升，人口健康科技越来越受到重视。健康睡眠、健康住宅越来越成为人口健康科技发展的重要领域；纳米科技对人口健康科技具有重要作用。自 2011 年人口健康科技成为民生科技发展的重要领域以来，人口健康科技研究呈现上升趋势。《关于加快发展民生科技的意见》指出，"十二五"期间人口健康科技主要加快医疗人口健康科技发展，突破重点疾病防治技术，发展现代医学、药物创制技术，提高疾病防治水平，培育和发展生物医药产业。该时期，人口健康科技论文主要研究了全民人口健康科技在社区的发展、"十二五"期间人口健康科技发展、人口健康科技发展特征等。

　　总之，人口健康科技作为民生科技发展的重要领域，越来越受到关注。但是，从目前研究看，主要侧重人口健康科技发展领域介绍和科技人员健康问题的调研，对人口健康科技发展广义语境路径、发展特征等研究比较缺乏。

　　（三）公共安全科技的研究现状

　　公共安全科技的发展直接来源于食品、生产、社会领域安全事件的不断发生。"据统计，全国每年由于生态环境问题造成的损失达 6500 亿元人民币，严重影响了国民经济全面、协调、可持续的发展。"[①] 公共安全科技发展主要包括食品安全科技、生产安全科技和公共安全科技等。1991 年，社会公共安全技术成为我国科技规划的重要内容之一，公共安全科技成为我国科学技术发展的重要领域之一。《关于加快发展民生科技的意见》指出，"十二五"期间公共安全科技需大力提升食品安全保障能力、生产安全能力和生态环境保障水平；加强核心技术突破、技术系统集成和重大装备研发，全面提升我国生态环境的科技支撑能力。

　　从研究论文看，食品安全、生产安全、生态安全等科技论文比较多，研究时间比较早，多是开始于我国改革开放后。以公共安全科技为主题的研究论文开始于 2003 年中国科协学术年会"安全健康：全面建设小康社会"专题交流会，当时一些作者撰写了关于城市公共安全科技发展的相关论文。2005 年，有些论文研究了公共安全科技发展的政策引导和食品安全科技的发展及公共安全科技发展的必

---

　　① 孙海鹰，冯波：《加强科技政策引导推动我国公共安全科技发展》，《科学学与科学技术管理》2005 年第 9 期，第 118-122 页。

要性。2006 年，一些论文研究了煤矿安全科技及公共安全科技体系的构建问题。2007 年，一些论文主要研究了公共安全科技发展现状及存在问题。2008 年，公共安全科技发展进入一个新的阶段，即在清华大学成立了生态环境研究中心。2009 年，一些论文主要研究了公共安全科技发展需要人才支撑，必须构建公共安全科技体系。2010 年，一些论文主要研究了公共安全科技发展的风险问题、体系建设问题、应急体系和示范工程建设问题。2011 年，一些论文主要研究了公共交通、食品、矿山安全等方面的安全问题，以及物联网应用技术在生态环境发展中的作用。2012 年，一些论文主要研究了一些地区公共安全科技发展重要的支撑作用及协同创新在公共安全科技发展中的作用。

总之，随着民众生活质量的不断提升，食品、生产、公共领域安全问题越来越受到民众和政府的重视。公共安全科技作为解决生态环境问题的重要支撑，它的发展越来越受到不同群体的重视。从研究结果看，公共安全科技研究主要侧重发展的必要性、体系建设、人才支撑及食品、生产、公共领域安全科技发展现状和存在问题。对于公共安全科技发展广义语境路径、发展特征等重要问题研究比较少。由于公共安全科技涉及食品、生产、社会安全等领域，研究公共安全科技发展广义语境路径对解决不同领域安全问题具有重要的指导与实践意义。

（四）生态环境科技的研究现状

生态环境科技的发展直接来源于我国生态问题和环境问题的不断凸显。1978 年，生态环境科技成为我国科技规划的重要内容之一，当时主要发展环境污染和食品卫生防治技术，生态环境科技逐步受到国家和民众的支持。《关于加快发展民生科技的意见》指出，"十二五"期间生态环境科技发展需要加强环境污染治理和生态环境保护，加强清洁能源、资源高效勘探与开发利用、清洁生产等技术的开发和示范应用，促进资源节约型、环境友好型社会发展。

20 世纪 90 年代，对生态环境科技的研究主要集中在生态环境科技发展的必要性及发展方向等。进入 21 世纪，随着环保产业的不断发展，生态环境科技越来越受到重视。2001 年，生态环境科技发展现状、政策支持及规划情况成为研究的主题。2002 年，研究集中在生态环境科技与环保产业的协同发展这个主题上。2003~2005 年研究的主题是生态环境科技创新之路。2006 年，对于生态环境科技发展是历史性转折的一年，7 月 3 日，国家环保总局出台了《关于增强环境科技创新能力的若干意见》，时任国家环保总局副局长吴晓青认为，该意见是生态环境科技发展的纲领性文件，应加快生态环境科技基地的建设。2007 年学者们重点研究了大唐环境科技工程有限公司、华忠环境科技有限公司、长沙新中大环境科技有限公司等发展规划及竞争战略。2008 年，学界主要关注江西都昌搭建鄱阳湖生态环境科技平台及生态环境科技监测工作。2009 年，学界主要关注北京、湖南、山东、江西等生态环境科技企业发展及相关基地建设情况。2010 年，生态环境科技论坛及一些区域生态环境科技企业发展情况成为学界关注的重点。2011 年，我国投入 220 亿元提升生态环境科技创新能力这一举措被重点关注。2012 年，新时期生态环境科技发展的使命及举办能源环境科技企业家年会等被重点关注。

总之，民众改善生态环境愿望的不断增强，使生态环境科技投入、产业化进程不断加快。从论文研究情况看，主要侧重生态环境科技发展的必要性、生态环境科技企业及区域生态环境科技介绍、相关文件的解读等，对于生态环境科技发展的领域、路径、特征等研究比较少。

（五）防灾减灾科技的研究现状

防灾减灾科技的发展直接来源于应对地震、地质、产业等自然灾害而发展起来的科学技术。1956 年，我国第一个科技规划中将地震灾害预防作为科学技术发展的重要领域之一。《关于加快发展民生科技的意见》指出，"十二五"期间我国防灾减灾科技主要针对突发性灾害天气、农林病虫害、突发重大事故和灾难等，开发重大自然灾害预测预报技术和应急救灾重大装备，加强气候变化和防灾减灾技术研究，全面提高应对能力，保障人民生命财产安全。

从研究论文看，20 世纪 90 年代，主要研究防灾减灾科技发展的重要性及城市、农村等气象、水利防灾减灾科技发展的必要性及现状。进入 21 世纪，随着海啸、地震、泥石流等自然灾害的不断发生，防灾减灾科技越来越受到重视。2001 年，学者们主要研究了"十五"期间防灾减灾科技规划及北京奥运会防灾减灾科技发展思路。2003 年，学者们主要研究了北京、温州等地区防灾减灾科技联合应急措施。2004 年，学者们研究了防灾减灾科技发展的必要性。2005 年，学者们主要研究了防灾减灾科技对落实科学发展观的重要性。2006 年，学者们主要研究了防灾减灾科技发展对实现可持续发展的重要性、国内外防灾减灾科技应用、一些区域防灾减灾科技应用能力建设。2007 年，学者们主要研究了气象防灾减灾科技发展的重要性及云南防灾减灾科技支撑能力建设的对策。2008 年，学者们主要研究了防灾减灾科技发展的必要性，我国防灾减灾科技应用与建设现状、问题与建议，川渝、贵州等地区防灾减灾科技发展，科技团体和增加投入在防灾减灾科技发展中的作用。2009 年，学者们主要研究了海洋、气象防灾减灾科技发展的必要性，辽宁、重庆等地区防灾减灾系统建设。2010 年，学者们主要研究了防灾减灾科技发展的重要性，民族地区防灾减灾体系建设。2011 年，学者们主要研究了湖北、湖南等地区防灾减灾科技发展现状，气象防灾减灾科技发展的必要性。2012 年，学者们主要研究了农村、城市防灾减灾科技创新及防灾减灾科技教育的重要性。

总之，从研究论文看，防灾减灾科技研究侧重必要性、区域防灾减灾科技研究，以及气象、海洋、农业等领域防灾减灾科技的发展，对防灾减灾科技发展广义语境路径、发展特征等理论性问题研究比较少、不系统。研究主体多是科技管理部门相关人员。正是由于研究人员的单一性,使防灾减灾科技的重要性始终处于认知层面,也就是说虽然"十一五"期间防灾减灾科技已成为我国科技规划的重要内容之一,但是至 2012 年从认知层次看对于防灾减灾科技发展的重要性问题认知水平还是比较低的。显然,我们需要从历史、认知、科技、社会等语境中来构建防灾减灾科技发展的路径,不能让防灾减灾科技研究长时间停留在认知层面,要加快防灾减灾科技在社会领域的应用。

通过对民生科技及其所属的人口健康科技、公共安全科技、生态环境科技、防灾减灾科技研究现状进行分析,发现以下特点:第一,研究民生科技及其所属人口健康科技、公共安全科技、生态环境科技和防灾减灾科技发展的历史原因及其发展的重要性所占比例比较高。第二,从科学语境研究民生科技发展的比较少。第三,从社会语境研究区域民生科技及其所属人口健康科技、公共安全科技、生态环境科技和防灾减灾科技发展水平所占比例比较高,研究资金、人才、科技社团、示范工程对它们的支撑作用比例也比较高。第四,对于民生科技发展特征、发展路径等理论研究比较缺乏,导致民生科技研究处于凌乱的资料堆积状态。民生科技作为解决人口健康、公共安全、生态环境和防灾减灾等民生问题的重要支撑,它不同于基础研究,侧重理论创新,也不同于一般的应用研究,侧重实践创新。它立足于社会实践需求,是基础研究和应用研究的统一,更侧重于解决现实的民生问题。正是民生科技本身的价值选择决定了它的发展路径的独特性。只有对民生科技发展广义语境路径进行系统深入的研究,我们才能更好地解决民生问题。

所以,从研究情况看,对于民生科技及其所属的人口健康科技、公共安全科技、生态环境科技、防灾减灾科技发展广义语境路径研究多侧重于实然研究,从实际路径进行粗线条的定性分析。而本书从哲学层次探讨民生科技及其所属科技的应然路径,并对路径发展水平进行评估,为民生科技发展实践提供科学决策,并具有以下五个方面的意义。①从理论上深入分析民生科技的内涵,以准确把握民生科技的"定位",对解决我国民生问题、实现和谐发展具有重要支撑作用。②全面反映了民生科技在历史、认知、科学、社会、支撑等多语境发展的过程。③路径评估体系对评价我国民生科技的发展水平具有理论和实践指导意义。④对民生科技发展可能带来的风险问题及其控制的研究,可为科学决策和适时决策服务。⑤案例分析为我国民生科技发展提供"路径"效应。

三、民生科技发展广义语境路径研究的视角与方法

从国内外研究现状看,民生科技研究还处于起步阶段。民生科技究竟该如何

发展即民生科技发展广义语境路径是什么？这是我们的当务之急。什么是路径？
一是亦作"路径"，指道路。（明）陆深《燕闲录》："山西州县多在山谷之间，路
径崎岖，搬运极难。"《老残游记》第八回："石头路径，冰雪一冻，异常的滑。"
鲁迅《故事新编·起死》："草间有一条人马踏成的路径。"萧红《家族以外的人》：
"并且路上的落叶也厚了起来，树叶子完全盖着我们在走着的路径。"二指到达目
的地的路线。（元）乔吉《金钱记》第一折："女孩儿从幼未曾出着闺门，我又不
知路径，教我怎生去的？"冰心《最后的安息》："惠姑也笑说：'可不是么，只为
我路径不熟，幸亏你在后面拉着，要不然，就滚下去了。'"民生科技作为解决民
生问题的重要支撑，它的发展路径指民生科技解决民生问题的路线。

（一）民生科技发展广义语境路径研究的视角

科学（science）、技术（technology）、社会（society）的研究简称为"STS 研
究"，它探讨和揭示科学、技术和社会三者之间的复杂关系，研究科学、技术对社
会产生的正负效应。科学主要指自然科学，社会本意是指特定土地上人的集合。
社会在现代意义上是指为了共同利益、价值观和目标的人的联盟。社会是共同生
活的人们通过各种各样的社会关系联合起来的集合。这里的社会指社会发展过程
中反映人的联盟所形成的经济、政治、文化、军事等多种关系。在大科学时代，
科学研究与转化需要社会资金和人才的支撑，科学技术的发展也使社会经济、政
治、文化、教育等处于变革之中，正是科学技术发展的社会化，使"科学、技术、
社会"成为研究科学技术发展的重要视域，改变了科学、技术和社会脱节的问题，
促进了科学、技术更好地造福于人类。民生科技作为解决民生问题的科学技术，
它的发展路径研究必须在 STS 视域下进行研究，原因在于：第一，民生科技发展
是社会民生科技化和民生科技社会化的统一。一方面，由于解决民生问题的现实
需求，民生科技解决民生问题的过程是社会民生科技化的过程；另一方面，民生
科技发展离不开社会领域科技规划、传播机构建设、要素体系、国际合作等方面
的支撑。第二，民生科技作为科学技术发展的重要领域，必须遵循科学技术发展
的规律。正是民生科技本身发展的特征决定了民生科技研究必须在 STS 视域下进
行分析。这样一来，既遵从民生科技作为科学技术发展的规律问题，又凸显民生
科技解决民生问题的社会性特征。从 STS 视域研究民生科技，既有利于民生科学
与民生技术的融合，更有利于民生科技与社会的一体化。

（二）民生科技发展广义语境路径研究的方法

1. 采用广义语境分析方法

采用广义语境分析方法是由民生科技发展的广义语境特征决定的。"语境"这

一概念最早是由波兰人类学家马林诺夫斯基（B.Malinowski）在 1923 年提出来的。语境是事物的关联体，反映事物运动过程中与关联要素的相互作用。从范围看，语境分为广义语境和狭义语境，狭义语境主要局限于语言层面，广义语境包括语言、历史、认知、科学、社会等多语境；从表现形式看，分为内语境和外语境，内语境是事物发展的内在关联性，外语境是事物发展外部的关联性。广义语境分析就是把研究对象放入与它直接相关的历史、认知、科学、社会等语境中进行研究，以分析研究对象的客观实在性。从"科学、技术、社会"视角看，民生科技发展广义语境路径包括历史语境、认知语境、科学语境和社会语境等。因此，民生科技发展广义语境路径就是民生科技在与其相关的历史、认知、科学、社会等语境中不断发展的过程。第一，民生科技发展离不开历史语境。例如，目前我们所面临的环保问题，就是一个历史问题，只有对历史问题认识得更清晰，才能更好地发展民生科技。第二，民生科技作为科学技术发展的新领域，作为解决民生问题的重要支撑，需要得到政府、企业、民众、科学共同体的认可。它的发展离不开不同群体的认知语境。第三，民生科技作为科学技术发展的重要领域，离不开科学语境。第四，民生科技作为解决民生问题的重要支撑，离不开社会语境。第五，民生科技发展离不开科技规划、部门协同创新、要素体系建设、国际合作等方面的支撑。所以，我们需要从历史语境、认知语境、科学语境、社会语境和支撑语境研究民生科技发展的路径。

对于民生科技发展广义语境路径来说，应加强不同语境之间的协同性。民生科技发展广义语境路径是广义语境中主语境和支撑语境的辩证统一，既体现了民生科技发展广义语境路径的特征，又体现其发展路径的内语境和外语境的辩证统一。内语境构成民生科技发展的主语境，外语境构成民生科技发展广义语境路径的支撑语境。这样一来，从 STS 视域出发，采用语境方法研究民生科技发展的路径，反映了民生科技发展广义语境路径的本质和特征。

2. 采用案例法和问卷法

以山西民生科技发展广义语境路径作为案例，通过问卷法进行分析。问卷法节省时间、经费和人力，具有很好的匿名性，资料便于定量处理与分析。一方面，通过对山西不同职业、年龄等人群进行问卷调查，分析了山西民生科技发展广义语境路径存在的问题，并进行系统的分析。另一方面，通过问卷法验证民生科技发展广义语境路径模型及其评估体系的合理性。

四、本书的结构

基于此，本书从理论、实证、走向三个层次研究民生科技发展的广义语境路径。理论篇主要分析民生科技的内涵与特征、科技需求、民生科技发展广义语境路径的模型及其发展路径的评估体系。实证篇主要应用民生科技发展广义语境路径的模型和评估体系分析我国目前发展的人口健康科技、公共安全科技、生态环境科技和防灾减灾科技等民生科技发展广义语境路径。走向篇主要分析民生科技将会成为第六次科技革命的重要领域，对促进中国社会转型、实现"中国梦"具有重要的意义。

第一篇理论篇主要包括第一章到第四章的内容。

第一章论述民生科技的内涵、特征和发展意义。第一章主要考察民生问题和民生科技的内涵及特征；民生科技所具有的进步性、科学技术性、学科群性、交叉性、社会性和动态性等特征。从全球看，20世纪90年代以来，解决民生问题大力发展民生科技已成为新的国际趋势。美国、德国、韩国、日本、印度等国家将民生科技作为国家科技规划、科技创新的重要组成部分。民生科技发展对实现科学发展、构建和谐社会、生态文明建设等具有重要意义。

第二章研究解决民生问题的科技需求。第二章主要从解决民生问题与世界科技革命，中国解决民生问题的科技需求两个方面进行分析，既体现了解决民生问题的世界共性，又体现中国解决民生问题科技需求的个性特征。从世界科技革命发展看，每一次科技革命都促进了当时民生问题的解决。

第三章研究民生科技发展广义语境路径的模型。我们采用广义语境方法研究民生科技的发展路径。广义语境问题本质上就是确定研究主体客观存在的结构与意义问题。意义包含在广义语境的结构关联之中。民生科技发展广义语境路径的语境包括历史、认知、科学、社会等主语境和科技规划、部门协同创新、要素体系、传播机构建设、国际合作和评估等组成的支撑语境。广义语境路径的模型反映了民生科技发展广义语境路径的普遍关联性、客观现实性、主体多元性、学科融合性、社会实践性、动态协同性、边界开放性和可评估性等特征，实现了科学哲学、科学史和科学研究、科学技术的统一，为实现自然科学、社会科学和人文科学融合提供了一种新的模式，为研究民生科技及其所属科技发展路径提供了统一的研究范式，对研究不同时期民生科技解决民生问题等具有重要理论和实践意义。

第四章研究民生科技发展广义语境路径的评估体系。民生科技发展广义语境路径作为体现民生科技本身发展特点的研究课题，其评估体系不同于一般对科技活动中科技政策、科技规划、科技机构和科技人员等评估。民生科技发展广义语境路径是从民生科技出发，对涉及民生科技发展路径的诸语境进行评估，都是围绕民生科技而展开的，既体现民生科技作为科学技术评估的共性，又体现其作为解决民生问题的个性，主要根据其广义语境路径建立其在历史语境、认知语境、科学语境、社会语境和支撑语境发展的评估指标体系。

第二篇实证篇主要包括第五章到第九章的内容。

第五章研究人口健康科技发展的广义语境路径的模型、评估体系、实证分析和对策。人口健康科技作为民生科技发展的重要领域，它的发展路径既是人口健康科技从历史语境向认知语境、科学语境和社会语境转换的过程，同时也是支撑语境不断协同的过程。通过应用民生科技发展广义语境路径的模型和评估体系具体分析人口健康科技发展的水平，并提出相应对策。

第六章研究公共安全科技发展的广义语境路径的模型、评估体系、实证分析和决策。公共安全科技作为民生科技发展的重要领域，也是安全科技发展的重要领域，它的发展路径也是从历史语境向认知语境、科学语境和社会语境转换的过程，同时也是支撑语境不断协同的过程。通过应用民生科技发展广义语境路径的模型和评估体系，具体分析公共安全科技发展的水平，并提出相应对策。

第七章研究生态环境科技发展的广义语境路径的模型、评估体系、实证分析和决策。生态环境科技作为民生科技发展的重要领域，作为科学技术发展的重要领域，它的独立化发展水平比较高，已形成涉及自然、技术、人文、社会等科学在内的学科体系。它的发展路径也是从历史语境向认知语境、科学语境和社会语境转换的过程，同时也是支撑语境不断协同的过程。通过应用民生科技发展广义语境路径的模型和评估体系，具体分析生态环境科技发展的水平，并提出相应对策。

第八章研究防灾减灾科技发展的广义语境路径的模型、评估体系、实证分析和决策。防灾减灾科技作为民生科技发展的重要领域，它的发展路径也是从历史语境向认知语境、科学语境和社会语境转换的过程，同时也是支撑语境不断协同的过程。通过应用民生科技发展广义语境路径的模型和评估体系，具体分析防灾减灾科技发展的水平，并提出相应对策。

第九章研究民生科技发展广义语境路径存在的问题与对策。第五章到第八章分析了民生科技所属人口健康科技、公共安全科技、生态环境科技、防灾减灾科技发展广义语境路径的水平及解决对策。这一章从民生科技总的方面看其发展路径存在的问题和对策，体现民生科技群的特征。

第三篇走向篇主要包括第十章到第十一章的内容。

第十章研究民生科技发展的广义语境路径的未来趋向。从科学技术发展历程看，每一次科技革命都促进了社会转型。农业科技革命使人类社会从渔猎社会进入农业社会，近代蒸汽机革命和电力革命使人类社会从农业社会进入工业社会，20 世纪以来现代科技革命使人类从工业社会进入知识经济社会。从目前民生科技发展趋势看，民生科技有可能成为未来第六次科技革命的重要维度，对促进中国社会转型和"中国梦"的实现具有重要的现实意义。

第十一章主要研究民生科技发展广义语境路径需要注意的几个问题。第一，重视广义语境方法对民生科技发展广义语境路径研究的重要性。第二，民生科技解决民生问题并不是科技决定论。民生科技只是解决民生问题的一个路径，当然，思维创新、制度创新、文化创新等与民生科技创新路径既相区别，又有联系。第三，民生科技发展广义语境路径具有多重协同关系。包括民生科技与其他科学的协同性、民生科技与解决民生问题的协同性、民生科技内部的协同性等。第四，民生科技发展广义语境路径的实现离不开世界观、科技观和发展观的支撑。

第一篇　理　论　篇

第一章 民生科技的内涵、特征和发展意义

21 世纪初,威胁人类健康、安全、环保的事件不断发生。从 2001 年美国的"9·11"事件到 2004 年西班牙的"3·11"事件,从 2003 年的"非典"到近年来频繁爆发的禽流感,从 2004 年年底的印度洋海啸到 2005 年的南亚大地震,从 2008 年的中国汶川大地震到 2009 年的甲型 H1N1 流感,从 2010 年的智利地震到 2012 年一系列食品安全事件,安全问题日益突出。在 21 世纪里,我们中华民族的现代化事业既面临着极大的机遇,也同样面临着极大的挑战。十七大报告将解决民生问题作为社会建设和构建和谐社会的重要任务。十八大报告进一步指出,加强社会建设,必须以保障和改善民生为重点。大力发展健康、公共安全、生态环境和防灾减灾等民生科技,解决威胁人类生存与健康等直接相关的民生问题,已成为国际科技发展的重要趋势。

第一节 民生问题的内涵及其特征

民生问题是一切文明社会共同关注的领域。党的十七大报告指出:"必须在经济发展的基础上,更加注重社会建设,着力保障和改善民生,推进社会体制改革,扩大公共服务,完善社会管理,促进社会公平正义。"党的十八大报告指出:加强社会建设,必须以保障和改善民生为重点。关注民生、重视民生、保障民生、改善民生是中国特色社会主义的本质要求,是全面贯彻落实科学发展观的核心内容,是构建社会主义和谐社会的关键环节,是我们党和政府的根本宗旨和基本职责。民生问题贯穿于人类社会发展的全过程。在人类社会发展的不同阶段,民生问题的内涵、特征、发展水平呈现出不同的趋向。

一、民生问题的内涵

民生问题具有明显的系统论特征。从构成性关系看,民生问题是与外在环境相互作用的过程。它不仅应包括与民生直接相关的生存、生活、生计等问题,涉及与民众直接相关的衣、食、住、行等方面,而且包括与民众相关的生态环境、社会环境、人文环境等问题。因此,民生问题体现了民生问题之间及与外在的社会环境、自然环境和人文环境之间的关系问题。

从系统的演化看,民生问题体现了社会大系统演化过程中不断凸显的变化。生产、消费和积累过程的社会经济系统是最重要的社会系统。资本主义社会早期

的经济学认为社会经济系统应该是无需政府干预的自由市场经济。20 世纪 20 年代末从美国开始的全世界经济大萧条的灾难使人们认识到，即便是资本主义的经济系统也必须由政府施加适度控制，才能减轻自由市场经济本身所蕴含的极大危险性。社会主义经济学则认为，对社会主义经济必须进行宏观控制才能保证全社会的协调发展，同时还应该充分利用市场经济的特点，发挥个人、集体和企业的能动性。在任何制度的社会中，社会经济活动都是人类必须能够施加控制的系统。不同时代，由于科学技术和社会处于不同的发展阶段，所以呈现出不同的民生问题。演化的原因也可分为上向因果关系和下向因果关系。一方面，由于人们价值观、社会制度、文化和科学技术发展的局限性，使民生问题关注的热点领域不同。另一方面，由于人们追求提高生活质量的愿望和理想，民生问题不断发生变化。从人类发展史看，民生问题体现了与社会制度、科学技术发展相关的演化过程。

新中国成立以来，我国民生问题经历了不断变革的过程。毛泽东同志提出，我们党的根本宗旨是"全心全意为人民服务"。邓小平同志提出要以"人民群众拥护不拥护、赞成不赞成、高兴不高兴、满意不满意"作为评价一切工作的标准。江泽民同志提出"三个代表"重要思想，强调建设有中国特色的社会主义全部工作的出发点和落脚点，就是全心全意为人民谋利益。以胡锦涛同志为总书记的中央领导集体，提出以人为本，全面、协调、可持续发展的科学发展观，大力倡导权为民所用、情为民所系、利为民所谋。以习近平为总书记的中央领导集体，非常关注与民众利益紧密相关的民生问题，指出：提高人民物质文化生活水平，是改革开放和社会主义现代化建设的根本目的。

根据以上分析，我们可以说民生问题是不同时代社会价值观、社会制度、文化、科学技术和民众需求共同作用产生的与民众直接相关的问题，包括与民众的衣、食、住、行、外在的自然环境、社会环境和人文环境等直接相关的问题。

二、民生问题产生的原因

民生问题伴随人类社会而产生，在不同时期重点有所不同。但是，从其产生的来源看，主要来源于社会发展需要、民众需求及科学技术发展的不完善性等。

1. 社会发展阶段的提高产生新的民生问题

马克思对人类社会制度发展和变迁的一般规律做出了系统阐述，他的研究主要包括社会发展一般规律和动力论。对于社会发展的一般规律来讲，马克思本人以及其他马克思主义经典专家都多次强调过，生产力决定生产关系，生产关系或者说财产制度、经济制度，也会对生产力发生反作用，最终起作用的因素还是生产力。同样，经济基础决定上层建筑，上层建筑对经济基础具有反作用。不同时代的生产力决定了不同的社会发展水平。先进的生产工具历来是积累财富和产生、发展先进革命思想的决定性的物质力量。生产的变化和发展，始终是生产力的变化和发展的微观体现。从一定意义上讲，石器决定了原始社会形态，青铜器决定了奴隶社会形态，铁器决定了封建社会形态，蒸汽机和电力技术决定了资本主义社会形态，信息技术决定了知识经济社会形态。

社会发展阶段的不断提升，使民生问题从追求满足民众生活数量向提升质量方向转变，从追求物质文明向追求物质文明、精神文明、生态文明和社会文明等方向转变。同时，随着社会的发展，民生问题的重点也发生了转移。从人类发展过程看，古代农业社会民生问题重点解决低层次的温饱问题和国家安全问题，近代社会在人类中心主义价值观的主导下，民生问题注重人类衣、食、住、行等物质产品的极大丰富，在此过程中，由于注重经济发展，不惜以牺牲自然环境、人的自由全面发展、社会全面发展为代价，产生了包括自然、技术、价值等方面的异化问题，发展过程产生了环境、安全、健康、可持续等一系列新的民生问题。正是在此背景下，我国提出了科学发展观，实现人、自然、社会的和谐发展，解决人类健康、安全、环保、生态、灾害等一系列民生问题，使现代社会民生问题发展的重点向更高的和谐社会奋斗。

所以，从社会发展阶段看，民生问题处于不断的运动与变化之中。社会发展阶段决定了民生问题发展的领域与水平。而民生问题的不断变化，一方面反映了社会发展的不同水平；另一方面，也反映了社会发展过程中存在的突出问题；同时，民生问题也反映了同一国家不同时代的发展特征、不同国家同一时期发展的水平。

2. 人的需求层次的提升产生的民生问题

在世界文明史发展进程中，唯物史观与唯心史观围绕人的动机产生的争论从来没有停止过。例如，对于需求是人的主观意识还是客观存在？需求决定了人性，还是人性决定了需求？物质需求与精神需求是相互联系的吗？辩证唯物主义认识论出现以后，才正确地解释了存在与意识的关系：存在决定意识，意识反作用于存在。人有需求才会从事劳动实践，劳动实践又维持并且拓展了人的需求。

马克思将人的需求分为物质需求和精神需求。虽然马斯洛不是马克思主义者，也并非哲学家，但他在 20 世纪 40 年代发表的名著《人的动机理论》中率先提出人的动机产生于人的需求、激励源于人对需求的满足等论断。为了阐明这些论断，他主张将人的基本需求划分为五个层次，即生理需求—安全需求—交往需求（社交的需求）—尊重需求（自尊的需求）—自我价值实现需求（成就的需求），并且由低向高排列呈金字塔结构。该动机理论模型的创立，极大地推动了人本学说的发展，促进了心理学与哲学、人文学的交融。他提出人的需求层次理论依然反映了人的主观能动性依托于客观存在、人的需求是可以认知的、人性主要表现为人的社会性等唯物主义原理，这些正是马斯洛理论的科学价值所在。具体来说，人的需求有以下几方面的特征。

（1）人的需求受社会发展阶段的约束。不同社会发展阶段反映了人们不同的需求特征。虽然人们的衣、食、住、行在任何社会时期都是非常重要的，但发展的方式与种类存在很大的差距。所以，在不同社会形态下，人们的需求受社会发展阶段的约束。例如，古代人就有飞天梦，但在当时的科学技术发展情况下，是不可能实现的。在同一社会发展阶段，不同地位或地域的人的需求也是不同的。需求是千差万别、千变万化的。平民大众在温饱和安全满足之后最需要的是社会的尊重和认同，对于富翁、名人、君主来说，在尊重需求和自我价值需求极大地满足之后更侧重于安全需求和交往需求。虔诚的僧侣会把修行作为自我价值实现的唯一目标，而把人的一些最基本的生理需求也看成是龌龊的东西，甚至笼统地认为人的欲念就是万恶之源。他们如此清心寡欲，但也有温饱的需求和对美好人生归宿的向往。

（2）人的需求受意识形态的影响。物质决定意识，意识反作用于物质。孔子说"君子谋道不谋食，君子忧道不忧贫"，意思是强调有知识教养的人应当淡泊物欲、注重道德操守。中国自古就有"士可杀而不可辱"之说，意思是当需求不能两全时，不求生命安全但求人格尊严。董存瑞、邱少云式的英雄烈士，用鲜血和生命承担起责任和道义；白求恩、格瓦拉式的仁人志士，宁愿抛弃财产和仕途，投入到改变人类命运的事业中。我们把这种舍生取义、舍己为人的现象解释为人性、人格的升华，表现为"小我"向"大我"的升华。一个人的价值取向、道德水准、文化素养总是不断调适和改变着自己的需求定位和行为方式，并且在矛盾发生时做出判断和取舍。

（3）人的需求受所处环境的影响。人的需求与环境处于互动的变化之中，环境可以塑造人也可以改变人。几千年来，各民族文明的孕育、繁衍汇聚成世界文明。文明发展的过程和阶段是相似的，起源和趋势是相同的，物质生活条件也是相近的。但是不同民族、不同社会时期需求的诉求方法和特点却有显著的差异和偏好。譬如，西方人更注重需求个性的发挥，东方人更注重需求共性的作用。个人受教育的方式和耳闻目睹社会现象，也会获得强烈的情绪感染。因此，人们的需求水平受所处环境的影响，如孟母三迁等故事都说明了环境的重要性。所以，为了使人们有健康的物质需求和精神需求，国家需要在社会环境、人文环境建设方面起到比较好的引导与监督作用。

（4）人的物质需求与精神需求处于动态的变化之中。从静态看，人在任何时候都必然处在某一个具体阶层；从动态看，人一生中的社会位置、身份会不断改变。人的社会位置及职位决定人的生存状况，人的生存状况又会改变个人的需求指向和需求标准。人的物质需求是多元的，包括衣、食、住、行等各个方面。在不同的发展阶段，物质需求的数量与质量都在发生变化，而精神需求更是处于动态变化之中，没有止境。

随着社会经济的不断发展，恩格尔系数呈现较快的下降趋势，人们也更加注意如何满足精神愉悦的需要。消费能力提升必然引起消费目的和消费对象的变化，孔子就曾有"食不厌精，脍不厌细"之说。现在，人们对包含美食文化、服饰文化的精神之需、享受之需已远在温饱目的之上。就以服装的功能来说，从人类最早的赖以御寒（生理的需求）到借以遮羞（尊重的需求），再到满足审美（价值取向的需求），越来越多的这类生活现象令人不胜枚举。总之，由于人们需求层次的不断变化，使民生问题处于不断的调适状态中，而人们的需求层次的变化又受到社会发展阶段、意识形态、环境等方面的影响。

3. 人类认识的局限性带来的民生问题

人类社会发展史是一部人类认知客观世界的历史，随着人类认识范围的不断扩展，人类认识到了宏观世界、微观世界、渺观世界和宇观世界。民生科技的产生过程来源于人类对传统科技可能带来的民生问题认知的欠缺，来源于人类对发展观认知的欠缺，来源于人类对经济的过度关注等。人类认知的不断深入发展，为民生科技发展提供了可能的空间。

科学技术在促进经济发展的同时，人口健康科技、公共安全科技、生态环境科技、防灾减灾科技等民生科技"短板"效应也越来越明显。由于科学技术使用不当、本身体系的不完善等原因产生的社会问题越来越多，如资源短缺、健康问题、食品安全问题、生态环境问题。解铃还需系铃人，我们需要提高认知水平，不断完善科学技术体系，以解决新的民生问题。

三、民生问题的特征

民生问题作为人类社会发展的重要领域，是与民众息息相关的生存问题和发展问题。从人类发展史看，民生问题具有以下显著特征。

1. 系统性

民生问题的产生过程和发展过程都体现了系统性特征，涉及社会的价值取向、制度、文化、科学技术的发展水平和民众的需求等多方面系统要素互塑与发展。系统性是民生问题产生和发展的本质特征。

从人类发展史看，民生问题的系统构成要素包括民众的衣、食、住、行，社会的价值取向、制度、文化、科学技术发展水平及自然环境和人文环境。系统论告诉我们，系统不仅分析主要要素和次要要素，还考虑由要素构成的结构及由结构决定的功能，并分析系统的演化趋向。民生问题的要素结构决定了其功能，也决定了其演化的方向。民众的衣、食、住、行是任何社会阶段都十分关心的民生问题，其中科学技术因素起了关键的作用。特别是近代科技革命以来，化工技术、制造技术和电力技术取得进步，使民众的衣、食、住、行的数量和质量得到质的提升，但同时又产生新的民生问题，如自然环境问题、生态问题、人口问题等。民生问题的系统边界在不断地扩展，呈现出民生问题系统要素变化、结构重组、功能变革、不断演化的系统特征。

2. 历史性

民生问题的发生与发展过程既具有历史性又具有现实性，是历史性与现实性的辩证统一。

不同历史阶段，如农业时代、工业时代和信息时代，人类关注的民生问题是不同的，呈现出历史性特征。即使是同一时代，不同国家关注的民生问题也是不同的。因此，民生问题既具有历史共性，又具有不同国家的个性，是共性与个性的辩证统一。信息时代，环境问题、资源问题、人口问题和生态问题是全球性的问题，各个国家都有责任解决这些问题。而这些民生问题的产生体现了历史继承性特征。例如，能源问题，由于工业时代能源主要依靠煤、石油和天然气等不可再生资源，使这些资源的耗费越来越向枯竭的方向发展，而替代能源的发展水平又比较慢，最后导致能源危机，特别是在经济发展比较过热的情况下，能源危机更加明显。而传统能源在使用过程中，还产生了环境污染、生态破坏等新的民生问题。因此，现在人类所面临的共同的民生问题是历史发展的结果，体现了历史的继承性。

民生问题的提出与解决又具有现实性。民生问题的提出是由不同国家的国情决定的。从我国的发展历程看，改革开放初期，最突出的民生问题是通过消费的数量和种类来解决民众的生活问题的。但是，在发展的过程中"三鹿奶粉事件""非典""甲型 H1N1 流感"等引起的健康问题和安全问题越来越突出。因此，不同时代、不同国家所面对的民生问题是历史性与现实性的统一。发展循环经济是解决环境问题、资源问题、可持续发展问题比较好的路径。但是，从世界循环经济发展的经验看，只有人均收入达到 3000~5000 美元，才可能有能力发展循环经济。所以，民生问题的产生过程和解决问题是非常复杂的，受到不同国家和地区的历史性与现实性的共同作用。历史性为民生问题的提出与发展提供了依据，现实性为解决民生问题提供了可选择的路径。

3. 社会性

人本身具有自然属性和社会属性。人的自然属性，也称为人的生物性，它是人类在生物进化中形成的特性，主要由人的物质结构、生理结构，以及千万年来与自然界交往的过程中形成的基本特性，如食欲、性欲、自我保存能力等组成。在社会活动中表现出来的利己性、独立性、排他性、对物质利益的追求，甚至贪婪、凶残、冷酷等特性都可以看成是人的自然属性的具体表现。人的自然属性与动物的自然属性非常相似。几百万年的时间里，在人类的特性中，自私、残酷、野蛮、凶狠这些特性已经深深地保留在人体之中，甚至可能已经在人类的基因中都有所反映。如果把几亿年进化过程中，人类从各种生物基因遗传下来的特性也考虑在内，那么在人类的基因中反映的与野兽相似的特性可能会更加多一些。

那么什么是人的社会性呢？人的社会性完全体现在人的社会关系中，人的社会属性包括多个方面的特性，如利他性、服从性、依赖性以及更加高级的自觉性等。历代以来，任何一个社会和国家都会对其社会成员的社会性提出很具体的要求，如中国古代封建社会信奉"君君臣臣，父父子子"的秩序；西方资本主义信奉"自由、平等、博爱"的规则；现在我国实施的《公民道德建设实施纲要》提出："社会主义道德建设要坚持以为人民服务为核心，以集体主义为原则，以爱祖国、爱人民、爱劳动、爱科学、爱社会主义为基本要求，以社会公德、职业道德、家庭美德为着力点。"这都对人的社会性提出了具体的规则和要求。所以，人的社会性是社会正常运行与继续发展的需要，无论是奴隶社会、封建社会、资本主义社会还是社会主义社会都一样，只不过不同的社会中具体的社会性标准不同。而且，无论是哪种社会都会采取一系列措施来保证和培养社会成员的社会性。

民生问题的提出与解决受到社会价值选择、社会制度、文化等方面的制约，体现了民生问题的社会属性。例如，从价值选择来看，西方追求高消费的价值理念，按照他们的消费理念可以提高他们的生活质量，但是这样会产生资源问题、生态问题等新的民生问题。一方面，我们在尽力解决民生问题，但与此同时，我们又在制造新的民生问题，或加剧原来存在的其他民生问题。从民生问题的总量来看，也许最后的结果是民生问题的总量在不断地增加。因为我们解决民生问题的速度赶不上新出现的民生问题的增长速度。另一方面，随着人民生活水平的提高，人们需求的领域也在不断地扩展，民生问题呈现不断增加的趋向。这符合马克思所说的人类需求层次不断提升的理论：民生问题必然从简单的衣、食、住、行向精神享受、自我价值实现等民生问题转向。

4. 科学技术性

科技进步是社会发展的主要推动力量，从一定意义上来讲，社会发展过程就是科技进步的过程，人类社会的文明史就是一部科技演化史。从古到今，科学技术的发展经历了三次大的飞跃：从渔猎科学技术到农业科学技术的飞跃；从农业科学技术到工业科学技术的飞跃；从工业科学技术到信息科学技术的飞跃。与此相适应，民生问题也经历了三次质的转变：从渔猎社会重视捕猎到农业文明重视与民众紧密相关农业发展的转变；从重视与民众紧密相关农业发展到重视民众衣、食、住、行工业发展的转变；从重视民众衣、食、住、行发展向现代重视民众生存问题和发展问题的转变。科学技术的发展，促进人类社会从渔猎社会进入农业文明、工业文明和现代文明社会，促进了人们生活水平、交流方式、民主制度、产业结构等方面的大调整，同时产生了新的民生问题。

5. 民众参与性

民生问题直接涉及民众的利益，民众的参与程度对于解决民生问题具有重要的现实意义。

首先，民生问题的发展过程是由民众的客观需要决定的。不同时代民众的客观需要成为解决民生问题的最大动力。农业时代，解决温饱问题是最大的民生问题；工业时代，民众的温饱问题逐步得到解决，又凸显环境问题、资源问题、人口问题等新的民生问题；信息时代，民众越来越关注健康问题、安全问题、可持续发展问题，这又成为该时代需要解决的民生问题。因此，民生问题发展过程与民众的需求紧密相关。民众有什么样的需求就有什么样的民生问题。因此，对于国家来讲，应根据民众的客观需要确定相应的解决民生问题的战略和对策。

其次，民生问题的解决过程需要通过民众的广泛参与来解决。工业时代，为了解决民众的衣、食、住、行等问题，开始了机械化、电气化的生产过程，广大的妇女、儿童等都成为产业革命中的主要力量。信息时代，环境问题、资源问题、可持续发展问题的解决，需要每一个人的参与，不仅包括生产方式的变革，而且包括消费方式的变革。民众参与的领域、范围在不断地扩展，如鼓励民众节约用能，使用环保袋和环保建筑材料。

最后，对民生问题的认知度需要民众的广泛参与。由于民生问题的边界在不断扩展，涉及个人问题和公共问题，涉及小我利益和大我利益。对于涉及民众个体的民生问题，他们会根据自己的能力选择相应的生产和生活方式。对于涉及公共方面的民生问题，需要通过不断提升民众的认知度，提高民众的参与度来解决。特别是信息时代，公共安全的保障、健康问题的解决等需要最广泛民众的参与。

总之，对于任何社会来讲，民生问题都是比较复杂的，涉及的领域和程度都是比较广和比较深的，具有系统性、历史性、社会性、科学技术性和民众参与性等特征。因此，对于民生问题的定位与解决需要结合民生问题本身的特征，才可能具有针对性和实效性。

第二节　民生科技的内涵及其特征

进入 21 世纪以来，随着民众对健康、公共安全、生态环境和防灾减灾等需求的不断增加，解决民生问题成为科学技术发展的重要维度。民生科技正是在迫切解决与民众健康、公共安全、生态环境和防灾减灾等民生问题需求下产生的。

一、民生科技的内涵

从字面上看，"民生科技"是民生与科学、技术相融合的概念。"民生"一词最早出现在《左传·宣公十二年》，所谓"民生在勤，勤则不匮"。这里的"民"，就是百姓的意思。而《辞海》中对于"民生"的解释是"人民的生计"，老百姓的生活来源问题。20 世纪 20 年代，孙中山提出了民生主义。在他看来，民生就是人民的生活，社会的生存，国民的生计，群众的生命。现代意义上，民生概念具有广义和狭义之分。广义上的民生概念是指凡是同民生有关的，包括直接相关和间接相关的事情都属于民生范围。这个概念的优点是充分强调民生问题的高度重要性和高度综合性，但其概念范围太大。狭义上的民生概念主要是从社会层面上着眼，指民众的基本生存和生活状态，以及民众的基本发展机会、基本发展能力和基本权益保护的状况等。狭义的民生概念更能够反映民生问题发展的轨迹。随着我国从"温饱"型社会走向"小康"型社会，与提高民众生活质量的健康、公共安全、生态环境、教育、就业、社会保障等越来越得到政府和社会的重视，民生科技为解决民众的健康、公共安全、环保等民生问题提供科技支撑。

2007 年两会期间，重庆市科学技术委员会主任周旭第一次将"民生科技"的概念带进了人们的视线。"对省级以下的科技部门来说，我认为目前主要应把精力放在民生科技上，也就是让先进的实用技术成为我们科研的主要方向。"[1] 之后，周元、王海燕、王瑟、孟宪平、刘莉、朱彤、刘恕等对民生科技的元理论及其价值进行研究。有人认为，民生科技是与民生问题最直接相关的科学技术；也有人认为，民生科技是在民生科学基础上融合了相关的技术。笔者和魏屹东教授合作写了一篇《民生科技解决民生问题的维度分析》，我们认为民生科技是用于解决民生问题的所有科学技术，不仅包括直接民用化的科学技术，还包括军用科技民用化的科学技术。科技与民生结合体现了解决民生问题的一种客观需要。民生问题是指"人民最关心、最直接、最现实的利益问题。按照这种说法，民生科技则是与民生问题最直接相关的科学技术"[2]。也有人认为"民生科技是在民生科学基础

---

①　王瑟：《关注与我们息息相关的民生科技》，《光明日报》2007-3-11（6）。
②　周元等：《中国应加强发展民生科技》，《中国科技论坛》2008 年第 1 期，第 3-7 页。

上融合了相关的技术"①。总体上，民生科技是针对民生问题提出的与科学技术相关的概念。2011 年 7 月，科技部出台的《关于加快发展民生科技的意见》中提出："民生科技主要涉及民生改善的科学技术，是围绕人民群众最关心、最直接、最现实的社会发展重大需求，开展的科学研究、产品开发、成果转化和科技服务。"②

现阶段民生科技的基本内容包括人口健康科技、公共安全科技、生态环境科技和防灾减灾科技等。《国家中长期科学和技术发展规划纲要（2006—2020 年）》已经将科技工作的重点转向民生科技，它主要包括公共安全科技、生态环境科技、人口健康科技等。《国家"十二五"科学和技术发展规划》指出"十二五"期间，我国重点发展的民生科技包括人口健康科技、生态环境科技、公共安全科技、防灾减灾科技、绿色城镇关键技术等。《关于加快发展民生科技的意见》指出"十二五"期间，我国要实施全民人口健康科技工程、公共安全科技工程、生态环境科技工程和防灾减灾科技工程，着力解决重大民生热点难点问题。从科学技术分类看，民生科技主要来源于研究对象或研究领域，它已成为我国科学规划、科学研究、科研管理的重要领域之一。

民生科技作为科学技术发展新的领域，既不同于实用科技和民用科技，但是又同实用科技和民用科技具有一定的联系。实用主义（pragmatism）是从希腊词πραγμα（行动）派生出来的，意为行为、行动。19 世纪 70 年代的现代哲学派别在 20 世纪美国成为一种主流思潮，对法律、政治、教育、社会、宗教和艺术的研究产生了很大的影响。20 世纪 30~40 年代，各种学说、思潮的斗争空前激烈，对马克思主义形成严重挑战，对实用主义的研究也在深入发展；20 世纪 50~60 年代，我国在"以阶级斗争为纲"的路线指引下，实用主义成为社会首当其冲的彻底批判与斗争的对象；20 世纪 80 年代，我国重新确立了实事求是的正确路线，实行改革开放，对实用主义的研究开始走向繁荣。实用主义认为，理论只是对行为结果的假定总结，是一种工具，是否有价值取决于是否能使行动成功。实用科技主要侧重科技的"有用""效用"或"行动的成功"，与它相对应的是非实用科技，也就是不具有实用价值的科技，如基础研究。实用科技概念的产生与我国改革开放时代特征紧密联系在一起，科学技术成为第一生产力，中国从 1982 年开始，逐渐形成了"经济建设必须依靠科学技术，科学技术工作必须面向经济建设"的战略方针，实用科技的提法更强调科技的经济价值。科学技术在促进经济发展的同时，由于人们使用科学技术不当、人类中心主义的存在及过度追求 GDP 等原因，使生态环境问题越来越突出。与此同时，随着民众生活质量的不断提升，健康、安全等成为民众满足温饱后新的需求。这样一来，实用科技的提法已不能满足时代发展的需要。而民生科技的提出体现了我国从"温饱"阶段进入"小康"阶段

---

① 王海燕：《和谐生活：民生科技追求的基本目标》，《光明日报》2008- 1-7（8）。
② 科技部：《关于加快发展民生科技意见》，中国聚合物网，2011-7-21，http://www.polymer.cn/sci/kjxw6029. html[2011-7-23]。

对科学技术发展提出的新要求，即解决新时期我国民众所面临的健康、安全、生态环境和防灾减灾等民生问题。所以，民生科技的提出体现了时代发展的特征。

民生科技与民用科技既有联系又有区别。从联系看，二者都服务于民，满足不同层次民众生产和生活的需要。民用科技是相对应于军用科技提出来的。军用科技指从事武器装备研发与转化的科学技术，涉及高等院校、科研院所和企业。军用科技以外的其他科技活动称为民用科技。第二次世界大战后，更多的国家把资金用于民用科技。一方面，民生科技不是与军用科技对应的概念，民生科技概念试图打破"军用-民用"这种传统的二分法。1992年，美国国会颁布《国防技术转轨、再投资和过渡法》，首次提出了"两用技术"，随后被世界各国广泛采用。从我国科技规划发展也可以看出，存在军用科技民用化、民用科技军用化、军用科技与民用科技融合的提法。自20世纪80年代以后，党和国家先后颁布了一系列有关发展高科技的重大决定及《国家中长期科学和技术发展规划纲要（2006—2020年）》、火炬计划、军转民科技计划等包括大量的军民两用科学技术。军用科技与民用科技的提法显然跟不上科学技术与社会发展的趋势，二者之间的界限越来越模糊。另一方面，不管科学技术是服务于军用领域还是民用领域，从广义讲，都是解决民生问题的科学技术。在战争年代，国家安全和主权是最大的民生问题，当代军用科技的发展就是要服务于这个民生问题。所以，军用科技说到底也是要解决民生问题，只不过是要解决国家层次面临的大问题。这样一来，概念的创新显得非常必要。民生科技的提法实现了军用科技与民用科技的融合，为军用科技与民用科技融合提供了新的发展思路，具有理论价值和实践价值。

二、民生科技的特征

科学作为一种认识活动、实践活动和社会活动，它的内涵随着科学发展和社会进步不断发生变化。科学从单纯的理论化的知识体系已发展为"科学是一种建制、一种方法、一种积累的知识传统、一种维持或发展生产的主要因素；是构成我们各种信仰和对宇宙及人类的各种态度的力量之一；与社会有种种相互关系"[①]。技术是人类为满足自身的需要，在实践活动中根据实践经验或科学原理所创造或发明的各种手段和方式方法的总和。科学与技术是有区别的。从生产力范畴看，科学属于潜在生产力，是人对自然的理论关系，技术属于直接生产力，是人对自然的实践关系；从目的性看，科学属于认识范畴，主要回答"是什么""为什么"的问题，并建立相应的理论体系，技术解决针对客观世界"做什么""如何做"的问题，并建立相应的操作体系；从评价标准看，科学进步的标准在于能否完善科学理论，扩大科学知识的储备，技术进步的标准在于是否能生产出新的

---

① 贝尔纳著，伍况甫等译：《历史上的科学》，北京：商务印书馆1983年版，第6页。

和更好的产品。

尽管科学与技术有不同的目的和评价标准,但随着科学从小科学走向大科学,科学、技术与社会逐步走向一体化。民生科技的提法反映了当代科学技术与社会一体化的发展特征。民生科技使科学和技术统一于解决人民群众最关心、最直接、最现实的社会发展重大需求,也就是说民生科技使科学技术统一于解决民生问题共同的价值选择和实践基础,使民生科技在科学和技术层次实现了目的性和评价标准的统一,即解决民生问题,只不过是两者侧重点不同,民生科学侧重解决民生问题的理论构建,民生技术侧重解决民生问题的实践。民生科技作为科学技术发展新的分支,作为解决民生问题的重要支撑,一方面,凸显科学技术共有的本质属性,如客观真理性、可检验性、系统性、主体性、生产力性;另一方面,凸显民生科技本身具有进步性、科学技术性、学科群性、交叉性、社会性和动态性等特征。

1. 进步性

关于科学进步问题一直是科学哲学研究的重要问题。库恩认为,科学进步是常规科学和科学革命相更替的过程;劳丹则认为,科学进步表现为后继理论能解决更多的问题,能够最大限度地扩展我们解释的经验问题和最小限度地减少在这个过程中产生的反常问题和概念问题。"尽管他们的观点在表面上有着不小的差别,然而,从本质上讲,两者有着更大的相似性,整体主义视野、工具主义立场和价值主义取向成为他们最大的共同点。"[①] 民生科技发展的进步性也体现为整体性、工具性和价值性。

从整体性看,库恩认为,科学进步就是范式不断变革的过程。范式是科学共同体全体成员所共同的信念、价值标准、理论框架、研究方法等。范式的更替体现了科学革命的发生,范式的渐进式变革体现了科学积累式的发展过程。劳丹的研究传统涉及本体论和方法论等内容。虽然二者的表述不同,但本质上都凸显科学进步在本体论、方法论、价值论等层次科学进步的整体性。技术进步的整体性体现为技术共同体所拥有的范式不断变革的过程。现阶段我国民生科技是对人口健康科技、公共安全科技、绿色城镇关键技术、生态环境科技、防灾减灾科技等进行科学研究、产品开发、成果转化和科技服务发展过程的统一。解决健康、公共安全、生态环境、防灾减灾等民生问题成为科学技术共同体共同的信念、价值标准、理论框架和研究方法;体现科学技术共同体在解决民生问题需求下实现多学科产学研用等整体发展特征。从整体性看,正是民生科技要求科学技术共同体范式的变革,体现了民生科技的进步性。

---

① 李田:《两种科学进步观的比较研究》,《华南理工大学学报》2005 年第 5 期,第 14-17 页。

从工具性看，库恩认为后期的范式在应付环境或解决难题时总是比早期范式要好，因而代替了以前的范式；劳丹认为，科学的进步表现为后继理论比前任理论能解决更多的问题。在人类活动过程中，由于科学技术发展的不全面性和人类行为的不当性，使健康、安全、环保等问题越来越突出。民生科技的发展直接来源于解决健康、公共安全、生态环境、防灾减灾等民生问题的需求，凸显民生科技工具性特征。"要将民生科技运用在具体民生问题的解决上，真正实现经济与社会、科技与民生的协调。"① 从工具性看，传统科学和技术发展多是侧重理论的进步性和技术的经济性。民生科技在解决经济问题的同时，比传统科学技术能够解决更多的关于健康、安全、生态环境和防灾减灾的问题，体现了民生科技发展的进步性。

从价值性看，科学发展体现为科学内在的科学精神、科学思想、科学方法等价值，同时还体现为科学发展为社会进步所带来的物质价值、精神价值、美学价值等，技术的内在价值体现为技术在与主体发生作用的过程中由其自然属性显现出来的精确性、耐久性、低成本性等效用价值，技术发展同时具有经济、政治、文化和生态等社会价值。库恩认为，科学家个人信念、直觉与灵感在科学发展中具有重要作用。"劳丹认为，科学家总是选择具有解决问题的最高恰当性的研究传统或追求进步速度较快的研究传统。"② 可以说，科学技术进步价值体现为科学技术内在价值和社会价值的统一。民生科技概念的提出首先来源于科学共同体的信念和直觉。2007年两会期间，重庆市科学技术委员会主任周旭第一次将"民生科技"的概念带进人们的视野，引起科学共同体广泛的讨论，后形成《关于加快发展民生科技的意见》中"民生科技"的概念。民生科技发展遵从科学技术发展内在的科学精神、科学思想和科学方法等价值，民生科技作为解决民生问题的重要支撑，同时具有比传统科技能够解决更多民生问题的社会价值。所以，从价值性看，民生科技价值性体现为科学技术共同体所具有的内在价值和解决民生问题社会价值的统一，使科学技术发展具有更清晰的价值目标，体现了民生科技发展的进步性。

2. 科学技术性

民生科技作为科学技术发展的一个分支，不能违背科学技术发展的客观真理性、可检验性等本质属性，特别是应遵循客观真理性、实践性、理论系统性。

首先，民生科技应坚持客观真理性。民生科技的客观真理性要求将民生科技与伪科学、非科学划清界限，反映自然界的客观规律，能够经受得起客观事实的检验。很多伪科技都打着适用、经济、高效等幌子骗人、骗钱，应当引起人们的

---

① 孔凡瑜，周柏春：《中国民生科技发展：必要、挑战与应对》，《科技管理研究》2012年第2期，第30-34页。
② 李田：《两种科学进步观的比较研究》，《华南理工大学学报》2005年第5期，第14-17页。

高度警觉：自称"超人""佛子""大师""麒麟弓""释迦牟尼传人"等称号，吹嘘意念"预测卫星发射""扑灭森林大火"种种神话，公开表演"特异功能"发功治疗绝症、顽症、疑症，愚弄百姓。还有一些纯粹是不可能的事情，如水变油等。因此，民生科技发展一定要遵循客观真理性，能经受得住实践的检验，只有这样，才能从根源上解决民生问题。

其次，民生科技应遵循实践性。实践性是马克思主义哲学区别于其他一切哲学的最主要、最显著的特点。科学技术发展的过程是从实践到理论、再从理论回到实践的过程。民生科技不同于一般的科学或技术，只侧重于潜在生产力或直接生产力的某一方面，民生科技作为科学技术的统一体，不仅应在可控条件下可以重复接受实验的检验，而且在技术层次上可以转化为直接生产力。我们可以说民生科技是"顶天立地"的科学技术，在科学领域民生科技是顶天的知识化体系的创新，在技术领域民生科技是解决民生问题的科技支撑，能够转化为现实生产力。因此，实践性是检验民生科技发展的重要手段。

最后，民生科技应遵循理论系统性。民生科技作为科学活动，不是一般的技艺或民间的杂艺，而是由概念、判断、推理等思维形式准确表达出来的有机的严密的逻辑系统。例如，安全科技服务于安全活动而构成的理论体系，人口健康科技服务于民众健康的理论体系，生态环境科技服务于环境保护的理论体系。民生科技发展包括经验知识和理论知识，是由二者构成的相互依存、相互制约的统一体。民生科技的理论系统性是民生科技客观性和实践性发展的结果。民生科技的客观性、实践性和理论系统性相互作用、相互关联，体现了民生科技发展的科学性。

3. 学科群性

学科是相对独立的知识体系。学科群指具有某一共同属性的一组学科，每个学科群包含了若干分支学科。《国家"十二五"科学和技术发展规划》将民生科技作为我国科学技术重点发展领域之一，主要包括人口健康科技、公共安全科技、绿色城镇关键技术、生态环境科技、防灾减灾科技等。民生科技所包含的不同学科为解决民生问题这一共同属性而集结起来，纵向上独立，横向上共生，因而具有学科群性。

从纵向看，根据《学科分类与代码》（GB/T13745—2009），生态环境科技和安全科技已成为一级学科，并形成包括人文科学、社会科学和自然科学的学科体系。生态环境科技包括环境科学技术基础学科、环境学、环境工程学等 3 个二级学科，26 个三级学科。安全科技包括安全科学技术基础学科、安全学、安全工程、职业卫生工程、安全管理工程、安全社会科学、安全物质学、安全人体学、安全社会工程和公共安全 10 个二级学科和 47 个三级学科。这样一来，生态环境科技和安全科技从纵向上自成体系，独立发展。

从横向看，健康、环保、安全、防灾减灾等民生问题具有共同的社会性特征，彼此之间相互影响和相互渗透。民生科技作为解决民生问题的科学技术，横向之间也应相互影响、相互作用。例如，临床医疗和生物医药等人口健康科技的发展离不开医疗安全科技的支撑。因此，为了更好地解决民生问题，民生科技的不同学科发展既要体现其纵向独立性，又要体现其横向渗透性，形成纵向独立、横向渗透的学科群特征。

4. 交叉性

19 世纪是一个科学分化的世纪，传统自然科学开始了一次或二次分化；20世纪以来，科学技术处于高度交叉阶段，自然科学、社会科学和人文科学形成三类交叉科学。一元交叉科学指自然科学、社会科学和人文科学内部的交叉，如物理化学等；二元交叉科学指自然科学与社会科学、自然科学与人文科学、社会科学与人文科学之间的交叉，如社会物理学、科学哲学、哲学社会学等；三元交叉科学指自然科学、社会科学和人文科学之间的交叉，如环境科学、管理科学等。从内容和形式看，民生科技发展不仅体现为三元交叉，而且使三元交叉科学表现形式从隐性走向显性。

从研究对象看，现阶段我国民生科技直接来源于解决健康、安全、环保等民生问题的需求。而健康、安全、环保等民生问题需要史学、哲学等人文科学对其历史、价值和文化进行深入分析；社会科学为健康、环保、安全等民生问题提供经济、管理、教育等方面的支撑；科学技术为民生问题提供科技支撑。这样一来，民生科技发展离不开人文科学、社会科学和科学技术等支撑，是自然科学、社会科学和人文科学交叉的结果，属于三元交叉科学。

从表达形式看，传统的环境科学、管理科学等属于隐性的三元交叉科学，即从表达形式上并不能反映其人文科学、社会科学和科学技术三元交叉特征。而民生科技从表达形式看体现为民生问题与科学技术的交叉，而民生问题是人文科学和社会科学重要的研究领域。民生科技从表达形式上凸显人文科学、社会科学和自然科学的交叉，体现为显性的三元交叉特征。因此，从表达形式上看，民生科技实现了一次伟大的革命。正如马克思在 100 多年前对此的预言："自然科学往后将会把关于人类的科学总括在自己下面，正如同关于人类的科学把自然科学总括在自己下面一样，它将成为一门科学。"[1]

从实践看，民生科技实现了军用科技和民用科技的交叉融合。第二次世界大战后，为了实现军用科技民用化，有军用科技与民用科技之分。和平时期，不管是军用科技还是民用科技，只要解决民生问题的科学技术就是民生科技。另外，

① 马克思，恩格斯著，中共中央马克思恩格斯列宁斯大林著作编译局译：《马克思恩格斯全集·第四十二卷》，北京：人民出版社 1957 年版，第 128 页。

军用科技与民用科技的划分在和平时代意义也不是特别大。因为很多科学技术既服务于军用领域，也服务于民用领域，再用二分法来划分科学技术的应用已不太实用了。而民生科技的提法正好弥补了这一缺陷，实现了二者的统一，使科学技术发展的针对性更强、价值更突出。

5. 社会性

民生科技价值选择由社会需求决定。"民生科技的基本目标，是坚持以人为本，从人民最关心、最直接、最现实的问题出发，解决'学有所教、劳有所得、病有所医、老有所养、住有所居'等社会问题。"[①] 这体现了民生科技想民、爱民、为民、富民的人文关怀和价值取向。"生"涉及人类的生存环境和生活质量。随着科技与社会的进步，人类对生存的环境和生活的质量要求越来越高。科学技术也从关注尖端科技向尖端科技与民生科技并举的方向发展。总之，民生科技的问题来源、价值选择和基本走向都应以造福民众为目的，以改善民众生存环境、提升生活质量为目标。

民生科技发展领域由社会需求决定。科学技术发展的方向是由社会决定的；科学技术转化和应用是由社会选择决定的。科学技术的研究内容或对象多来源于科学技术实验和社会生产实践。从科学技术实验中所提出的科学问题大多是科学自身发展，凸显科学技术发展的真理性。从社会生产实践中提出的科学问题大多来源于生产实践，凸显科学技术的经济性。"大部分科学家承认社会科学与自然科学研究对象和方法的差异，但并不认为二者是完全不可通约的。"[②] 民生科技的发展直接来源于解决目前我国社会领域的健康、安全、环保等民生问题的需求，突破传统科学技术发展的维度，凸显民生科技的社会性特征，为实现人与自然、人与人、人与社会的和谐发展提供了科技保障。20 世纪以来，一方面，科学技术给人类以巨大恩惠，成为第一生产力，被誉为"善"的化身；另一方面，科学技术又给人类带来种种难以解决的健康、环境、安全等社会问题，被称为"恶"的化身。民生科技的发展正是在解决健康、安全、环保等社会问题，以弥补传统科学技术发展的不足，为科学技术社会化和社会科学技术化提供一种新的发展路径。

民生科技的发展水平是由社会决定的。从资金投入看，目前民生问题多是集中于公共领域中的安全问题、健康问题和环境问题，对于公共领域的民生科技多数是由国家和政府进行投资的。民生科技的研发人员包括社会领域不同层次的人员。传统意义上，科学技术活动是科学家和技术专家的事情，老百姓只是应用技术而已。似乎科学技术对于普通人来讲，就是一个"黑箱"。而民生科技不同于一般的科学技术活动，有些难度很小的技术发明，也能解决很大的社会问题，如自

---

① 孟宪平：《民生科技的两大亮点》，《光明日报》2008-3-31（8）。
② 殷杰，王亚男：《复杂性视角下的社会科学规律问题》，《理论探索》2012 年第 4 期，第 28 页。

来水管改造工程，保温材料的使用等。所以，从参与人员来看，民生科技的研发不仅包括科学家和技术专家，而且包括一般的科学技术人员和普通人，它更像是全民科技活动。所以，要发展民生科技必须要有广泛的民众支持和社会投入。

6. 动态性

民生科技作为解决民生问题的科技支撑，民生问题的动态性成为民生科技动态发展的直接来源，体现为社会需求与民生科技的互动过程。

从人类发展史看，古代民生问题主要表现为温饱问题，为了解决温饱问题，人类发展了农业技术。近代以来，人类为了解决温饱问题和提高生活质量，进行了两次科技革命，进而引起了产业革命，生产力得到了大大解放。近年来，我国温饱问题基本解决，人均收入超过 3000 美元，处于从工业经济向知识经济的转型期。民生问题包括工业时代没有解决的民生问题和知识经济时代新凸显的民生问题。

从我国内部系统看，改革开放以来，随着经济的不断发展，我国民生问题从解决温饱问题逐步走向解决民众与自然环境、社会环境的和谐发展问题。民生问题的动态性决定了我国民生科技发展的动态性。为了更好地促进民生科技的发展，我们必须深入地研究民生问题演变的规律。

从国际视野看，21 世纪以来，以解决民生问题为己任的民生科技已成为世界科技发展的重要领域。美国、韩国、日本、印度、俄罗斯和欧盟等国家和地区科技规划与科技政策越来越强调环境、人类健康、可持续发展和安全等科技的发展。因此，民生问题的国际化趋势客观要求我国的民生科技必须跟随国际民生科技的发展趋势，保持与时俱进。

三、民生科技的学科体系

按照服务对象不同，民生科技可以分为服务于农村居民的民生科技和服务于城镇居民的民生科技。按照产生来源不同，民生科技可以分为理论创新型民生科技和经验总结型民生科技。民生科技作为我国科学技术发展的重要领域之一，作为解决民生问题的重要支撑，它的学科体系主要由四个层次构成，包括关于民生科技的人文社会科学、自然科学、技术科学和工程技术。

1. 人文社会科学

民生科技主要解决与民众最直接相关的民生问题，因而对民生问题的把握是民生科技发展的来源和基础。人文社会科学作为促进社会发展的重要基础，民生问题是其研究的重要内容，它为民生问题提供价值观和发展领域的指导。目前，我国发展的民生科技主要包括人口健康科技、公共安全科技、生态环境科技和防灾减灾科技，我们需要研究健康文化、公共安全观、生态环境理论和防灾减灾管理理论等。因此，人文社会科学是民生科技发展的基础和来源。

2. 自然科学

从我国目前重点发展的人口健康科技、公共安全科技、生态环境科技和防灾减灾科技等民生科技来看，我们需要从自然科学层次把握人口健康科技的基础理论创新、公共安全科技理论创新、生态环境科技理论创新和防灾减灾科技理论创新。

3. 技术科学

技术科学是基础科学在技术层次的展现，它位于基础科学和工程技术之间，是民生科技在技术层次的重大突破。民生科技需要发展健康技术、公共安全技术、生态环境技术和防灾减灾技术。每一种技术又包括若干种技术，如公共安全技术包括公共安全应急管理支撑技术与决策支持系统、公共安全脆弱性分析与保障技术、公共安全突发事件应急处置、救援技术与装备技术等。

4. 工程技术

该层次是直接为现实服务的，是民生科技解决民生问题的直接承担者。《关于加快发展民生科技的意见》指出，"十二五"期间实施全民人口健康科技、公共安全科技、生态环境科技和防灾减灾科技等一批重大民生科技工程，着力解决重大民生热点难点问题。

总之，民生科技作为科学技术发展的重要领域，来源于解决现实民生问题的直接需求，是人文社会科学、自然科学、技术科学和工程技术相融合的学科体系。

第三节　国外民生科技发展及对我国的启示

从全球看，20 世纪 90 年代以来，大力发展民生科技、解决民生问题已成为新的国际趋势。美国、德国、韩国、日本、印度等国家将民生科技作为国家科技规划、科技创新的重要组成部分。

一、国外民生科技发展的重要领域

从 20 世纪 90 年代开始，世界科技逐步从军口科技竞争转向军口科技和民生科技的竞争。科技强国往往引领世界科技发展趋势，美国、德国、韩国、日本、法国、印度、澳大利亚、欧盟等国家和地区将民生科技作为国家科学技术发展的重要领域，客观反映了民生科技成为国际科技发展的重要趋势。

1. 民生科技越来越受到美国的重视

"从美国政府的科技政策的演变来看，是在克林顿政府时期，才首次将民生纳入科学技术的具体使命"[①]，并选择了"信息高速公路"这样的战略突破口。虽然2001年小布什上台后，美国政府在胚胎干细胞研究等领域设置重重障碍，拒不签署《京都议定书》等，某种程度上抑制了美国在生命科学、生物技术、环保、新能源等重大民生科技领域的技术和产业进步，进而加剧了美国最近数年的经济困境。但2010年4月27日，奥巴马在美国国家科学院第146届年会上说："科学对我国繁荣、安全、健康、环境和生活质量的重要性超过以往任何时候。科学让位于意识形态的日子已经成为历史。"这充分说明与民众安全、健康、环保等紧密相关的民生科技在新时期将进一步成为美国科技发展的重要领域。

从人口健康科技看，一方面，美国联邦政府一直将公共医疗发展作为国家战略的重要组成部分，成立国立卫生研究院（NIH），这是美国唯一的国家级公立生物医学科研机构。该机构对生物医学投入巨大，仅2009年便投入300多亿美元，用于癌症、艾滋病、生物恐怖、生物安全、老龄化、肥胖等重点领域的研发。在经济刺激法案中，美国政府为卫生信息技术现代化建设投入近190亿美元的资助。[②]另一方面，美国通过信息技术促进医疗保健系统的发展。2008年，美国出台了《2008—2012年联邦医疗卫生信息技术战略规划》，2009年出台了《经济与临床健康信息技术法》，确定了利用信息技术改善医疗的总体计划。

从公共安全科技看，20世纪60年代以来，美国重视发展职业安全科技、食品安全科技、运输安全、化学化工安全、矿业安全以及核安全等公共安全科技的发展。

从生态环境科技看，科技创新成为美国应对环境问题的有效途径。一方面，奥巴马政府上台后，新能源发展便成为其工作的核心内容。美国加大了对先进汽车制造和技术研发的资金资助，为动力技术、电池、零部件开发提供了多项补贴和贷款及税收抵扣，以解决生态环境问题。另一方面，美国政府通过专门的规划、计划等方式推进美国湿地生态功能的恢复。

从防灾减灾科技看，美国提高对与减灾相关的经济问题的认识；改善对现有建筑的评估和修复技术；开发地震模拟系统以实现有效减灾；改善各州和地方的抗震减灾能力。重视相关技术的基础研究，包括地震物理研究、地震灾害评估、地震安全设计和结构等。面对气象灾害，美国应用卫星系统、沿岸海洋观测系统、

① 贾品荣：《典型国家发展民生科技的五点启示》，《管理》2012年第5期，第110-113页。
② 古海阳：《美国以民生科技作为发展战略》，《广东科技》2011年第12期，第60-62页。

信息通信技术等为社会公用事业、农业、其他商业以及国防提供天气预报和预警。"自 2000 年起，美国国家科学基金会投入上亿美元建设国家地震工程研究机构和实验室，并建立全国性的地震监测台网。"①

2. 民生科技成为法国科学技术发展的重点领域

为了改善民众生活，"法国大力发展核能事业、重视节能减排工作、努力推广节能建筑、加强国土整治建设、创建竞争力创新园区、积极预防自然灾害、健全社会保障体系、医疗健康保险制度、提高医学研究水平、强调食品卫生安全、重视推广科普知识、巨资帮助中小企业、召开环保协商会议、建立科技创新体系"②。

从人口健康科技看，法国除建立基本保障体系和医疗健康保险制度外，还不断提高医学研究水平，至今法国已有 10 位科研人员获得了医学和生理学诺贝尔奖。为提高民众的健康水平，法国成立了国家艾滋病研究署，并积极研究阿尔茨海默病。

从公共安全科技看，法国强调食品安全，建立完整的食品卫生监控体系和产品溯源体系，并加大食品安全风险评估。对生产安全、社会安全领域的科技投入比较大。

从生态环境科技看，一方面，法国大力发展核能等新型能源。自 20 世纪 50 年代以来，法国政府就一直将核电开发作为解决能源短缺问题的主要手段而倍加重视，开始了以核电为代表的民用核能开发相关技术的研究。另一方面，法国围绕节能减排，大力发展节能建筑、公用交通，洁净汽车等项目。

从防灾减灾科技看，法国加大对自然灾害现象和风险的认知和研究，及时总结和吸取已发生的特殊的自然灾害的经验教训。从教育和信息方面入手，提高民众对自然灾害的认知能力，更加注重对自然灾害的应急处理和重建工作。

3. 德国科技支持民生科技发展

"自 20 世纪 90 年代末以来，德国的科技政策、创新政策就已经破除了片面追求经济规律的倾向，将改善未来社会的生活条件作为科技政策的重点。"③《2006—2009 年德国高技术战略》中包括了人口健康科技、生态环境科技等民生科技。从人口健康科技看，德国重点发展了医疗技术，建立针对阿尔茨海默病和肥胖症的研究网络。从生态环境科技看，德国重视气候研究和气候影响前的部分防护研究、仿生学研究，重视建立三废处理职能平台等。

2010 年 7 月，德国发布了《2020 高科技战略》，该战略中包括了多个民生科

---

①　周元，王海燕等：《民生科技论》，北京：科学出版社 2011 年版，第 154 页。
②　蒯强：《关于法国重视社会发展和民生科技的成功经验》，《全球科技经济瞭望》2009 年第 6 期，第 57-65 页。
③　周元，王海燕等：《民生科技论》，北京：科学出版社 2011 年版，第 160 页。

技计划。从人口健康科技看，重点发展个性化医疗和疾病治疗、营养措施和健康保障、老龄社会的独立生活问题；从生态环境科技看，重点发展能源供应的智能化改造、再生能源、电动汽车等。

4. 日韩等国家科技发展计划聚集民生

保障健康和安全成为 2006 年以来日本科学技术发展重要的价值取向。为解决民众健康、安全、生态环境和防灾减灾等问题，日本出台了《环境基本法》《第三个环境基本计划——从环境开拓走向富裕的新道路》《21 世纪环境立国战略》等。保护生物多样性、推进循环经济发展、开展国际环境合作等措施成为日本发展民生科技的重要举措。

提高生活质量也成为韩国科学技术发展规划的重要内容之一。2000 年，韩国科技部公布《2025 年构想：韩国科技发展长远规划》，提高民众生活质量成为其中重要内容之一。从人口健康科技看，韩国大力发展生命和医疗科学技术、脑科学、老龄化人口科技等；从公共安全科技看，建立国家应急系统、观察和预测自然灾害技术、核安全技术和大型建筑的安全检测技术等；从生态环境科技看，韩国致力于发展先进的环境技术和环境项目。

二、国外民生科技发展的启示

国外民生科技发展经验对提高我国民生科技发展具有一定的借鉴价值。

1. 重视人才、资金等要素体系的投入

美国一方面充分发挥本国的教育和人才优势，鼓励本国学生学习与民生科技相关的专业；另一方面，吸收海外优秀人才发展美国的民生科技。日本积极吸纳外国学生，促进本国民生科技的发展。德国积极推进高等教育改革，创新人才成长的环境，促进德国民生科技的发展。

"2010 年，在气候、环境、生命科学等重要民生领域，德国政府增强了预算支持的力度，将相关资助经费提高到了 160 亿欧元，比 2009 年增加了 13%。"[1] "澳大利亚政府在 2006~2007 年财政基础上增加了 4.358 亿澳元的资金用于医疗研究的基础设施项目。"[2] "当代世界趋势是军口的 R&D 投入在全社会投入中的份额在逐步下降。美国从 20 世纪 80 年代初到 21 世纪初从将近 20%下降到 10%以内；而 OECD 国家的平均值同时期则从将近 10%下降到 3%以内。"[3]

---

① 周元、王海燕等：《民生科技论》，北京：科学出版社 2011 年版，第 169 页。
② 周元、王海燕等：《民生科技论》，北京：科学出版社 2011 年版，第 175 页。
③ 曾国屏：《科学技术与国计民生关系中的两个问题》，《中国科技论坛》2008 年第 1 期，第 5-6 页。

2. 民生科技成为国家科技规划的重要内容

随着大科学时代的到来，科学技术发展所需的资金、人才等越来越需要国家的支撑。因此，科学技术规划成为促进科学技术发展的重要支撑。进入 21 世纪，民生科技已成为美国、法国、德国、日本、韩国、澳大利亚、印度等国家规划的重要内容之一，说明民生科技越来越需要国家和政府的支撑，体现了大科学时代科学技术发展的特征。韩国政府确立了提高民众生活质量的科技政策导向，日本倡导为社会与国民支持并将成果还原于民的科技政策导向，欧盟提出为民众和全社会服务的科技政策导向。

3. 提高政府、企业、专业人员和相关组织的协同力

美国民生科技的主要任务由企业承担，联邦政府更多考虑国家安全和威望型科技的发展，主要给予发展民生科技政策上的支持。2007 年 7~10 月，法国举行了环境问题多方协商会议，由非政府组织、专业人士、工会组织和科研人员等组成，确立 13 项行动计划。民生问题具有复杂性，只有多部门协同创新才有利于健康、生态环境、公共安全、防灾减灾等民生问题的解决。德国搭建民众与科技界、产业界的互动机制，实现政府、民众、科技界和产业界的协同力。

总之，国外民生科技发展重视人才、资金的投入，并将其上升为国家科技规划，与此同时需要政府、企业、专业人员和相关组织的协同。这些经验对促进我国民生科技发展具有重要的借鉴意义。我国已开始加大对民生科技的投入，国家中长期科技规划中包括民生科技，政府、企业和科技团体也越来越重视民生科技。

第四节　　民生科技发展的重要意义

科学研究的是命题的真理性，哲学研究的是命题的真正意义。21 世纪以来，以解决民生问题为己任的民生科技已成为世界科技发展的重要领域。美国、日本、韩国、印度、俄罗斯和欧盟等国家和地区科技规划与科技政策越来越强调发展生物、信息、环境、人类健康和可持续发展科技、安全科技等。我国《国家"十二五"科学和技术发展规划》将人口健康科技、公共安全科技、生态环境科技、防灾减灾科技、绿色城镇关键技术等作为民生科技发展的重点领域。民生科技不仅成为解决民生问题的重要支撑，而且对我国产业升级等具有重要的影响。

一、民生科技是实现科学发展的重要支撑

科学发展是坚持以人为本，全面、协调、可持续的发展。胡锦涛同志在十七

大报告中指出，全面建设小康社会、发展中国特色社会主义，必须坚持以邓小平理论和"三个代表"重要思想为指导，深入贯彻落实科学发展观。

科学发展坚持以人为本，而民生科技以解决民生问题为己任，体现以人为本的价值取向，是实现科学发展观的重要体现。传统科技发展价值取向更多的是以经济建设为主，兼顾社会建设和生态文明建设。而民生科技就是解决与民众生产、生活紧密相关的人口健康、公共安全、生态环境等民生问题，与科学发展的价值取向是一致的。

科学发展是全面、协调和可持续的发展，民生科技的发展正是在加长社会建设"短板"，实现经济与社会、生态的协调发展，是实现人与自然、人与社会、人自身可持续发展的重要支撑。目前，我国经济社会中的许多不和谐因素，在很大程度上都与经济发展还不充分有密切联系。因此，在解决民生问题的过程中，实现科学发展，坚持在以经济建设为中心的基础上统筹协调经济、社会、文化等各方面发展，用全面发展的办法解决前进中的问题。

二、民生科技是促进和谐社会建设的重要手段

实现社会和谐，建设美好社会，始终是人类孜孜以求的一个社会理想，也是中国共产党不懈追求的一个社会理想。我们所要建设的社会主义和谐社会，应该是民主法治、公平正义、诚信友爱、充满活力、安定有序、人与自然和谐相处的社会。民主法治，就是民主得到充分发扬，做到依法治国，各方面积极因素得到广泛调动；公平正义，就是社会各方面的利益关系得到妥善协调，人民内部矛盾和其他社会矛盾得到正确处理，社会公平和正义得到维护和实现；诚信友爱，就是全社会互帮互助、诚实守信，融洽相处；充满活力，就是能够使一切有利于社会进步的创造能够得到释放；安定有序，就是社会组织机制健全，社会管理完善，社会保持安定团结；人与自然和谐相处，就是要实现人与自然的可持续发展。这些基本特征是相互联系、相互作用的。

构建社会主义和谐社会，要通过发展生产力来不断增强和谐社会建设的物质基础，为解决各种不和谐因素创造经济条件，如对于低保水平的提升、对生态文明建设的投入等都需要民生科技做基础。

三、民生科技是解决民生问题促进社会建设的重要依托

社会建设作为"五位一体"的中国特色社会主义事业总体布局的重要组成部分，与每一个民众的幸福安康息息相关。党中央高度重视我国的社会建设问题，加快推进以改善民生为重点的社会建设工程。社会建设的提出与中国目前经济、

社会发展的阶段性是紧密联系的。现阶段中国面临的社会建设问题表现为以下几方面：

1. 教育问题

对于中国来说，要实现人力资源强国向人力资本强国转化，必须要提高全体国民的教育水平。联合国曾做过一项调查，发现发达国家与欠发达国家的差距关键是教育的差距。教育的差距直接影响一个人的收入，间接影响国家利益。目前我国平均受教育年限比较低。从保护最大多数人的最大利益的角度看，我国确实应该首先提高基础教育的水平，创新大学教育和职业教育，大力发展远程教育。

2. 就业问题

新中国成立以来，就业问题一直就是中国的一个大问题。在计划经济时代，我们采用平衡的就业模式，保障大学生都有工作，但最后的结果是人浮于事、效率低下。20 世纪 90 年代经济体制的改革，使很多人下岗，打破了平衡的就业模式，经济效益明显提高。但是，从社会建设的角度来讲，不利于社会稳定。特别是处于转型中的中国，产业结构的不断升级，也造成了结构性的失业。所以，解决就业是我国社会建设的重要组成部分。

3. 公平问题

公平体现为缩小阶层的收入差距、文化差距、教育差距，优化社会资源。公平强调初次分配和再次分配都要处理好效率和公平的关系。古人早就说过：不患寡而患不均。我国自改革开放以来的不均衡发展已经到了必须缓和的阶段。耗散结构理论告诉我们：系统从非平衡态进入平衡态，需使系统处于开放的状态，解决公平问题。

4. 医疗健康问题

随着人们生活水平的提高，医疗与健康日益受到人们的重视。而目前，我国庞大的农村需要不断完善医疗体系，解决民众看病难的问题。由于现代科学技术的发展，食品的健康问题、安全问题等越来越受到人们的关注。

5. 社会管理问题

众所周知，经济高速发展的时期，也往往是社会矛盾和社会问题比较突出的时期。社会管理是减少社会矛盾、提高社会效率、促进社会发展的重要措施。政府管理水平的提升越来越成为社会发展的重要领域。

总之，人口健康、公共安全、生态环境和防灾减灾等民生科技的发展是解决医疗健康、社会管理、社会安全、生态环境、自然灾害等民生问题的重要依托，民生问题的解决是社会建设的重要内容。

四、民生科技是生态文明建设的重要科技保障

十七届四中全会指出："我国经济建设、政治建设、文化建设、社会建设以及生态文明建设全面推进，工业化、信息化、城镇化、市场化、国际化深入发展，我国正处在进一步发展的重要战略机遇期，在新的历史起点上向前迈进。"生态文明建设已成为我国解决民生问题的重要领域。

生态文明是指人类遵循人、自然、社会和谐发展这一客观规律而取得的物质与精神成果的总和；是指人与自然、人与人、人与社会和谐共生、良性循环、全面发展、持续繁荣为基本宗旨的文化伦理形态。党的十七大报告提出："要建设生态文明，基本形成节约能源资源和保护生态环境的产业结构、增长方式、消费模式。"倡导生态文明建设，不仅对中国自身发展有深远影响，也是中华民族面对全球日益严峻的生态环境问题做出的庄严承诺。民生问题的解决也是生态文明不断建设的过程。十八大报告进一步指出："我们一定要更加自觉地珍爱自然，更加积极地保护生态，努力走向社会主义生态文明新时代。把生态文明建设放在突出地位，融入经济建设、政治建设、文化建设、社会建设各方面和全过程，努力建设美丽中国，实现中华民族永续发展。"因此，只有大力发展民生科技才能改善我们的环境，为美丽中国建设提供科技支撑。

五、民生科技对产业升级具有支撑、引领、质改、反馈和提升竞争力多种效应

产业升级是产业结构升级和产业素质与效率提升的统一。产业结构升级是产业结构从低级形态向高级形态转变的过程或趋势。产业素质与效率提升是产业经济、环保、安全、节能等价值在产业发展过程的聚集化，是产业经济效率与社会效率的统一。

第一，民生科技对产业升级具有支撑效应。目前，我国产业能耗高，单位 GDP 能耗高于发达国家若干倍；环境代价大，环境恶化耗费中国 9% 的年度 GDP，经济效率和社会效率有待进一步提升。据世界卫生组织（WHO）估计，世界 25% 的疾病和死亡是由环境因素造成的。全世界每年死亡的 4900 万人中 3/4 是由环境恶化所致。产业发展水平直接影响民众的健康水平。一方面，人口健康科技、公共安全科技、生态环境科技、防灾减灾科技、绿色城镇关键技术等民生科技发展

有助于支撑不同产业整体技术升级，提高科技对经济、安全、环保和安全的贡献率，改变科技服务于经济的单一维度。另一方面，节能、环保、低碳、安全与健康作为新的发展要素引入产业投入系统，对资本和劳动力的投入结构也具有重要的支撑作用。

第二，民生科技对产业升级具有引领效应。世界经济发展史表明，每一次科技革命都引领相应的产业革命。19 世纪的电气技术革命，引领以电力技术为核心的汽车制造业、化工业、钢铁业等工业产业；20 世纪 40~70 年代以电子、空间和核能等技术为标志的技术革命，引领以信息技术为核心的高技术产业。21 世纪以来以解决民生问题为己任的人口健康科技、公共安全科技、生态环境科技、防灾减灾科技、绿色城镇关键技术等民生科技发展正在引领和培育健康、环保、安全等民生产业的崛起。"十二五"期间，民生科技产业发展有助于我国城镇化进程的加快、人民整体生活水平和消费需求的提升，民生科技工程对促进民生科技产业的发展具有引领效应。民生科技不仅对我国传统农业、工业产业具有引领作用，而且对高科技产业和第三产业也具有引领作用，民生科技产业正在引领我国整体产业向经济、安全、环保和健康方向发展。

第三，民生科技对产业升级具有质改效应。随着民生科技产业的发展，我国产业形态正在发生一场从量变到质改的过程。从产业发展趋势看，随着民众从温饱型社会向小康型社会转变，健康、环保、安全成为最重要的民生基础，产业作为国民经济发展的命脉，应体现民众的需求。因此，我国产业的发展越来越从经济形态走向民生形态。从产业布局看，通过大力发展民生科技，我国社会公共事业得到了长足发展，培育了新业态，呈现农业、工业、高技术产业、服务业、民生科技产业等多元布局。从产业要素投入看，我国产业对健康、环保、安全、防灾减灾等要素的投入越来越多，涉及健康、环保、安全等方面资金、人才、管理投入也在不断增加。从产业创新看，随着民众对健康、环保、安全、绿色建筑等价值需求的增加，我国自主创新需要从服务于经济向服务于经济和社会发展转向，制度创新和管理创新要有助于产业升级的民生化。从产业评价看，随着民生问题解决的不断深入，产业评价体系需要增加越来越多的民生指标。

第四，民生科技对产业升级具有反馈效应。产业升级是由科技推动和市场拉动共同实现的。民生科技产业通过引领市场结构变革对产业升级具有反馈效应。市场结构包括市场上现有的供给者、需求者与正在进入该市场的供给者、需求者之间的关系，它可以外化为体现供给者的产品结构和需求者的消费结构。民生科技通过促进节能、环保、安全、健康等产品的开发，改变产品结构；同时，民生科技产品促进民众消费观念、消费结构的变革，消费反过来促进民生科技的转化与应用，推动我国产业升级。

第五，民生科技对产业升级具有竞争力效应。波特认为，一个国家的产业是否有竞争力，主要是由技术革命和技术创新、经济发展阶段、产业资源、产业政策和市场规模五个因素决定的。碳排放标准、环境标准、安全标准和健康标准已成为国际贸易的技术壁垒。发达国家通过民生技术标准战略不仅提升产业发展水平，而且创造了新的经济增长点，开拓了新市场，提高了产品国际竞争力。民生科技对我国产业的渗透与改造，有助于提升我国产业的技术标准，提高我国产业的国际竞争力水平。

第二章　解决民生问题的科技需求

民生科技与不同时期民生问题的发展特征是紧密相连的。不同时期的民生问题决定了民生科技发展的方向和可能空间。对于历史的分析有两种观点：一种是辉格式分析，另一种是反辉格式分析。我们要完全遵照历史事实来研究历史就是反辉格式的研究传统。如果我们用现代的眼光来看待和评价历史则形成辉格式的研究传统。对于民生科技来讲，我们结合现代民生科技的内涵，将不同时期解决民生问题形成的知识体系与转化体系称为更广泛意义上的民生科技。这样一来，保证了分析标准的统一性与连续性。从世界科技革命发展看，每一次科技革命都促进了当时民生问题的解决。根据不同时期民生问题发展特征与科技的关系，我们可以将中国划分为四个时期：古代农业时期（原始社会、奴隶社会和封建社会）、近现代工业转型期（1840年至新中国成立）、解决温饱期（1949~2000年）、构建和谐社会期（2001年至今）。

第一节　世界科技革命与民生问题

科技进步是社会发展的主要推动力量，从一定意义上来讲，社会发展过程就是科技进步的过程，人类社会的文明史就是一部科技演化史。

一、农业科技革命与农业时代的民生问题

从猿人开始使用天然石器起，在一个极其漫长的过程中，人类科学技术主要是狩猎、捕鱼和采集植物方面的技术和知识。这时的科技我们称为渔猎技术，这时的社会我们称为渔猎社会。大约在1万年前，人类科学技术的发展发生了第一次质的飞跃，发生了农业科技革命。随着农业科学技术的发展，人类也从渔猎社会进入农业文明，人类的民生问题从关注通过渔猎解决民众的衣、食、住、行向农业时代大力发展农业技术解决民众的衣、食、住、行的领域发展。在人类早期的科学技术中，技术起了先导作用，人类早期的科学知识大多来源于技术应用。尽管这些知识还只是简单的经验知识而不是高深的理论科学，但是科学知识一旦产生，它就对技术的发明和应用起指导作用。

1. 农业科学革命

早期的人类在漫长的渔猎和采集活动过程中不断积累经验知识，大脑也在不

断进化，他们发现了播种与收获之间的关系。关于天文、历法方面知识的产生是农业科技革命的一项重要内容。制定历法与观测天象有密切的关系，早期的天文观测主要是为了制定历法和预测未来。历法除指导生产的季节变化时限外，还确定世俗宗教的各种节日。人们用天上日月星辰的周期性变化规律来作为地上人间生活的基本节律。除此之外，人们在医学、物理学和数学方面也掌握了一些简单知识。

2. 农业技术革命

人类在农业知识方面发生革命性飞跃的同时，在技术方面也进行了一场变革。其内容是种植技术、养殖技术、冶金技术、纺织技术和制陶技术等。种植农作物和饲养动物的技术是从渔猎技术向农业技术转变的一个非常重要的标志。这种技术使人类从单纯依靠自然界现成的赐予转向通过自己的劳动来弥补天然赐予的不足。大约在 1 万年前，人类在掌握了某些植物生长发育方面的基本知识和某些动物的生活习性的基础上，开始人工种植某些农作物和饲养某些动物。除此之外，他们还发明了制陶技术和冶金技术：在原始人长期用火的基础上，人们发现经过火烧过的黏土变得很坚硬，可以用来盛水或其他食物，于是人们发明了制陶技术；在烧制陶器的过程中，人们接触到一些金属矿石，这些矿石经过火烧后形成了金属，于是人们发明了冶金技术。与此同时，人们还发明了纺织技术、制造车轮技术等。

农业科技革命不是短时期内突然发生并完成的，它是一个过程。每一个地方的农业科技革命从开始发生到基本完成都经历了一段较长的时期。总的来说，从 1 万年前到 4000 年前，四大文明古国先后完成了农业科技革命，进入农业社会。

3. 农业时代农业科技革命解决民生问题的特征

农业科技革命在发展的过程中，不断解决人类的衣、食、住、行等民生问题，使民生问题凸显以下特征：

（1）居住安定化、悠闲化。在生活方式方面，从渔猎社会过渡到农业社会的一个重要变化就是从漫游式的生活过渡到定居式的生活。由于有了种植技术和饲养技术，人们的活动场所就固定下来，在那些土壤比较肥沃和人口相对集中的地方就形成了原始村落。在农业社会，由于秋天能收获较多的粮食储存起来供人们过冬，所以冬天有较多的闲暇时间。由于农业生产的季节性强，人们的生活随着季节的变化而变化。

（2）人类文明化。渔猎社会还是一个野蛮社会，由于生产力水平低，人们只能像动物一样谋生，还没有能力创造人类所特有的物质文明和精神文明。在农业社会，由于生产力的发展，人们有闲暇时间发展文化和教育事业，从而产生了早期的精神文明。农业科学技术革命使社会从野蛮社会转变为文明社会，使人由野蛮人转变为文明人。

（3）生活水平相对比较低。农业社会，由于生产力水平比较低，所以人们的衣、食、住、行等质量比较低。人们在消费的种类和数量上都无法跟现代人进行比较。

二、工业科技革命与工业时代的民生问题

农业科技革命之后，人类进入文明社会，此后科学技术经过很长时间的积累。从 17 世纪后期到 19 世纪，人类科学技术的发展又发生了一次质的飞跃，这就是工业科技革命。与农业科技革命相比，工业科技革命科学理论知识的先导作用更加明显。工业科学革命起源于 17 世纪末 18 世纪初的牛顿经典力学体系的诞生。工业技术革命发端于 18 世纪中叶蒸汽机的发明和使用。工业技术不再是以经验为基础的技术，而是以科学为基础的技术。

1. 工业科学革命

近代工业科学革命是以物理学为核心，包括化学、数学、生物学和天文学等一系列学科的质的飞跃。物理学上的革命反映了近代工业科学革命的典型特征。在物理学上，17 世纪末 18 世纪初，牛顿提出了他的力学三定律和万有引力定律。继牛顿的经典力学之后，近代物理学上的又一重大进步是电动力学的诞生。电动力学经欧姆、法拉第和麦克斯韦等科学家的一系列发现，有了重大进展。物理学革命为近代以机械技术为主的工业技术革命提供了理论基础。此外，化学、数学、生物学等学科都发生了革命性的变化，也为工业技术革命奠定了基础。

2. 工业技术革命

工业科学革命为工业技术革命奠定了基础。一场以机械技术和能源技术为核心的工业技术革命发生了。农业社会，人们用以征服自然的物质力量是以人力和畜力等现成的自然力为主的，而工业革命则使人们用以改造和征服自然的物质力量由天然的人力和畜力变成人工创造出来的机械力。

工业技术革命的核心内容是机械技术革命，关键是动力技术和能源技术。工业技术革命的第一个重要标志是蒸汽机的发明和运用。18 世纪 60 年代，经过瓦特改造的蒸汽机可以为所有工业提供动力，从而使蒸汽机成为工业革命开始的标志。18 世纪中叶，煤开始作为工业动力机的主要燃料。从此，能源技术进入煤炭时代。19 世纪，随着热力学研究的进展，汽油机、柴油机、电动机等的发明作为强大的动力广泛进入工厂车间。19 世纪 80 年代，由于开采石油技术的出现，能

源技术又进入石油时代。机械技术和能源技术是近代工业技术革命的核心内容，正是这些技术延伸了人的体力，使人类征服自然的物质力量获得了巨大增长。

3. 工业科技革命解决民生问题的特征

工业技术革命引发了一场巨大的社会变革，社会开始从农业社会进入到工业社会。同农业社会相比，工业时代民生问题具有以下特征。

（1）生产交通机械化。农业社会中的工业是以人的手直接进行操作的手工工业。1733 年，英国工人凯伊发明飞梭。1800 年，英国的纺织技术经过飞梭、纺纱机、织布机等已基本实现了机械化。1782 年，英国发明了蒸汽锤。1800 年，机床的发明，实现了机器制造的机械化。其他工业也相继进入了机械化时代。

（2）社会城市化和生活节奏快速化。由于在工业社会农业也实现了机械化，农业人口开始向城市转移。英国是实现工业革命最早的国家，工业革命后，英国兴起了许多大大小小的城市，同时生活节奏加快。由于不受四季变化的影响，工厂主为了追求更多的利润，牺牲了人们更多的自由时间。工厂的产生为人们超负荷地工作提供了可能和必要。

（3）经济商品化及贫富两极化。农业社会的经济以自然经济为主，每一个经济单位依靠自己的经济条件生产自己所需的产品。工业社会，社会分工发生了质的飞跃，行业之间、行业内部都有了明确的分工。分工使每一个人无法满足自己所需要的消费品，于是产品交换就成为必然，商品经济占据了绝对统治地位。有商品交换，必然有商品竞争，不仅一国之内、国与国之间也存在竞争，最后形成南北之间、东西之间的贫富分化。

（4）环境问题、人口问题和资源问题越来越突出。全球环境污染问题带给人们的影响是多方面的、深远的，甚至是难以预料的。目前，全球性的环境污染问题主要包括大气污染、水体污染、海洋污染、固体废弃物污染、噪音污染等。工业革命以来，随着人类活动的增加以及科学技术的大量使用，人类对生态环境的破坏随之而来，造成生物损失与灭绝、森林锐减、土地荒漠化、淡水资源短缺等问题。水污染的直接后果是严重威胁人类的健康和其他生物的生存。生活污水中常含有许多致病菌、病毒和寄生虫，含有这些病原物的污水一旦污染了饮用水并进入人体，就会迅速引起各种疾病。饮用水被重金属离子以及有毒的有机物污染后，后果也非常可怕。据联合国儿童基金会的一份资料披露，不安全饮用水引起的腹泻和其他疾病，每年会造成数百万儿童的死亡。

三、信息科技革命与知识经济时代的民生问题

人类科学技术的发展是按照加速度的方式进行的。渔猎社会持续了 300 万年

左右。从农业科技革命到工业科技革命，只经历了不到 1 万年的时间。而从工业科技革命到信息科技革命，只经历了短短的 200 年时间。人类的科技发展到 20 世纪中叶又发生了一次伟大变革。

1. 信息科学革命

信息科学革命是以信息论、控制论和原子能科学为主，包含生命科技、纳米科技、环境科技、宇宙科学等尖端科学在内的一场新的科学革命。1948 年，美国数学家申农出版了《通信的数学理论》，标志着信息论作为一门科学正式诞生了。申农首次从理论上阐述了通信的基本问题，提出了通信系统的数学模型。现在信息论已广泛应用于人工智能、生命科技、物理学和化学等学科。1948 年，维纳《控制论》一书的出版，标志着控制论作为一门科学正式诞生了。控制论是用数学方法研究控制系统运行规律的科学，它是现代自动化技术的重要理论基础。20 世纪 70 年代以来，控制论与计算机的发展日益联系起来。此外，原子核物理学、基因科技、材料科学等也是信息科学革命必不可少的内容。

2. 信息技术革命

信息技术革命是以计算机技术和通信技术为核心的一场技术革命。与此同时，能源技术、材料技术、生物技术、海洋技术和空间技术等一批高新技术也产生了。人类在很早以前就开始探索计算工具了，中国宋代发明的算盘是古代最先进的计算工具。计算技术的重大突破是计算机的发明。1945 年世界上第一台电子计算机的问世，使人类社会从此进入了计算机时代。随着计算机的发展，它已成为信息技术的核心。信息技术革命是信息技术革命的又一重要内容。目前，光纤通信和卫星通信，为电子计算机国际互联网和信息高速公路奠定了技术基础，使庞大的地球变成了一个村庄——"地球村"。

3. 信息时代信息科技革命解决民生问题的特征

信息科技革命的发生同样引起了一场社会大变革。随着 20 世纪中叶信息科学和信息技术革命的发生，人类社会开始向现代文明迈进。大体上，信息时代科技革命解决民生问题具有以下特征。

（1）生产办公自动化。工业革命使机器代替了人手的直接操作，是对人的躯体的延伸，但工业机械没有智能，它不能操纵自己。20 世纪 70 年代，随着电子计算机的发展，第一代由计算机控制的机器人被研制出来。随后，智能机器人被广泛应用于工业生产之中。机器人的发明和应用，使人类创造出来的机器不仅代替了人的体力劳动，而且也代替了人的脑力劳动。从此，人们创造物质财富的生产便进入自动化时代。在 20 世纪 70 年代后期，科学家还研究出更先进的整体性自动化生产技术——计算机集成制造系统。这种高度自动化系统，为"无人工厂"的出现奠定了基础。1984 年，第一座"无人工厂"在日本诞生，它由计算机辅助设计、机器人自动操作、数控车床自动加工、电脑化经营管理等系统构成。这种自动化设备使人从体力劳动和脑力劳动中解放出来。随着生产自动化，工厂、农场、公司、政府等所有行业的办公室都实现了自动化。

（2）服务交往网络化。20 世纪 90 年代发展起来的因特网大大改变了人们的生活方式，开辟了网上服务、网上交往的新时代。电子邮件、网上信箱、网上电子图书馆、网上电子新闻等为人们提供了方便的服务。另外，网上聊天打破了人们之间的地理空间的界限，人们可以自由地与世界各地的朋友交谈。因特网使"天涯若比邻"变得名副其实。

（3）生活闲暇化。工业社会代替农业社会，使过去那种田园式的悠闲生活消失了。工业社会带给我们的是快节奏的紧张生活，机器就像套在人身上的一个巨大的枷锁，剥夺了人们闲暇娱乐的自由。信息时代，生产自动化和办公自动化使人们只需花费很少时间就能完成工业时代很长时间才能完成的工作。人们的闲暇时间越来越多。人们可以有计划地、主动地、充实地利用自己的闲暇时间。

总之，科学技术的发展，促使人类社会从渔猎社会进入农业文明、工业文明和现代文明社会，促进了人们生活水平、交流方式、民主制度、产业结构等方面的大调整，同时也产生了新的民生问题，如健康、公共、生态环境等问题成为新时期各国关注的新的民生问题。我们期待围绕新的民生问题而发起新的科技革命。

第二节　古代科技发展与中国民生问题

中国自古以来就将"民生"与"国计"相提并论，民生问题一直与国家发展存在着不可分割的关系。《尚书·五子之歌》指出"民惟邦本，本固邦宁"，它构成了儒家治国理政思想的核心，而《管子·霸业》突出"以人为本，本治则国固，本乱则国危"，《左传·庄公三十三年》强调"政之所兴，在顺民心"，《孟子·尽天下》主张"民为贵，社稷次之，君为轻"，《孟子·梁惠王下》则提出"忧民之忧者，民亦忧其忧"等议论，都客观反映了古代先贤对民生问题的重视。在古代漫长的社会国度里形成的"国以民为本，民以食为天"，是我国古代朴素的民本思想，也是对民生问题重要性的认识。由于当时的科学技术水平比较低，阶级差别比较大，对于普通民众来讲，他们的需求主要是生理需求、安全需求等，需求层次比较低。

一、古代中国解决民生问题的科技需求

不论是古代的中国，还是被誉为科学故乡的古希腊都没有"科学"这个名词。在中国古代用"格致"一词涵盖现代所用的"科学"一词的内涵。《礼记》中记载："致知在格物，格物而后知至。"也就是说，研究事物原理才能获得知识。之后，中国历代著作中都用"格致"一词。"科学"一词在 19 世纪末 20 世纪初从日本引入中国。古希腊时期，用自然哲学来称呼现代意义上的科学，而且科学往往与哲学、宗教交织在一起。英国直到 19 世纪才用科学来代替自然哲学，后来出现了"科学家"一词。所以，我们如果用辉格式的研究方法，即用现代的"科学"一词，来衡量古代的科学技术，当然古代中国没有科学技术。所以，我们必须采用反辉格式的研究方法，来看待古代中国的民生科技。古代中国民生科技发展的一个很重要的特点就是重实用、轻理论。古代中国农业社会经过了原始社会、奴隶社会和封建社会，主要以农业为主，但在不同历史时期又有些不同的发展领域。

1. 原始社会解决民生问题的科技需求

原始社会是科学技术萌芽阶段。民生科技的发展主要表现在三个方面：一是石器和火的利用。特别是火的利用是人类技术史上的一项伟大发明，它使人类第一次控制和战胜了自然力。二是原始农牧业的出现。这是人类经验发展到一定阶段的产物。种植的植物有花生、芝麻、豆类等。中国原始畜牧业主要是饲养狗、猪、牛、马和鸡等。三是原始手工业的出现。表现为制陶技术、纺织技术、建筑技术、简单的交通工具的发明等。原始社会民生科技的发展集中体现了为了人民的生存而必须进行创新的历史过程。民生科技的发展水平是人们经验的总结，是人们认识自然和改造自然的过程。

2. 奴隶社会解决民生问题的科技需求

奴隶社会民生科技的发展主要表现为青铜器技术、农牧业技术和手工业技术的发展。中国的夏、商、周时代是青铜器的极盛时代，典型地代表了奴隶制时代高度发展的文化艺术和科学技术水平。西周时期，农业已成为社会经济中最主要的生产部分，农作物已可以分为谷类、麻类等。《诗经》已记载有早熟、晚熟、早播和晚播的不同的作物品种。《夏小正》中还记载了关于农作物的加工技术。《诗经》记载桑蚕业已逐步发展起来。手工业的发展主要表现在建筑业、纺织业、制陶技术和酿造技术等方面。但在当时，科学与技术是分离的。科学和技术主要服务于社会需求。例如，天文学中的天象观测、历法服务于农业需要；数学中记数法的发明服务于土地的量度，物候学和气象学也是服务于农业的需求；而医学的发展也是直接来源于社会民众的需要。

3. 封建社会民生科技解决民生问题的科技需求

封建社会是中国农业发展的最强盛时期。为了促进农业的发展，铁器技术、水利技术、建筑交通技术等取得了很大的发展，特别是铁器技术和四大发明是该时期最重要的科技成果。西汉时期中国出土的铁器有灯、斧、炉、锁、剪、齿轮及车轴等机械零件。在中国封建社会中所能冶炼的八种金属包括金、银、铁、锡、铅、汞、锌等。在造纸术没有发明之前，中国古代曾先后使用龟甲、金石、竹简、缣帛等作为书写材料。造纸术的发明大大扩展和提高了文化传播的范围和速度。唐代雕版印刷术的发明比手写传抄快百倍，主要用于三个方面，即宗教印刷、文学印刷和科技印刷，大大加速和扩展了科学技术传播的速度和广度。宋代火药的发明主要用于军事和生活方面，总体上对生产力的发展作用不是非常大。但是，火药传入欧洲却成为资产阶级战胜封建地主的重要工具。宋代发明的指南针促进了中国航海事业的发展，但是它传入欧洲成为新大陆发现的重要工具，为资本家掠夺创造了条件。在漫长的封建社会里，为了解决当时的民生问题，农业技术、纺织技术、建筑技术、数学、天文学、地学、医学等都取得了很大的发展。我们可以说，封建社会时期，中国的科学技术在世界范围内也是领先的，世界科学技术的中心在中国。而科学技术的发展又促进了社会生产力的巨大发展，生产力的发展成为统治者维护统治地位的重要工具。也许是中国当时的发展太强大了，无视 16 世纪欧洲开始的科学革命及其后的技术革命，自满、自负、封闭的思想观念最终使科学技术的中心转入欧洲。

二、古代中国民生科技与民生问题

作为四大文明古国之一的中国，于公元前 475 年左右开始进入封建社会。到公元前 221 年，秦始皇建立了中央集权的封建专制国家，其后延续了两千多年。从公元 6 世纪到 13 世纪，我国进入封建社会的唐宋盛世时期，具有实用性、经验性特点的古代中国科学技术也达到了高峰。由于古代中国科学技术发展的实用性和经验性特征，它从一开始就与解决统治阶级和民众的民生问题紧密联系在一起。从科学发展看，天文学解决天文观测问题，对农业和历法改革具有重要作用；数学解决测量问题，是农业、天文学发展的重要工具；中医药学对解决统治阶级和民众健康问题具有重要支撑；农学是促进农业发展的科技支撑。从技术发展看，四大发明、冶炼技术、种植技术、制瓷技术、丝织技术等对解决统治阶级和民众的衣、食、住、行等民生问题具有直接的支撑作用。

（一）古代科学发展与民生问题

1. 天文学

首先，我国古代天文观测记录比其他国家系统完整，共有 1000 多次日食、900 多次月食、100 多次太阳黑子、180 次以上流星的记录，29 次哈雷彗星出现的详细描述，约 90 颗关于新星和超新星的笔录史料，等等，其中绝大部分为战国以后的观测成就。我国还拥有许多天文观测的"世界之最"，如世界上最早的星表、载星最多的星图、最早观察到新星和超新星、最早记录下太阳黑子、最早的天文观测著作——《甘石星经》，等等。其次，我国有古代最高水平的观测仪器。我国古代观测天文的主要仪器是浑仪，大约出现于战国时期，后经东汉张衡的改造，大大提高了准确性。元代天文学家郭守敬对浑仪进行了重大改革，制成准确度更高的简仪，这种装置欧洲人直到 18 世纪才开始使用。再次，我国有世界上最多、最准确的历法。例如，南北朝的祖冲之在制定大明历时，提出每 391 年设 144 个闰月的置闰周期，推算出回归年长度为 365.242 814 8 日，与今天的推算值只差 46 秒。最后，我国古代也曾提出过"盖天说""浑天说"和"宣夜说"等宇宙结构理论，已具有宇宙无限的思想。

2. 数学

我国最早的数学著作是公元前 1 世纪问世的《周髀算经》，该书中已有了勾股定理和较复杂的分数运算。汉代成书的《九章算术》标志着我国数学体系的初步建立，主要是用代数方法解决大量的实际问题。此后，历代数学家正是在对它的注释和证明过程中推动了数学的发展。三国时期的刘徽用创立的割圆术求出 $\pi = 3.1416$。南北朝时期著名数学家祖冲之运用割圆术将圆周率精确到小数点后 7 位数，这个记录一千多年后才被外国打破。我国数学在宋元时期达到新的高度，陆续出现了一批著名的数学家和高水平的数学著作。例如，秦九韶和他的《数书九章》，李冶和他的《测圆海镜》，杨辉和他的《详解九章算法》《杨辉算法》，朱世兰和他的《算法启蒙》《四元玉鉴》，等等，代表了当时中国也是世界上最高的数学水平。

3. 中医药学

我国独特的医药学体系形成于春秋时期，并在 2000 多年中取得了极其辉煌的成就。这些成就主要表现在：①众多的医药学著作。我国仅现存的古代医学著作就将近 8000 部，占古代世界各学科之首。其中，《黄帝内经》和《伤寒杂病论》是我国中医学理论的两部奠基性著作；汉代成书的《神农本草经》和明代李时珍的《本草纲目》影响最大。特别是《本草纲目》，早在万历年间就流传到日本、朝鲜和越南，17世纪、18世纪又传到欧洲相继被译成德文、法文、拉丁文、英文和俄文，推动了世界医药学和生物学的发展。这些医药学著作是对古代医疗实践经验的总结，也是我国古代医药学发展水平的真实反映。②独特的针灸疗法。针灸疗法在我国源流久远，分为针法和灸法。明代杨继洲的《针灸大成》是针灸学史上的一部重要著作。另外，唐代孙思邈绘制的彩色针灸挂图以及宋代医官王惟一监制的针灸铜人，都说明我国古代的针灸疗法已达到相当高的水平。③先进的外科科学。外科科学在我国也有悠久的历史，三国时期的华佗是世界上最早用麻醉药做外科大手术的人，历史记载他曾以酒服"麻沸散"做全身麻醉做胃肠缝合一类的腹部外科手术，这在当时已是很了不起的成就。

4. 农学

自古以来，我国就以以农为本，以农立国著称。我国古代农业生产技术的成就可概括为两个方面：一是先进的耕作技术，人们在生产实践中合理利用时令、土壤、施肥、耕作和田间管理等农业生产规律，提高了单位面积产量。二是先进的农具，我国到战国时期普遍使用铁器，在世界上处于很先进的地位。正是在对农业生产技术进行总结研究的基础上产生了农学，而农学上的成就又集中反映在众多的农学著作上。我国古代农学著作数量之多堪称世界之最，已知约有370种，其中最著名的有：南北朝时期贾思勰所著的《齐民要术》，它全面总结了6世纪以前的农业生产技术知识；元代王祯的《农书》，除了介绍农作物栽培技术外，还对农业机械的发展做了生动的描述；明代徐光启的《农政全书》，收集了有关农业政策和农业科学技术知识，还介绍了欧洲的水力学和水利工程知识。这些农学上的成果，既反映了我国古代农业发展水平，也有力地促进了农业生产技术的发展。

（二）古代技术发展与民生问题

1. 四大发明

造纸术、印刷术、火药和指南针是我国古代闻名世界的四大发明。据考古发现，我国大约在公元前1世纪，就已经有了纸，不过这时的纸只是纺织业漂絮沤麻的副产品。到东汉时期，蔡伦对造纸技术进行了大胆的改革和创新，除了用麻做原料之外，还采用了树皮、破布等一些含纤维的东西，并采用灰碱液蒸煮的加工技术，从而大大提高了纸的产量和质量。直到18世纪以前，世界各国都是沿用我国的造纸技术。纸的推广应用促进了印刷术的发明，大约在隋唐时期就出现了雕版印刷。北宋的毕昇发明活字印刷术。到了元代，王祯创造了木活字，并发明了转轮排字架。欧洲人使用活字印刷比我国晚了整整400年。火药是在炼丹过程中发明的。唐代著名医学家孙思邈在他的《丹经》一书中，第一次记载了配制火药的基本方法，到宋元时期，各种火药成分有了较合理的定量配比，并开始在战争中使用，出现了最早的火炮、火枪等火药武器。火药在 13 世纪时传到阿拉伯各国，14 世纪又经阿拉伯地区传到欧洲。指南针的发明得益于物理知识的发展。早在战国时期，我国人民就发现了磁石能吸铁和指示方向，随后发明了"司南勺"，不久又发明了指南针，由于航海事业发展的需要，人们开始使用水服式指南针在阴雨天辨别方向。到元代时，航海已完全靠指南针指引航向，实现了全天候航行。随着对外贸易和海上交通的发展，指南针及应用技术先传到阿拉伯地区，到 13 世纪初，欧洲也开始使用指南针了。

四大发明不仅反映了我国古代科学技术的先进水平，也对我国科学文化的发展产生了极其深远的影响，而且加速了世界文明的历史进程。四大发明传入西方后，为欧洲资产阶级革命提供了强大的武器，为资本主义制度的确立创造了重要的物质条件。

2. 其他实用技术

在古代农业社会，各种实用生产技术也取得了巨大的进步，如水利工程技术、冶金、制瓷、机械制造、纺织等方面成就卓著。5~15 世纪，古代中国的科学技术水平达到了西方所望尘莫及的程度，但当文艺复兴后的西方科学技术加速发展时，仍然慢慢发展的古代中国科学技术在故步自封中开始远远落后于世界水平，历史的砝码又一次向西方倾斜。

无论如何，古代中国科学技术发展水平得到世界公认，但也给我们现在留下了很多反思。例如，一些伟大的科技成果与民生问题的解决联系不紧密，如火药的发明，本应能提高当时的军事技术的水平，但是从历史上看，远非如此；指南针的作用发挥得也不是很充分。给我们的启示就是民生科技的发展要服务于民生问题。

第三节　近代科技发展与中国民生问题

在科学史上，一般把 16~19 世纪的科学技术称为近代科学技术，近代科学技术是伴随着资本主义而产生的。近代中国指鸦片战争到新中国成立。该时期一方面给中国民众带来了生活上和精神上的痛苦；另一方面，实现了中国社会被动的转型，使中国处于被动的开放状态，国外的科学技术、产业、鸦片、消费方式等都不断地涌进中国这片曾经是世界文明发祥地的国土上。国外的洋枪和洋炮开始进入中国，中国从农业社会逐步转向工业社会，从封建社会逐步转向半殖民地半封建社会。该时期，中国社会极不稳定，解决民生问题的科技需求体现为军事需求和解决民众生存问题的需求。

一、近代中国解决民生问题的科技需求

中国曾是火药的发明者，而在漫长的农业社会里，中国的火药主要用于烟花爆竹，中国主要的兵器以长矛、大刀等冷兵器为主。但是，中国的火药传到欧洲，将封建骑士炸得粉碎，后西方人经过改进又拿来对付中国人。近代时期，西方的铁路技术、煤矿开采技术、制造技术等都先后传入中国。

1. 解决民众生活和生存问题的科技需求

孙中山认为："民生就是人民的生活——社会的生存、国民的生计、群众的生命。"当时中国的国情是封建主义、帝国主义的压制和阻碍，民族资产阶级的软弱性和人口多、农业经济不发达。结合中国国情，孙中山提出了民生主义、平均地权的策略。所以，当时的民生问题除了解决民众的衣、食、住、行等问题外，还有一个重要的关于国家命运的问题。民众应生活在什么样的国度里，采用什么样的生活态度等。国家的命运、民众的生存、外在的压力、内部的矛盾成为该时期比较突出的民生问题。孙中山在 1905 年《民报·发刊词》中，把同盟会的政治纲领"驱除鞑虏，恢复中华，建立民国，平均地权"阐发为"民族""民权""民生"三大主义。他认为，民生主义即贫富均等，不能以富者压制贫者是也。虽然孙中山把民生主义的主要内容归结为土地与资本两大问题，但是，在当时的情况下由于民生科技发展水平比较低，民众的基本健康难以保证。例如，《解放前吉林的四次鼠疫大流行》一文，记述了 1910 年、1920 年、1941 年和 1947 年发生在吉林境内 4 次危害最大的鼠疫灾情。湖南省娄底地区的自然灾害主要有旱灾、水灾和虫灾，还有雹灾、地震、风灾、冰冻等。这些灾害，特别是近代灾害，严重破坏社会生产，阻碍地区经济发展，并造成了大量的难民。历代统治者出于自身统治安全的需要，采取了一些积极的防灾救灾措施，但清末、民国时期的防治工作不如从前。人民的健康水平比较差，传染病、寄生虫病比较流行，大骨节病、地方性甲状腺肿病死亡率高，结核病患病和死亡率也比较高。

2. 解决土地问题的科技需求

1924 年 1 月，国民党"一大"提出的民生主义，其最重要的原则不外二者：一是平均地权，二是节制资本。毛泽东于 1927 年 2 月对湖南 5 个县农民运动考察时发现解决农民的土地问题非常重要，并写信给中共中央提出解决农民的土地问题。1927 年"八七"会议党中央确定了土地革命和武装反抗国民党反动派的总方针。1929 年 4 月红四军制定和颁发了《兴国土地法大纲》，闽西出现了"分田分地真忙"的大好形势，广大农民欢天喜地，积极从事生产，生活得到改善。在新民主主义革命时期（除抗日战争时期外），共产党领导革命根据地一直实行没收地主土地归农民所有的土地制度，真正解决了当时民生问题中的土地问题。土地问题的解决需要科学技术加快农业的发展。

二、近代民生科技与民生问题

近代科技知识体系经西方两次科技革命后引入中国，引起中国社会的转型。所以，近现代中国民生科技的发展表现为西方科技革命对中国的改造。由于该时期中国面临国家主权危机、民不聊生，民生科技的发展主要表现为国防科技和民用科技两个方面。

1. 该时期解决民众生活和生存的民生科技

中国从 19 世纪 60 年代到 90 年代是历史上称为"洋务运动"的时期。该时期西方的洋枪、洋炮等军用科技开始传入中国，采煤技术、修铁路技术、电报技术等都先后传入中国，并出现了一批清朝政府官办的和外国合办的各种工厂。其后制糖技术、食品加工技术、电灯生产技术等先后进入中国。曾国藩开设的安庆军械厂（1861 年）是最早的工厂。从 19 世纪 60 年代开始，中国的民族资本家逐步发展起来，产生了中国最早的近代工业和产业工人，到辛亥革命时，中国的产业工人已达 50 多万人。另外，西方的科学也传入中国，包括牛顿力学、热力学等自然科学方面的内容。

该时期，中国也有一些自主创新的成果。近代数学、近代天文学、近代物理学、近代化学、近代地学和近代工程学也取得了显著的成就。近代数学传入中国的同时，中国有一些数学家也独立取得了一些研究成果，如项名达、戴煦、李善兰等。项名达的《象数一原》对三角数的幂级数展开式进行了研究；李善兰最重要的数学研究成果是他创造了"尖锥术"。近代天文学的进展表现在魏源的《海国图志》及李善兰与伟烈亚利合译的《谈天》。近代物理学的成果表现在对牛顿经典力学体系的翻译。近代化学也主要表现为对西方化学的介绍，徐寿是系统介绍西方近代化学的第一位中国学者，他的代表译作是《化学鉴原》。近代工程学的杰出代表是工程学家詹天佑，在他主持下修建了中国第一座近代铁路桥——滦河大桥。近代生物学和近代医学也主要表现为对西方相关学科的引入。

2. 该时期中国促进民生科技发展的组织创新

该时期中国民生科技的发展表现为留学生的出现、科学技术制度及科学杂志的建立。1840 年后，中国留学生逐渐多起来，主要学习西方的科学技术和文化。

19 世纪 80 年代，著名的化学家徐寿等在上海建立了"格致书院"。1895 年，维新派在北京组织了"强学会"，后创办了《科学》杂志。

《青年杂志》《新青年》等杂志创办于五四时期。马克思主义思想开始传入中国。中国开展了新文化运动，提倡和发扬科学精神，反对盲从，反对迷信。从 1919 年五四运动到 1949 年的 30 年里，中国面临三座大山的压迫，但科学技术也取得了一些成就，代表人物有李四光、苏步青、钱学森、钱三强等。他们的共同点是具有强烈的爱国热情和献身精神，为新中国成立后中国科学技术的发展开辟了新天地。

总之，中国近代民生科技的发展主要用于解决国家的安全问题、民众的生存问题。该时期中国科学技术发展水平远远落后于西方。民生科技发展的特点是引进与创新并举。

第四节　现代科技发展与中国民生问题

新中国成立后，党和政府非常重视民生问题的解决。民生科技在解决民众健康、防灾减灾、安全等方面发挥了重要作用。中国民生问题表现为两个层次，一是解决温饱问题，二是解决民众健康、安全、环保等方面的民生问题。民生问题不同，需要发展的民生科技也不同，为此，我们将我国解决不同民生问题的科技需求划分为两个阶段：一是新中国成立至 20 世纪末解决温饱问题为主的民生问题的科技需求；二是 21 世纪以来解决民众健康、安全、环保等为主的民生问题的科技需求。

一、新中国成立至 20 世纪末解决温饱为主的民生问题的科技需求

新中国成立初，中国面临的民生问题主要集中于改变民众的生存和生活条件，振兴国力，促进中国从农业社会向工业社会转型。中国共产党顺沿了土地改革，到 1952 年年底，彻底打倒了地主阶级，真正实现了中国农民几千年的梦想——"耕者有其田"。后来又战胜了经济战线上的投机倒把行为，稳定了物价；完成了对资本主义工商业的社会主义改造，城市工人阶级和广大市民摆脱了资本主义剥削。剥削制度的消灭为彻底解决民生问题创造了根本的政治和经济前提。从新中国成立后到 20 世纪末，我国的民生问题出现了一些变化。

1. 失业问题是新中国迫切需要解决的重要民生问题

"新中国成立初期的失业群体主要包括三大块：旧公职人员、城市失业工人、

知识分子。在这三大群体中，旧公职人员的待业人数最多。"① 严重的失业问题大幅度降低了劳动人民的收入，影响了百姓的生活水平。无法获得经济收入的失业人员不仅生存权得不到有效保障，医疗卫生、教育等各方面权益更是无从谈起。严重的失业问题也增加了社会不稳定因素。

2. 解决温饱问题的科技需求

20 世纪 80 年代末，我国居民来自动物性食物的热量及蛋白质比重都低于世界平均水平，肉类、蛋类消费接近中上等收入国家水平，奶类、水产品分别是中等收入国家 20%和 30%。

我国人均居住面积仍处于中等偏下水平，居民住宅的装备水平与发达国家比差距更大。第三产业发展落后，居民无论在日常生活起居，还是外出旅游、文化教育、社会福利方面都还很不方便。1991 年，我国 GDP 中第三产业增加值比重仅为 27.2%。党的十三大提出"三步走"的战略目标，要求到 20 世纪末基本实现小康。

在国民经济支出当中，积累与消费比例失衡，积累比重偏大；对外封锁，国内建设全凭财政开支，人民工资水平长期维持在相当低的水平；农业、轻工业、重工业投入比例失衡，用于农业和轻工业的财政支出相对很少，对农业和轻工业的投入严重不足。尤其是人民公社化运动，剥夺了农民生产资料的所有权，极大阻碍了人民生活的改善和提高。

新中国成立至 20 世纪末，为了解决温饱问题，我国大力发展农业科技、纺织科技、建筑科技、交通科技等。农业科技主要就是用于农业生产方面的科学技术，以及专门针对农村生活方面和一些简单的农产品加工技术，包括种植、养殖、化肥农药的用法，各种生产资料的鉴别、高效农业生产模式等几方面，主要解决民众的吃饭问题。纺织科技主要解决民众穿衣问题。建筑科技使民众居住条件和环境大大改善。交通科技的发展使铁路、公路、海路、航路成为民众出行方便的选择。

3. 解决民众健康问题的科技需求

新中国成立初期，随着我国医疗卫生事业的不断改善，民众健康水平有所提高，死亡率有所下降，民众寿命有所延长。"20 世纪 50 年代初期我国居民平均期望寿命在 50 岁左右。"② 由于爱国卫生运动的开展，使传染病和寄生虫病基本消灭。而恶性肿瘤和心血管病等成为危害民众健康的主要疾病。

当时，医疗卫生资源严重缺乏。全中国共有医疗机构不到 3700 家，而卫生院

---

① 王进，亢斐：《建国初期中国共产党民生建设的实践及其启示》，《中南民族大学学报》2012 年第 4 期，第 89-93 页。

② 顾杏元：《三十五年来我国人民健康水平的变动》，《中国卫生统计》1984 年第 2 期，第 15 页。

的数量每个县平均不到 1 家；农村卫生基础设施几乎为零。少数民族地区的卫生条件更是捉襟见肘。医学专业人才严重缺乏，人均医疗费用低。全国共有各类医疗从业人员将近 50 万，其中 80%是中医，并且大多数从业人员缺少必要的医疗培训，医疗水平落后；人均可支配的医疗卫生费用低；"看不起病，小病致死"的现象频频出现。在战火纷飞、缺医少药的情况下，各种保健事业几乎为零。

为了解决民众的健康问题，1956 年我国第一个科技规划中指出要大力发展医药卫生科技，重点解决危害人民的寄生虫病、传染病、地方病、心脏血管病、消化疾病、内分泌疾病、恶性肿瘤等。重点开展医疗预防、职业病防治和保健事业，并加快抗生素等药物的研发与生产。

发挥人口健康科技人才的作用。各个灾区组织动员当地大批中、西医生参与卫生防疫工作，起到很大作用。例如，皖北行署卫生局军区卫生部、东南医学院，以及各专署、各县级卫生机关，均抽调大批医护人员，组织医疗队，深入灾区，为灾民治病。据当时一两个月统计，被救病人达 3700 多人，种牛痘预防天花 96 万人。

4. 解决自然灾害问题的科技需求

"据内务部统计，新中国成立伊始，全国受灾面积约 100 002 787 万亩，受灾人口约 4555 万人，倒塌房屋 234 万余间，减产粮食 114 亿斤，灾情分布在 16 个省、区，498 个县、市的部分地区。华东地区受灾面积 5256 万亩，灾民 1642 万人。皖北受灾面积 1789 万亩，灾民 719 万人。苏北受灾面积 1776 万亩，灾民 450 万人。山东受灾面积 1248 万亩，灾民 332 万人。华北地区受灾面积 4720 万亩，灾民 1143 万人。河北省被淹面积 2930 万亩，灾民 823 万人。平原省受灾面积 700 万亩，灾民 250 万人。中南地区受灾面积 2266 万亩，灾民 875 万人。河南受灾面积 1000 万亩，灾民 400 万人。湖北受灾面积 340 万亩，灾民 300 万人。江西受灾面积 610 万亩，灾民 130 万人。"[1] "新中国成立以来，气象、地震、洪涝、地质、海洋及农、林七大类自然灾害年平均损失约占国家财政收入的 30%或 GDP 的 3%~6%"[2]，成为社会发展的严重制约因素。

1949 年 12 月 19 日，政务院发布的《关于生产救灾的指示》指出：今年全国各地区都有异常严重的灾害。从春至秋，旱、冻、虫、风、雹、水等灾害相继发生，尤以水灾为严重。全国被淹耕地约一亿亩，减产粮食约 120 亿斤，灾民约 4000 万人。为了更好地解决自然灾害、生产灾害问题，1956 年我国第一个科技规划中指出加大中国地震活动性及其灾害防御的研究。只有提高抵抗各种自然灾害的能

---

① 张富文：《试论建国初期的生产救灾》，《兰台世界》2009 年第 5 期，第 25 页。
② 国家科委全国重大自然灾害综合研究组：《中国重大自然灾害及减灾对策》，北京：科学出版社1991年版，第1-3页。

力，才能最大限度地减少人民的受灾问题。

5. 解决生态环境问题的科技需求

随着改革开放的不断深入，生态环境问题越来越突出。我国近几十年来生态环境问题日益突出。在农业方面，以粮为纲促使毁林垦荒、毁牧开垦、围湖造田、填海种植，导致森林和草原等植被破坏，加剧了水土流失、湿地减少、土壤退化和沙化、荒漠化、盐碱化；滥用化肥农药，导致土地功能衰退，植物无法生存。在工业方面，废水、废气、废渣不经有效达标治理便大量排放，破坏了整体环境的自然形态。在城市建设方面，布局混乱，工业区与居民区、商业区混杂，人为破坏了区划功能。在资源产业方面，矿业盲目开采，森林乱采滥伐，加之灭绝性地捕杀珍稀濒危野生动植物，破坏了生物链，导致生物多样性无法得到保护。这些行为使我国生态环境问题达到了危机的程度，使其成为制约经济发展、影响社会稳定的一个重要因素。

为解决生态环境问题，生态环境科技成为我国科学技术发展的重要领域之一。《1978—1985 年全国科学技术发展规划纲要》中包括环境污染防治技术，《国家中长期科学和技术发展规划纲要(2006—2020 年)》提出大力发展环保产业。生态环境科技的发展逐步从科技层次进入产业化阶段。

二、2001 年以来解决健康、环保、安全等民生问题的科技需求

民生问题是一切文明社会关注的共同领域。21 世纪，随着我国从"温饱"型社会走向"小康"型社会，健康、公共安全、生态环境、防灾减灾等成为该时期民生问题的核心。

1. 解决健康问题的科技需求

随着人们生活水平的提高，医疗与健康受到人们的重视。我国庞大的农村需要不断完善医疗体系，解决民众看病难的问题。十八大报告指出："要坚持为人民健康服务的方向，坚持预防为主、以农村为重点、中西医并重，重点推进医疗保障、医疗服务、公共卫生、药品供应、监管体制综合改革。"从现实需求看，民众的健康需求包括生活方式健康指导、保健、医疗服务、医疗水平的提升等。人口健康科技的发展应为解决民众不同方面的健康需求提供支撑。

2. 解决生态环境问题的科技需求

十八大报告指出："建设生态文明是关系人民福祉、关乎民族未来的长远大

计。"目前，我国资源约束趋紧、环境污染严重、生态系统退化，必须树立尊重自然、顺应自然、保护自然的生态文明理念，把生态文明建设放在突出地位，努力建设美丽中国，实现中华民族永续发展。从现实看，我国生态环境问题有所控制，但是资源浪费问题、生态和环境的破坏问题等不断发生。随着民众需求层次的不断提升，建设优美的环境成为民众共同的期待。这为生态环境科技的发展提供了重大课题。

进入 21 世纪，特别是近些年，雾霾天气成为环境污染新的表征。因为空气质量的恶化，雾霾天气现象出现增多，危害加重，我国不少地区把阴霾天气现象并入雾一起作为灾害性天气预警预报，统称为"雾霾天气"。雾霾是雾和霾的统称，但是雾是雾，霾是霾，雾和霾的区别十分大。霾的意思是灰霾（烟霞），空气中的灰尘、硫酸、硝酸等造成视觉程障碍的叫霾。国家气候中心气候系统监测室高级工程师孙冷指出，雾是指大气中因悬浮的水汽凝结、能见度低于 1 公里时的天气现象；而灰霾的形成主要是空气中悬浮的大量微粒和气象条件共同作用的结果。中国科学院大气物理研究所研究员王庚辰说，出现如此严重的雾霾，最根本原因是污染排放的增加；其次是大气自净能力衰减。原本污染物排放到大气后，在一定限度内，大气可通过本身的物理、化学反应，把污染物稀释和消化掉，使大气质量达标。"北京三面环山，每年有 1/3 的时间，气象条件非常不利于污染物的扩散。也就是说，在 1/3 的气象条件下，北京非常容易形成重污染天气。"[①] PM2.5是形成雾霾天气的元凶，它是直径小于等于 2.5 微米的细颗粒物，能负载大量有害物质穿过鼻腔中的鼻纤毛，直接进入肺部，甚至渗入血液，从而引起肺癌、心脏病等疾病。[②]

3. 解决公共安全问题的科技需求

据统计，"'十五'期间，全国每年由于公共问题造成的损失达 6500 亿元人民币，约占 GDP 总量的 6%，严重影响了国民经济全面、协调、可持续的发展。"[③]"稳定是民生之盾"，"稳定压倒一切"，"利莫大于治，害莫大于乱"，就是要重视社会稳定工作，健全社会矛盾纠纷处理机制，把各种矛盾化解在萌芽状态，加强社会治安防控体系建设，依法严厉打击各种刑事和民事犯罪行为，争取社会治安状况的根本好转，增强人民群众的安全感。中国工程院院士范维澄认为：公共问题涉及自然灾害、事故灾害（生产安全事故、环境生态问题等）、公共卫生事件和社会安全事件。《中华人民共和国国民经济和社会发展第十一个五年规划纲要》提出要加强公共建设，增强防灾减灾能力、提高安全生产水平、保障饮食和用药安

① 林飞：《雾霾天气的形成与健康防护》，2014，http://cems.pkn.edu.cn/news/?63-451.html[2014-3-31].
② 周科娜、陈晓欣：《宁波下月起公布PM2.5监测数据》，《宁波晚报》，2012-02-23（02）。
③ 孙海鹰、冯波：《加强科技政策引导推动我国公共安全科技发展》，《科学学与科学技术管理》2005 年第 9 期，第 118-124 页。

全、维护国家安全和社会稳定、强化应急体系建设，进一步指出解决公共问题的
重要性。

4. 解决灾害问题的科技需求

"21 世纪仍将是地震活动频繁的时期，将会出现周期的地震活跃期。"[①] "21
世纪的初期，我国将处于雨量较常年平均为多的时期，一年为较为干旱时期，一
年为较多雨的时期。"其他的气象、海啸、地质等自然灾害还会不断发生。灾害的
不断发生客观要求防灾减灾科技的支撑。

---

① 聂高众，高建国：《21 世纪中国自然灾害发展趋势——以地震和旱涝灾害为例》，《第四纪研究》，2001 年
第 3 期，第 28 页。

第三章 民生科技发展广义语境路径的模型

民生科技作为解决民生问题的科学技术，它的发展路径与一般科学技术发展路径既具有相同之处，又具有不同之处。民生科技发展路径具有广义语境特征，因此我们采用广义语境方法研究民生科技的发展路径。广义语境问题本质上就是确定研究主体客观存在的结构与意义问题，意义包含在广义语境的结构关联之中。因此，对于民生科技发展广义语境路径来讲，没有结构，就不可能有意义。

第一节 民生科技发展广义语境路径的模型及结构

"十二五"期间，我国民生科技发展的重点领域为人口健康科技、公共安全科技、生态环境科技和防灾减灾科技。民生科技发展具有广义语境性特征，我们采用广义语境分析方法，构建民生科技发展广义语境路径的模型，以探讨民生科技发展的理论问题并对其发展进行检验和预测。

一、民生科技发展路径具有广义语境性

语境是事物的关联体，反映事物运动过程中与关联要素的相互作用。广义语境分析方法就是把研究对象放入与它直接相关的历史、认知、科学、社会等语境中进行研究，以分析研究对象的客观实在性。从 STS 视域看，民生科技发展路径具有广义语境性。

1. 民生科技发展路径具有多语境性

大科学时代，科学"是一种建制、一种方法、一种积累的知识传统、一种维持或发展生产的主要因素；是构成我们各种信仰和对宇宙和人类的诸态度的最强大的势力之一"[①]。科学技术发展路径体现了科学、技术、社会三者之间的辩证运动过程。从科学史发展看，任何科学成果都是在前人的基础上形成的，科学认识、科学发现和科学评价依赖历史。因此，科学技术作为积累的知识传统，是随时间变化的函数，历史语境成为科学技术发展的基底。科学技术作为我们信仰与态度的重要方面，是一种探索性的认知活动，认知主体、认知客体、认知方法、认知评价等是科学技术认知过程中重要的语境因素。马克思在《关于费尔巴哈的提纲》

---

① 贝尔纳著，伍况甫等译：《历史上的科学》，北京：科学出版社1981年版，第5-6页。

中明确指出，"哲学家们只是以不同的方式来解释世界，问题在于改变世界"。改变世界的前提是认识世界，即科学地从世界自身的客观存在出发去反映它。因此，认知语境成为科学技术发展的主体性依托，没有认知语境的变革，就不会有科学技术的变革。广义的科学包括自然科学、技术、人文社会科学。科学技术作为系统性和实证性的知识体系，是自然科学、技术科学和人文社会科学纵向、横向与交叉融合的统一体，科学语境成为科学技术多元融合发展的重要平台。科学技术作为维持或发展生产的主要因素，是社会生产力，社会语境成为科学技术促进社会变革的最终检验场。

大科学时代，科学技术发展路径对历史、认知、科学和社会等语境具有变革功能，民生科技既具有作为科学技术的普遍性广义语境特征，又具有解决民生问题等特殊性广义语境特征。民生科技作为解决民生问题的科学技术，它的发展路径是对其历史语境、认知语境、科学语境和社会语境的变革过程。

（1）历史语境是民生科技发展广义语境路径的基底。不同时代需要解决的民生问题是不同的，新中国成立到 20 世纪末，解决民众的温饱问题是我国最大的民生问题。进入 21 世纪，随着温饱问题的解决，实现民众健康、安全、环保等成为新时期重点解决的民生问题，民生问题发展水平是民生科技发展的社会基底；民生科技发展本身具有继承性，民生科技发展历史水平成为民生科技发展的科学技术基底。

（2）认知语境彰显民生科技认知主体、认知客体、认知方法、认知价值等协同创新。民生科技作为解决民生问题的科学技术，它的认知语境不仅包括政府、科学共同体、企业，而且包括民众。民众是民生科技产品研发的推动者和使用者，而对于普遍的科技活动来讲，政府、科学共同体、企业是认知主体。现阶段，民生科技认知客体主要加强人口健康科技、公共安全科技、生态环境科技和防灾减灾科技的研发与转化，这是由民生问题发展阶段决定的。认知方法反映主体与客体、民生系统与认知系统作用的机制。古代科学技术发展具有实用性、经验性特征，生产需求刺激了科学技术的发展，它的认知方法侧重经验，一般自下而上地发展，从生产到科学技术；近代以来，随着科学技术的迅猛发展，科学技术走在了生产的前面，科学技术的认知方法侧重理性认知，一般自上而下地发展，从科学技术到生产。民生科技由于直接具有解决现实的民生问题，它的认知方法既具有经验性又具有理性，是自下而上和自上而下的统一体，它既需要民生科技发展解决民生问题，又需要民生问题为民生科技发展提供实践来源。

（3）科学语境是与民生科技相关自然科学技术、社会科学、人文科学交叉融合的过程。只有对民生问题进行深入的人文社会科学分析，才能为民生科技提供实践来源。

（4）社会语境是民生科技对产业升级、产品变革、科学发展、和谐社会构建的重要支撑和最终检验场。人口健康、公共安全、生态环境、防灾减灾等民生科技发展使产业、产品、社会制度、社会文化走向健康、安全、环保发展，实现从温饱社会向小康社会转型。我们将民生科技发展的历史、认知、科学和社会等语境称为主语境，表征民生科技对历史、认知、科学和社会等语境的变革功能。民生科技不仅在历史、认知、科学与社会等不同语境内部发展，而且在不同语境之间转换，即历史语境→认知语境→科学语境→社会语境→……→新的历史语境。

2. 民生科技发展路径需要科技规划、部门协同创新、传播机构建设、要素体系、国际合作等的支撑

大科学时代，科学技术发展已上升为国家和社会的事业，科学技术作为一种建制，已成为政府、企业和社会的事业。从科学技术学科分类看，需要政府协调，如学科分支总数已从 21 世纪初的 600 多门发展到当今的 6000 多门。据了解，第一版的《大英百科全书》只由两名科学家编写，而 1967 年版的《大英百科全书》是 1 万名科学家的结晶，最新版的《大英百科全书》的编写则动用了几万名科学家。从科学技术发展人员和资金投入看，号称人类 20 世纪三大计划的曼哈顿工程、阿波罗计划、人类基因组计划逐步从国家层次合作走向国际层次合作。美国于 1942 年 6 月开始实施曼哈顿计划，耗资和耗力都非常大，参与的大学、科研人员和企业众多，于 1945 年 7 月 16 日成功进行了世界上第一次核爆炸，这一工程的成功促进了第二次世界大战后系统工程的发展。阿波罗计划是美国从 1961 年到 1972 年从事的一系列载人登月飞行任务，在工程高峰时期，参加工程的有 2 万家企业、200 多所大学和 80 多个科研机构，总人数超过 30 万人。人类基因组计划是由美国科学家于 1985 年率先提出，于 1990 年正式启动的。美国、英国、法国、德国、日本和我国科学家共同参与了这一预算达 30 亿美元的人类基因组计划。从国家层次看，科技规划、部门协同创新、要素体系、国际合作等成为科学技术发展的重要支撑。

民生科技作为解决民生问题的科学技术，它的发展也需要科技规划、部门协同创新、传播机构建设、要素体系、国际合作等语境的支撑，既体现民生科技作为科学技术发展重要领域相关语境支撑的普遍性，又具有民生科技解决民生问题相关语境支撑的特殊性。从科技规划支撑看，民生科技不仅应成为国家中长期科技规划的重要内容之一，还应该出台促进民生科技发展的专项规划。原因在于，民生科技与民众生产、生活紧密相关，也是构建和谐社会，实现科学发展的重要支撑，我们一定要重视民生科技的发展，因而需要制定专项规划以推动。从部门协同创新看，民生科技发展需要顶层推动，如加强科技部、环保部、国家卫生和计划生育委员会、国家安全部协同创新。民生科技发展还需要企业文化和研发的支撑，只有企业重视人口健康、公共安全、生态环境、防灾减灾问题，它们才会将这些维度应用于产品研发过程，以推动产品和产业的转型。从传播机构看，传统意义上科技传播重视科学技术发展的经济功能。"科学是全体人民的宝贵财富，高等院校更应该关注科学文化、科学精神的普及，为推进全民科技素养的提高作出贡献。"南开大学校长龚克在"中国科协-清华大学科学技术传播与普及研究中心"的成立仪式上如是说。民生科技发展客观要求传播机构重视民生科技对社会进步的重要性，大学、科研机构、企业既具有传播民生科技的义务和责任，又同民众一起是民生科技传播的受众。民生科技植根于民生问题，与每一个人的生活紧密相关。因此，传播机构对提高民众民生科技水平具有重要作用，只有民众认识了民生科技，才会感知和应用民生科技。民生科技发展需要资金、人才等要素的支撑，由于民生科技发展的公共性，客观上要求政府承担更多的责任。目前，从我国的科技投入看，民生科技投入呈现不断增加的趋势。人才建设是一个过程，我们期待有更多的大学生、科研人员、企业、民众从事民生科技研发与转化。民生科技已成为国际科学技术发展的重要领域，国际合作为加快民生科技发展提供了国际视野。我们将民生科技发展所依赖的科技规划、部门协同创新、传播机构建设、要素体系、国际合作等语境称为民生科技发展的支撑语境，分别承担民生科技发展的宏观指导、微观基础、信息资源、要素支撑、国际视野等功能。

3. 民生科技发展路径体现主语境和支撑语境的关联性

民生科技发展历史语境不仅来源于科技水平，还来源于解决民生问题的需要；认知语境不仅需要科学共同体、政府、企业，而且需要民众的认知，原因在于民生科技服务于民众，民众成为民生科技发展的群众性基础；科学语境包括涉及人口健康、公共安全、环保、防灾减灾等民生问题的自然科学、技术科学和人文社会科学；社会语境指民生科技改善民生引起的要素、产品和产业等变革。支撑语境是为促进民生科技发展而实施的科技规划、部门协同创新、传播机构建设、要素体系、国际合作等。民生科技发展表征为民生科技在历史、认知、科学和社会等语境中不断发展的过程，民生科技发展离不开科技规划、部门协同创新、传播机构建设、要素体系、国际合作等语境的支撑。科技规划包括民生科技发展主语境及支撑语境诸方面，传播机构对提高主语境不同群体认知水平具有重要支撑力，要素体系投入为实现主语境的不同语境转化提供人才、资金等多方面的支撑，部门协同创新为主语境的不同语境转化提供组织保障，国际合作为民生科技主语境在认知、科学、社会等语境中发展提供国际视野。

民生科技发展广义语境路径作为整体，是主语境和支撑语境相关联的整体。支撑语境对主语境具有支撑性，主语境对支撑语境具有反馈性，支撑语境发展越全面，主语境发展越深入；反之，支撑语境发展越缺失，主语境发展越缓慢。正是主语境和支撑语境的相互关联，使民生科技处于动态发展之中。没有主语境，支撑语境就成为无源之水；没有支撑语境，民生科技发展就成为空中楼阁，无法实现发展。

4. 民生科技发展路径的不同语境处于开放状态，彰显不同语境内部的关联性

民生科技发展路径的历史语境、认知语境、科学语境、社会语境和支撑语境等不同语境内部又具有相应的结构和意义。从历史语境看，民生科技发展路径包括民生科技历史发展水平、民生问题、不同群体认知水平、支撑历史水平等，它们处于相互关联状态，其中民生科技历史发展水平和民生问题处于核心位置。从认知语境看，民生科技发展广义语境路径包括认知主体、认知客体、认知方法和认知价值等，它们处于相互关联之中。从科学语境看，民生科技发展路径包括自然科学技术、社会科学和人文科学，不同科学内部又涉及更多的学科，不同学科处于相互关联之中。例如，人文社会科学中社会管理科学、哲学、政治学等都研究民生问题和民生科技；人口健康科技、公共安全科技、生态环境科技和防灾减灾科技本身包括自然科学技术、社会科学和人文科学在内的学科群，它们处于相互关联状态。从社会语境看，民生科技产品、产业、制度和文化等方面处于相互关联中。民生科技从器物、制度和文化等方面促进社会变革。从支撑语境看，科技规划、部门协同创新、传播机构建设、要素体系、国际合作等处于相互关联之中。科技规划对部门协同创新、传播机构建设、要素体系、国际合作等具有宏观指导意义；部门协同创新有助于科技规划的落实和民生科技的传播等；要素体系是民生科技发展支撑语境的实体性因素，只有要素体系实现实质性突破，民生科技才有可能转化为能够解决民生问题的现实生产力；国际合作是科技规划落实、要素体系优化的重要途径之一。

总之，从 STS 视域看，民生科技发展路径体现为历史语境、认知语境、科学语境、社会语境和支撑语境不同语境内部及之间的关联性。正是民生科技发展路径具有多层性的关联性，所以要求我们采用广义语境方法。

二、民生科技发展路径的广义语境模型

设民生科技发展广义语境路径为 Q，主语境路径为 X，支撑语境路径为 Y，那么 $Q=W_0(X, Y)$。民生科技发展广义语境路径的模型表征了民生科技在主语境和支撑语境之间交叉融合的过程（图 3-1）。而对于主语境和支撑语境来讲，又具有自己的语境因素和结构。

民生科技发展主语境路径为 X，历史语境为 $A=(a_1, a_2, a_3, \cdots, a_n)$，认知语境 $B=(b_1, b_2, b_3, \cdots, b_n)$，科学语境为 $C=(c_1, c_2, c_3, \cdots, c_n)$，社会语境为 $D=(d_1, d_2, d_3, \cdots, d_n)$，那么 $X=W_1(A, B, C, D)$，其中 a_1，a_2，a_3

等构成历史语境的相关要素，如民生问题、民生科技发展水平等；b_1，b_2，b_3 等构成认知语境的相关要素，如科学共同体认知、政府认知、企业认知、民众认知等；c_1，c_2，c_3 等构成科学语境的相关要素，如与民生科技相关的自然科学、技术科学和人文社会科学等学科建设和知识创新水平；d_1，d_2，d_3 等构成社会语境的相关因素，如民生科技对要素结构、产品结构、产业结构、制度和文化的变革等。

民生科技支撑语境路径为 Y，科技规划为 $E=(e_1, e_2, e_3, \cdots, e_n)$，部门协同创新为 $F=(f_1, f_2, f_3, \cdots, f_n)$，传播机构建设为 $G=(g_1, g_2, g_3, \cdots, g_n)$，要素体系为 $H=(h_1, h_2, h_3, \cdots, h_n)$，国际合作为 $I=(i_1, i_2, i_3, \cdots, i_n)$，评估体系为 $J=(j_1, j_2, j_3, \cdots, j_n)$，那么 $Y=W_2(E, F, G, H, I, J)$，其中 e_1，e_2，e_3 等构成科技规划的相关要素，如国家科技发展规划、科学基金、星火计划、民生科技专项计划等；f_1，f_2，f_3 等构成部门协同的要素，如企业、大学、科研院所、政府、创新基地和平台、产业化基地等；g_1，g_2，g_3 等构成传播的相关要素，如民生科技杂志、网络、发展协会、产业协会、企业协会、人才协会、科普等；h_1，h_2，h_3 等构成人才、资金、市场等相关因素；i_1，i_2，i_3 等构成国际合作的相关因素，如民生科技国际合作组织建设、要素合作和信息共享等。

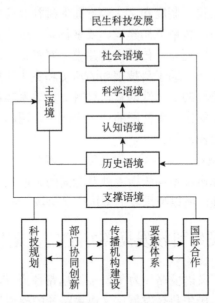

图 3-1　民生科技发展广义语境路径的模型图

三、民生科技发展广义语境路径的结构

民生科技发展广义语境路径的模型说明民生科技发展是在其主语境和支撑语境之间协同融合中实现的。民生科技发展广义语境路径模型的结构反映了民生科技发展的客观现实性。

（一）主语境的结构

民生科技发展广义语境路径的主语境由历史语境、认知语境、科学语境和社会语境构成，体现为民生科技对历史、认知、科学和社会等语境的变革力。

1. 历史语境

历史语境为民生科技发展提供实践和科学基底。"历史语境是主体事物与其历史事件的关联体。"[1] 民生科技发展的历史语境主要包括民生问题和民生科技发展水平。"2008 年以来，我国遭受诸多劫难：冰雪肆虐、汶川地震、胶济撞车、襄汾溃坝、阜阳疫情、结石奶粉，还有藏独及疆独的暴力破坏活动加剧，基层社会动荡失序状态有所抬头。"[2] 传统意义上科学技术价值取向在于真理性和经济性，并不重视社会性。某种意义上，正是民生科技的缺失加重了健康、安全、环保等民生问题。从历史语境看，对民生科技发展具有重要影响的因素包括历史语境中民生问题解决程度和民生科技发展水平。

1）民生问题

从人类发展史看，民生问题既具有共性又具有差异性。农业社会时期，人类面临的民生问题体现为经济问题与和谐问题，解决这些问题是落实古代"天人合一"自然观的客观要求。近代科技革命时期，资本主义国家为了解决经济问题，不惜以牺牲环境为代价。蒸汽机革命、电力技术革命正是在解决经济问题的同时带来了严重的环境问题。现代科技革命以来，民生问题集中表现为"民"和"生"两个方面，包括经济问题、环境问题与和谐问题，体现了人与自然、社会的和谐发展的特征。

不同时期的民生问题是民生科技发展的客观依据。由于民生问题的不同使民生科技发展的方向呈现出很大的差距。为了解决经济问题，民生科技的发展主要是为了提高生产率如第一、二次科技革命；为了解决人与自然的和谐发展问题，民生科技主要是发展新能源技术和节能技术等。不同时期的民生问题就像一个信号灯，指示民生科技的发展情况。而不同时期的民生问题很复杂，几乎都涉及民众的衣、食、住、行及生存的环境，只不过在不同时期民众所需要解决的侧重点不同，要求的质量不同而已。民生问题发展的阶段性反映了社会进步的程度和过程。

2）民生科技知识系统

古人讲"工欲善其事，必先利其器"。这里的"器"主要指技术工具。根据不

---

[1]　殷登祥：《科学技术与社会导论》，西安：陕西人民出版社 1997 年版，第 10 页。
[2]　刘助仁：《2008 年以来突发事件频发对我国公共安全问题的启示》，《经济研究参考》2008 年第 63 期，第 2-6 页。

同时期价值观取向和民生问题表现形式的不同,民生科技呈现出不同的知识系统。古代民生科技知识系统的代表是天文学、农学、医学、数学、实用技术等;近代民生科技知识系统主要包括蒸汽机技术、电力技术、化工技术、制造业技术等;现代民生科技知识系统主要是公共安全科技、生态环境科技、人口科技、人口健康科技等。不同时期民生科技知识体系是实现不同时期价值观、解决民生问题的保障。

不同时期民生科技知识系统反映了不同时期价值取向、民生问题的客观要求,同时体现了科技知识系统本身发展的继承性与突破性。民生科技具有历史局限性,其解决民生问题不能突破民生科技发展的客观水平。例如,我们目前面临的环境问题,很多与我们所使用的不可再生的资源具有很大的关系。但是,目前从世界范围来看,可再生的资源如核聚变能、水能、太阳能、风能、潮汐能等发展还不是很成熟。我们不能为了单纯解决环境问题,就放弃对煤、石油和天然气的使用,只能做到尽量少使用传统能源,多使用和开发新能源。

总之,从历史语境看,民生科技发展水平取决于民生问题、民生科技知识水平,体现了民生科技解决民生问题的历史继承性与突破性,也反映了民生科技解决民生问题的历史现实性。一定历史阶段,一定的民生科技发展水平只能解决一定范围的民生问题,这是由民生科技发展的历史局限性决定的。

2. 认知语境

认知语境为民生科技发展提供可能性空间。民生科技发展的认知语境主要包括科学共同体认知、政府认知、企业认知和民众认知等。

(1)科学共同体为民生科技发展提供研发和转化基础。科学共同体是由遵守普遍性、公有性、无私利性和有条理的怀疑性等科学规范的科学家所组成的群体。他们专业一致,遵从相同的规范,阅读相同的文献,有基本一致的专业看法,使用相同的符号,有密切的学术交流。科学共同体的具体形式可以分为内在形式和外在形式:内在形式有无形学院和学派;外在形式有学会、研究所、大学等。

(2)政府为民生科技发展引领方向,并提供资金和人才的支撑。大科学时代,科学技术的发展成为社会的事业,政府对科学技术资金和人才的投入与管理担负越来越重要的责任。民生科技的发展离不开政府认知的变革,政府认知的变革为政府提供支撑创造了可能性。在《关于加快发展民生科技的意见》中,民生科技概念实现了民生科技在不同群体之间认知的统一。

(3)企业认知是实现民生科技转换的实体性依托。为解决温饱问题,企业科技创新主要侧重经济维度,旨在实现经济增长和物质财富的极大丰富。为实现小康社会,提高民众健康、公共安全、生态环境、防灾减灾的能力,企业科技创新在重视经济发展的同时,更要具有社会责任感,重视在人口健康、公共安全、生态环境和防灾减灾等维度的创新。企业作为科技创新的主体，也是民生科技创新的主体。民生科技作为新时期科学技术发展的重点领域之一，只有企业重视民生科技，人口健康、公共安全、生态环境、防灾减灾等民生科技才可能成为企业科技创新的重要维度，才可能为产品、产业、制度和文化创新提供实体性支撑。

（4）民众认知是民生科技发展的群众性基础。"因为民众主要感兴趣的不是科学自身的最终发现结果，而是一种作为创造新产品、发现疾病新疗法或解决社会问题新答案的手段。"[①] "过去一讲科技，就会想起卫星上天、电子碰撞机等高精尖的技术，这些需不需要呢？我认为很需要，这是国家立于世界之林的标志性研究项目。"[②] 而民生科技的发展与老百姓的利益密切相关，因而民众基础更重要。一方面，民众成为提出与解决民生问题的重要参与者和实践者，很多涉及人口健康、公共安全、环保、节能等民生问题的提出与解决是民众广泛参与实践的结果；另一方面，民众也成为民生科技解决民生问题最大的受益群体。十七大报告提出"发展为了人民、发展依靠人民、发展成果由人民共享"的目标，因而民生科技解决民生问题的程度与民众参与水平紧密相关。目前，民生科技解决民生问题不仅是科学家和企业的事情，也是政府、民众的事情。

3. 科学语境

科学语境为民生科技学科融合提供平台。民生科技既是一个科学问题和技术问题，又是一个社会问题和价值问题，它是关于民生的自然科学、技术科学和人文社会科学的统一体。因此，民生科技发展的科学语境主要包括民生科技学科建设水平和知识创新水平等。

（1）学科建设水平。民生科技所属的生态环境科技和公共安全科技已成为一级学科，并形成包括人文社会科学、自然科学、技术科学和工程技术在内的学科体系。《学科分类与代码》（GB/T13745—2009）中，环境科学技术包括环境经济学、环境管理学、环境法学、环境科学与技术、环境工程学等人文社会科学、自然科学和技术科学。同时，"考虑到当前公共安全问题尤为突出，多方人士也在不断探索、研究公共安全课题"[③]，所以新增公共安全科技。公共安全科技包括自然科学与技术层面的公共安全检测检验、监测监控、预测预警，社会科学层面的公共安全信息工程、公共安全风险评估与规划、应急决策指挥、应急救援等。"一种新的社会秩序的存在是以一套新的价值体系为先决条件。对于新科学来说，也是如此。"[④] 公共安全科技作为新的科学门类还需要公共安全伦理学、公共安全文化

① 周元等：《中国应加强发展民生科技》，《中国科技论坛》2008年第1期，第4页。
② 王瑟：《关注与我们息息相关的民生科技》，《光明日报》2007-3-11（6）。
③ 海燕：《和谐生活：民生科技追求的基本目标》，《光明日报》2008-01-07。
④ 苏玉娟，魏屹东：《民生科技解决民生问题的维度分析》，《科学学研究》2009年第8期，第1149-1155页。

学等人文科学的支撑。

（2）知识创新水平。民生科技作为科学技术发展的重要领域，是民生科技研发与转化的统一。民生科技产品是民生科技显性知识生产、分配、交换和利用过程产生的不同形态的产品，按照所属语境不同分为"软"知识产品和"硬"知识产品。科学语境主要是"软"知识产品，包括民生科技的研究成果、技术创新成果。而"硬"知识产品主要指民生科技转化应用形成的物质产品。科学语境主要侧重民生科技知识的创造水平。

4. 社会语境

民生科技作为科学技术发展的重要领域，它的发展也从器物、制度和文化等方面促进社会变革。社会语境为民生科技解决民生问题提供最终的检验场。民生科技作为生产力会渗透到生产过程，引起资本、劳动力、管理等要素结构的变革，进而引起产品结构和产业结构的变革。这样一来，民生科技发展的社会语境包括产品结构、产业结构、制度和文化等变革，民生科技促进社会语境变革的过程就是解决民生问题的过程。

1）产品结构

产品结构是社会产品各个组成部分所占的比重和相互关系的总和。它可以反映社会生产的性质和发展水平、资源的利用状况以及满足社会需要的程度。从宏观上讲，产品结构指一个国家或一个地区的各类型产品在国民经济中的构成情况，如工业产品与农副产品，重工业产品与轻工业产品，进出口产品与内销产品，高档产品、中档产品与低档产品，老产品与新产品等的比例关系。从微观上讲，产品结构指一个企业生产的产品中各类产品的比例关系，如军用品与民用品，机械产品与电器产品，优质产品与一般产品，技术密集型产品与劳动密集型产品等之间的比例关系。随着生产力的发展和科学技术水平的提高，各种新产品层出不穷、日新月异，不断促进产品结构发生变化。

民生科技的发展正在改变产品结构。从宏观看，民生科技发展的健康、公共安全、生态环保、防灾减灾等价值理念正在使工业产品与农副产品，重工业产品与轻工业产品，进出口产品与内销产品，高档产品、中档产品与低档产品，老产品与新产品等走向健康、安全和环保。从微观看，民生科技发展使企业产品从经济维度扩展到经济、健康、公共安全、环保和防灾减灾等价值维度，产品也从经济型走向健康、公共安全、环保和防灾减灾型。与此同时，民生科技发展本身产生专门的人口健康科技产品、公共安全科技产品、生态环境科技产品和防灾减灾科技产品，这些产品不仅民生科技含量高，而且需求量大，具有诱人的经济效益和社会效益。总之，民生科技产品不断促进产品结构变革，凸显人口健康、公共安全、生态环境和防灾减灾等价值。

2）产业结构

当今世界趋势是军口的科技投入在全社会 R&D 投入中的份额在逐步下降。例如，20 世纪 80 年代初到 21 世纪初，美国的军口科技投入占全社会 R&D 投入的份额从将近 20%下降到 10%以内；而 OECD 国家的平均值同时期则从将近 10%下降到 3%以内。以经济建设、国计民生为中心已成为当代世界科技投入的总体趋势。民生科技是 20 世纪 50 年代首先在日本、韩国等国发展起来的"民口科技"而不是军口科技，是"民生科技"而不是"威望科技"。20 世纪 50 年代后，日本、韩国大力发展"民口科技"，后制定出"科技立国"的政策，这对于日本和韩国的经济起飞具有重要意义。20 世纪 90 年代，美国首次将"民生"纳入科学技术发展的目标中，大力发展解决民用问题的科技。新西兰明确 2011 年起未来 5~10 年战略性的优先任务中，其中之一就是将科技植根于人民的生活。印度、澳大利亚等国确立了紧密结合人民生活的科研导向。由于民生科技具有广泛的基础性，往往具有全社会良性循环的作用。因此，很多发达国家和发展中国家都大力发展民生科技产业。

目前，很多国家通过发展科技解决民生问题。根据国家发展战略的不同，民生科技产业主要是通过两种方式实现的。一种是"军口科技"和"威望科技"向民生科技的转变模式，代表国家是美国、苏联。另一种是以民生科技产业发展为主导的发展之路，代表国家是日本和韩国。目前研究涉及以下几方面：民生科技产业的投入；科研方向的转向问题；科研体制改革问题；民生科技效益研究等。然而，通过对国外关于民生科技产业的研究分析可知，人们更多关注的是民生科技产业的经济问题，而不是社会问题和科学发展问题，特别是对于民生科技产业集群的系统研究是比较缺乏的。

国内对民生科技产业的研究主要集中在以下四个方面：发展民生科技产业的意义，特别是对于落实科学发展观、构建和谐社会的意义；发展民生科技与"军口科技"和"高科技"关系问题的研究；发展民生科技产业的政策导向问题研究；民生科技产业的创新问题研究等，而对于促进民生科技产业发展系统的研究特别少。2012 年工信部颁布的《产业结构调整指导目录》中包括公共安全与应急产品、地震和地质灾害观测仪器仪表、环保设备等民生科技产业类别，说明民生科技正在引领民生科技产品和产业的发展。

3）制度

民生科技对社会的变革还包括对制度的变革。"制度"是一个宽泛的概念，一般是指在特定社会范围内统一的、调节人与人之间社会关系的一系列习惯、道德、法律、戒律、规章等的总和。它由社会认可的非正式约束、国家规定的正式约束和实施机制三个部分构成。民生科技发展正在改变我们的制度体系。民生科技处于初期发展阶段，客观要求财税政策、产业政策给予一定的扶持。民生科技转化客观要求我们的消费制度、经济制度和管理制度服务于健康、公共安全、生态环境保护和防灾减灾等民生科技领域。

从民生科技发展途径看，2006 年 2 月 9 日，国务院颁布了《国家中长期科学和技术发展规划纲要（2006—2020 年）》，首次将提高自主创新能力作为国家战略，贯彻到现代化建设的各个方面，贯彻到各个产业、行业和地区，大幅度提高国家竞争力。形成民生科技以原始创新为主，集成创新和引进消化吸收再创新为辅的自主创新发展范式。2006 年 10 月 27 日，由国家发改委和科技部联合发布《国家"十一五"科学技术发展规划》，围绕促进自主创新这条主线，力争在"十一五"通过自主创新，突破约束经济社会发展的重大技术瓶颈，建立适应社会主义市场经济体制、符合科技发展规律的国家创新体系，使我国成为自主创新能力较强的科技大国，为进入创新型国家行列奠定基础。从"十一五"开始，我国民生科技走上了一条依靠自主创新发展的范式。

从民生科技价值取向看，为了更好地促进社会发展，我国在《国家中长期科学和技术发展规划纲要（2006—2020 年）》和《国家"十一五"科学技术发展规划》中提出了民生科技解决新时期民生问题的科学技术发展领域。《国家中长期科学和技术发展规划纲要（2006—2020 年）》将与"民生"紧密相关的能源、水和矿产资源、环境、农业、制造业、交通运输业、信息产业和现代服务业、人口与健康、城镇化与城市发展、公共安全等作为未来 15 年我国民生科技发展的重点，体现了我国民生科技服务于经济建设和社会建设的政策范式。2006 年 10 月 27 日，科技部会同国家发改委研究制定《国家"十一五"科学技术发展规划》，提出"一条主线、五项突破、六个统筹"的总体思路，以自主创新为主线，统筹安排工业、农业与社会发展领域的科技创新活动等。

从民生科技发展依靠主体看，公共安全、人口与健康、环保、节约能源等社会发展问题与每个人的生存和生活紧密相关。民众既是促进社会发展的参与者，又是社会发展的受益者。因此，民众在促进社会领域民生科技发展中具有重要的地位和作用。"三鹿奶粉"事件即充分说明了公共安全等民生科技与民众利益的相关性。首先，民众是民生科技发展和转化的群众基础。一方面，民众通过广泛使用节能和环保设备，促进社会科学地发展；另一方面，民众通过监督企业，促进人口健康科技、生态环境科技在企业的推广。其次，民众为民生科技发展提供研究的空间。因此，为了提高民众参与民生科技发展的力度，我国成立了中国科学技术协会科学技术普及部，并颁布了《科学技术普及法》，制订了"全民科学素质行动计划"，科普群体包括党政领导干部、青少年、企业员工、城市和农村居民等。

4）文化

文化是一个非常广泛的概念，给它下一个严格和精确的定义是一件非常困难的事情。不少哲学家、社会学家、人类学家、历史学家和语言学家一直努力，试图从各自学科的角度来界定文化的概念。然而，迄今为止仍没有获得一个公认的、令人满意的定义。据统计，有关"文化"的定义非常多。文化既是一种社会现象，是人们长期创造形成的产物，同时又是一种历史现象，是社会历史的积淀物。"广义文化指有史以来人类所有的创造物，包括物质文化、精神文化和行为文化。①狭义文化指精神文化，包括一个国家或民族的历史、地理、风土人情、传统习俗、生活方式、文学艺术、行为规范、思维方式、价值观念等。

科学技术本身就是一种文化现象，是科学技术在哲学、宗教、文艺、生活方式、文学艺术、行为规范、思维方式、价值观念等方面的反映。民生科技发展倡导健康、公共安全、生态环境保护和防灾减灾文化，要求我们的生活方式、行为规范、思维方式、价值观念等走向健康、公共安全、生态环境保护和防灾减灾。价值观作为文化的重要内容影响科学技术发展的方向和选择。"科学的危机虽然已经渗透到实践中，但它还远不是科学家的危机，而只是人类精神总的危机的一部分。人类精神总的危机，又是人类生存状况总的危机的表面化。"②从历史看，不同时代的价值观取向决定了科学技术和社会的关系问题。

（1）"天人合一"价值观主导下的古代农业科技革命与社会简单的和谐发展模式。我国作为世界上最古老的文明发源地之一，虽然不同时期的自然观是不同的，但主导价值观是"天人合一"。例如，在原始社会产生了原始宗教神学自然观，形成万物有灵的观念，通过图腾信仰和自然崇拜及远古神话来认识自然，体现了人类服从自然的依据和现象，也是"天人合一"的一种表现，只不过是人要依从天命，实现二者的统一。到奴隶社会，出现了天命观、阴阳、五行和八卦学说。在奴隶社会末期，人们开始思考宇宙的本源等问题。天命论是一整套宗教神学的思想体系。"天"和"帝"成了奴隶主阶级用来统治奴隶阶级的主要工具。而阴阳、五行和八卦学说，体现了朴素的自然观，反映了天人合一的自然规律的运行机制，比原始社会的认识有很大的进步。封建社会的自然观表现为"天人感应"的神学目的论、元气说和理学等自然观，总体特征为消极的"天人合一"和积极的"天人合一"自然观。古代农业社会的发展史就是人类认识自然与人类关系的发展史，总体上人应服从自然规律，虽然由于人们的认识水平有限，出现了宗教、神学和唯心主义等观点和看法，但总体上都是想认识天与人之间和谐的关系，只不过是视角和方法不同而已。在"天人合一"主导价值观的指引下，农业科技革命促进了社会简单的和谐发展。

价值观是社会成员用来评价行为、事物以及从各种可能的目标中选择自己合意目标的准则。价值观是世界观的核心，是驱使人们行为的内部动力。人们行为

---

① 魏屹东：《广义语境中的科学》，北京：科学出版社2004年版，第130页。
② 洪晓楠等：《第二种科学哲学》，北京：人民出版社2009年版，第59页。

是价值观的重要体现。我国古代技术发展水平很高，如对煤的发现、四大发明在世界范围内处于领先水平，由于价值观取向虽然使很多发明和发现并没有发挥像我们今天所见的功效，但是体现了科学技术与社会的和谐发展。我国古代比较系统的和有记载的价值观形成于春秋战国时期，价值观取向决定了我国科学技术发展的特点及科技与社会发展的特征。

（2）"经济中心论"和"人是自然主人"价值观主导下的近代科技革命与社会不和谐发展模式。15 世纪，文艺复兴歌颂人性，提倡人权和个性自由，宗教改革通过建立符合资产阶级自身利益的教义和新教，成为资本主义发展的强大精神动力。资产阶级在取得政权后，为了大力发展生产力，形成了以"经济中心论"和"人是自然主人"为主导的价值观，使近代科技革命与社会发展朝着越来越不和谐的方向发展。

近代科技革命引领了两次产业革命，即以纺织业为主的轻工业技术革命和以电力技术为主的重工业革命，大大促进了经济的大发展。从人与自然的维度看，在主导价值观指导下人类成为自然的主人，自然被人类看作是取之不尽、用之不竭的宝库。人类在获得对自然规律认识的基础上，不断加大对自然的掠夺速度，特别是对不可再生资源煤、石油、天然气的过度开采。这些不可再生资源在使用过程中产生大量的污染物，超过了自然的可承载力，人与自然之间的不和谐成为近代科技革命的一个严重后果。

从人与机器的维度看，机器是近代科技革命的物化，机器使人类成为机器的附属品，人成为被机器所操纵的对象，人类与机器之间的矛盾不断加剧。当时在英国、法国等资本主义国家先后出现过工人捣毁机器、工人大罢工事件，人与机器的不和谐是人与人之间不和谐的直接反映。

从人与人的维度看，近代科技革命产生的机械化、电气化为资本家原始积累、获得更多的剩余价值提供了技术保障，加剧了资本家与工人阶级之间贫富差距，资本家与工人阶级的不和谐最终产生了政治领域的重大变革。总之，近代科技革命在"经济中心论"和"人是自然主人"的主导价值观取向下产生了人与自然、人与机器、人与人之间的不和谐发展模式。

（3）可持续发展观主导下的现代科技革命与社会协同发展模式。随着近代科技革命带来的一系列问题的加剧，人类开始反思价值观及科学技术给社会带来的作用。近代科技革命给人类带来的不和谐发展成为自 20 世纪 60 年代以来必须要解决的问题。1987 年联合国环境署理事会确定了可持续发展观，为现代科技革命促进人与自然和谐发展提供了理论指导。人类是自然的成员，自然与人类处于同等地位，由于二者之间主体地位的缺失，使可持续发展观在实践中仍以经济价值为主。

从人与机器的维度看，信息技术实现了办公自动化、服务交往网络化，解放了人类的脑力劳动，人类从机器的附属品转变为机器的主人，人与机器在一种和谐的环境下运行。从人与人的维度看，现代科技革命要求大力发展高科技，高科技的竞争主要是人才的竞争，高科技的加速发展为人们实现人生价值提供了广阔空间，出现了蓝领、白领、金领、灰领，突破了传统资本家与工人阶级两极对立的模式，推动了人与人之间的协同发展。但由于可持续发展观下人与自然发展主体的缺失，很多国家通过现代科技革命促进社会和谐发展的效果并不是特别理想。

（4）科学发展观主导下的现代科技革命与社会和谐发展模式。我国在 2003年 10月召开的党的十六届三中全会上提出了坚持以人为本，树立全面、协调、可持续的发展观，促进经济、社会和人的全面发展。马克思在《共产党宣言》中关于"自由人联合体"和人的全面自由发展的阐述，为在科学发展观下实现我国和谐发展确定了最高目标。科学发展观的核心是以人为本。以人为本所讲的"人"，包含两层含义：一是指全体社会成员，即马克思所说的"每个人""一切人"。首先应包括受我国法律保护的一切社会成员。二是指人民，人民是"人"的主体和核心。在人类社会发展的进程中，人民始终是以占人口大多数的劳动者为主体、在利益一致基础上形成的最大的人群共同体。我们党以全心全意为人民服务为根本宗旨，理所当然地应代表最广大人民的根本利益，把实现好、维护好、发展好最广大人民的根本利益作为各项工作的根本出发点和落脚点。

不仅实现人与自然和谐发展，而且实现人与人、人与社会和谐发展，是经济价值、社会价值和生态价值的统一体，对于解决我国目前存在的地区、城乡、阶层不平衡发展具有理论和实践指导意义。从人与自然的维度看，我国大力发展新能源技术、节能技术和环保技术，大力推广可再生资源，为实现人与自然和谐发展提供技术上的保障。

从人与机器维度看，科学发展观进一步明确了人与机器的关系，机器的发明与使用应体现以人为本，实现人与机器的和谐发展。从人与人的关系维度看，科学发展观着力解决人与人的和谐发展，现代科技革命通过大力发展现代农业、特色产业，缩小地区、城乡差距，以促进人与人之间的和谐发展。总之，在科学发展观指导下通过现代科技革命促进人与自然、人与人、人与机器的和谐发展，它是在多维度、高深度、较全面基础上的和谐发展。

（二）支撑语境的结构

民生科技发展的支撑语境主要由科技规划、部门协同创新、传播机构建设、要素体系、国际合作等构成。

1. 科技规划为民生科技发展提供宏观指导

21世纪以来，民生科技已成为发达国家、发展中国家科技规划的重要内容之一。美国、德国、韩国、日本、法国、印度、澳大利亚、欧盟等国家和地区将民生科技作为国家科学技术发展的重要领域。我国《国家"十二五"科学和技术发展规划》指出重点解决人民群众最关心的重大民生科技问题，大力发展人口健康科技、公共安全科技、绿色城镇关键技术创新。《关于加快发展民生科技的意见》进一步指出民生科技发展的目标、方向、任务和措施，要加大对民生科技的管理、投入、国际合作和科普力度。

2. 部门协同创新为民生科技发展提供微观基础

民生科技解决民生问题还需要社会制度方面的支持。这里的制度创新不仅包括法律制度、领导干部考评机制、科研评价机制、国家科研经费管理机制等，而且包括部门之间的协同创新。科学发展、和谐社会成为统领我国民生科技解决民生问题总的战略方向；《循环经济法》《节能法》《环境保护法》等的制定与修改成为促进民生科技解决民生问题的重要推动力。我国已经将以人为本、保护环境、科学发展、构建和谐社会等指标纳入领导干部考核体系中。科研机构"原来用论文来评价科技成果的方式，今后应更多用市场、社会需求和应用情况来评判。让更多的科研要素转到民生科技上来"①。总之，政府作为民生科技管理部门，担负着民生科技管理创新和组织创新的职责；企业担负着民生科技发展的实体性功能。大学和科研院所担负着民生科技研发与传播的功能。创新基地和平台、产业化基地担负着民生科技政产学研一体化职责。

近年来，我国积极推进部门联动，科技部会同公安部、交通运输部、卫生和计划生育委员会、国家质检总局、国家安监总局等部门，组织实施了科技强警示范城市建设、道路交通安全科技行动，以及食品安全、矿山安全、危化品安全和防灾减灾等协同创新活动。

3. 传播机构建设为民生科技发展提供信息资源

民生科技作为我国科学技术发展的重点领域之一，我们需要通过专业杂志、网络、学会、协会，为民生科技发展提供信息资源和决策依据。目前，我国涉及民生科技专业的杂志有《环境保护》《生态环境科技》《中国人口资源与环境》《工业安全与环保》《中国安全科学学报》《安防科技》《广东公安科技》《中国公共安全》等；涉及民生科技传播的网站有中国生态环境科技网、环卫网、环保网、中安网、中国安防行业网、安全文化网、安防知识网等；涉及民生科技的协会有国家及地方环保、健康、安全产品行业协会，环保产业协会，公共安全技术防范协会，社会公共安全防范行业协会等。

---

① 刘莉，朱彤：《科技人员应关注"民生科技"》，《科技日报》2007-3-8（8）。

4. 要素体系为民生科技发展提供人才、资金和市场等方面的支撑

自第二次世界大战以来,科学技术的发展越来越离不开国家经费的支持。"'十一五'期间,我国科技经费将向公益类研究倾斜,把工业领域和农业与社会发展领域的经费比例由原来的 7∶3 调整为 5∶5。"① 越来越多的民生科技解决民生问题需要制度创新做保障。2012 年,教育部颁布高校本科专业中安全科学与工程专业、环境科学与工程、公共卫生与预防医学等学科被列为一级学科,这为公共安全科技、生态环境科技、人口健康科技等民生科技的发展提供了人才支撑。从资金投入看,李克强指出"十二五"期间,我国环保累计投入要超过 5 万亿元人民币,我国确立九项安全生产重点工程,需要投资 6200 多亿元,其中 12% 由中央财政投入,28% 由地方投入,60% 由企业投入。《产业结构调整指导目录》中将涉及环保、测绘、海洋等科技信息交流、文献信息检索、技术咨询、技术孵化、科技成果评估和科技鉴证的服务作为服务产业来发展,为民生科技服务市场建设提供了产业发展依据。

5. 国际合作为民生科技发展提供国际视野

我国民生科技发展国际合作侧重气候变化、粮食安全、能源环保、重大疾病防控等全球性问题,合作途径多采用"走出去,请进来"的引进消化吸收再创新范式。发达国家主要通过三种方式解决共性技术的投入问题:"一是由政府和企业形成战略联盟;二是资助企业与企业或企业与大学、研究机构联合开发"②;三是通过减免所得税和 R&D 的税收等财税政策鼓励企业对共性技术的投入。"美国现在有 140 所大学设立和安全有关的院系或者专业,正在准备建立的还有 120 所。"③国外民生科技发展为解决我国民生科技资金问题和人才问题等提供了实践价值。

（三）主语境与支撑语境的关系

民生科技发展广义语境路径是主语境和支撑语境相互作用的过程。主语境体现民生科技对历史、认知、科学、社会等语境的变革力,支撑语境体现社会各种条件为民生科技发展的支撑功能。从现实看,主语境与支撑语境往往交织在一起,如民生科技对制度和文化进行了变革,同时制度和文化的变革又促进了民生科技的发展。但是,科技发展促进制度、文化变革是主要作用方面,制度和文化变革后又会反作用于科技发展。所以我们可以说,科技变革是本,制度和文化变革建

① 刘恕:《"民生"科技提升百姓生活》,《科技日报》2007-4-26（8）。
② 范维澄:《公共安全科技问题与思考》,2010,http://wenku.baidu.com/view/af5641ea76e58fafab00308 [2011-06-10]。
③ 高志前:《市场经济条件下的公共科技管理》,《中国科技论坛》2004 年第 7 期,第 60-64 页。

立在科技变革基础上，没有科技变革，后者便是无源之水。

我国在实现社会转型过程中通过科技创新引领社会制度和文化创新。社会制度是现代化变革的关键性因素。对于欠发达国家来说，由于追赶发达国家的压力异常沉重，而技术、知识及人力资本等现代化动力因素又难以在短期内取得突破性进展，制度因素的重要性尤为突出。从根本上讲，一个半世纪的中国现代化进程的核心问题，就是建立同现代化相适宜的社会制度框架问题，而制度变革的成效往往直接决定着中国现代化建设的兴衰成败。新中国的成立，标志着中国第一次在建设性意义上实现了制度变革的结构性突破，建构形成了容纳和支撑现代化变革的强有力的权威体系以及实施大规模现代化建设的体制与组织架构。改革开放后，政府制度改革要以政府为中心的这样一个管理体制，完全转化到以公民为中心的体制上来。开放、透明、开放的政府，这是公民知情权的需要。而知情权，是公民其他权利的一个保障。同时要建立一个有回应力和负责任的政府。

对文化创新来讲，计算机辅助设计（CAD）、虚拟现实等现代技术使人逐步摆脱机械规律的制约，为人的主观能动性的发挥提供了广阔的领地。在中国现代化进程中，一是强调人与人、人与自然协调发展和可持续发展。二是强调人的全面发展。三是增强协作意识。在信息时代，对于微观的企业来讲，观念创新非常重要。美誉国内外的海尔首席执行官张瑞敏把海尔成功的秘诀概括为"第一是创新，第二是创新，第三还是创新"。海尔的创新就是将原有的成功经验统统打破，不断地打破原有的平衡，重塑自我，超越自我。这种创新首先来源于观念创新，是从"砸冰箱"开始的。

因此，民生科技发展的主语境和支撑语境的划分具有一定的合理性和相对性。我们应根据分析的方便性和语境因素主要倾向的方面来探讨。

四、民生科技发展广义语境路径的实现机制

民生科技发展广义语境路径是在不同语境间转换的。那么，这种转换是如何实现的？它们之间如何实现可通约性？库恩在 1962 年出版的《科学革命的结构》中首次提出"不可通约性"概念，用来描述相继的科学理论之间的关系，为了说明科学革命的显著特征是新旧范式不可通约，范式的改变使科学家对世界的看法发生了格式塔转换（革命前科学家世界的鸭子在革命后变成了兔子），科学家在革命后知觉和视觉都发生了变化，他们面对的是一个不同的世界，这个新世界在各处与他们先前所居住的世界彼此不可通约。库恩认为，不可通约性是科学革命发生的内在机制。民生科技发展过程是民生科技在不同语境之间转换的过程，体现的是不同语境之间的可通约性，只有具有可通约性，这种转换才能实现。那么，

是如何实现通约的呢?

首先,民生科技发展的主体虽然承担的责任不同,但面对的是同一个民生科技世界,为民生科技在不同语境间转换提供了共同的语境空间。对于不同主体来讲,民生问题和民生科技水平是大家共同关注的语境基础。认知语境的变革对不同主体来讲都是必需的,它是实现不同主体对民生问题和民生科技的认知从非理性向理性跃迁的关键环节,也是知识从隐性知识向显性知识过渡的关键环节。不同主体实现认知语境的变革,为科学语境、社会语境变革提供了语境条件,没有认知语境的变革,就不会有科学语境和社会语境的变革。认知语境的变革使政府加强对民生科技规划、要素投入、传播机构的建设,科学共同体加大对民生科技的研发投入和知识创新,使企业重视民生科技的转换,促使民生科技产品、相关产业、制度和文化的发展,与此同时,民众改变消费模式推动民生科技转化与应用,这样科学语境和社会语境实现了变革。支撑语境在政府、企业和科学共同体的共同作用下也在不断发展变革,实现民生科技在不同语境间的转换。因此,正是由于同一个民生科技世界,为语境间转换提供了可能空间。

其次,政产学研用一体化,为民生科技在不同语境间转化提供了现实条件。1985年3月13日,中共中央作出了《关于科学技术体制改革的决定》,确立了"经济建设必须依靠科学技术、科学技术工作必须面向经济建设"的战略方针,开始从运行机制、组织结构、人事制度等方面变革原来的科技体制,我国长期存在的科研与生产脱节、科技与经济脱节的问题,开始逐步得到解决。党的第十三次全国代表大会把发展科学技术放到我国经济发展战略的首要位置。经济、政治体制改革的发展也对科技体制改革提出了新的要求,即提高我国科学技术水平,推动经济和社会发展。"十二五"期间,加快发展民生科技,要把握好我国经济和社会发展的新要求,坚持以人为本、发展为民,深入推进政产学研用结合,强调政府主导和市场需求牵引相结合,要以企业为技术创新主体,着力加强基础研究和高新技术研究,着力开展民生科技成果的应用推广和产业化示范,加快培育和发展民生科技产业,更好地满足人民群众日益增长的物质和文化需求,为全面建设小康社会提供有力支撑。由于民生科技发展的公共性,政府在民生科技发展过程中具有引领和创造环境的功能。正是政产学研用机制的不断深入,使政府、企业、科学共同体和民众等不同主体能够在不同语境间实现民生科技的转换。

第二节　民生科技发展广义语境路径的特征

通过考察,可以看出,广义语境模型反映了民生科技发展广义语境路径的普遍关联性、客观现实性、主体多元性、学科融合性、社会实践性、动态协同性、边界开放性和可评估性等特征。

一、普遍关联性

普遍关联性是马克思主义哲学一个基本原理，即认为世界万物都处于普遍联系之中。普遍关联性也是语境的显著特征，即反映不同语境之间的关系。民生科技发展广义语境路径的模型不仅表征不同语境内部具有普遍关联性，而且表征不同语境之间具有普遍关联性。从主语境内部关联看，历史语境是认知、科学、社会等语境的基础，认知、科学、社会等语境可以转换为历史语境；从支撑语境关联看，科技规划为部门协同创新、传播机构建设可提供宏观指导，部门协同和传播机构建设彰显了科技规划的落实水平。从主语境和支撑语境关联看，主语境为支撑语境提供基础，支撑语境为主语境提供保障。正是民生科技发展广义语境路径的普遍关联性，使民生科技发展在科学、技术、社会等不同层次实现融合。

二、客观现实性

客观现实性是事物的本质，是可以被认识的。民生科技发展广义语境路径的模型是客观现实的。历时性矛盾强调矛盾的先后相继、彼此更替、历时并存这样一种特征。历时性在具有辩证矛盾共性的同时，又具有自身的一系列特性。历时性反映出矛盾发生和发展的过程。矛盾的普遍性作为人类社会发展存在的普遍规律，存在于历时性的发展过程中。民生科技解决民生问题的广义语境要素是不断运动变化和发展的。不同时代有不同的、具体的广义语境要素，同时代不同国家或地区广义语境要素也不同。民生问题从无到有，从低级到高级，从经验到理性的发展过程，决定了民生科技解决民生问题的历时性，也就是决定了民生科技解决民生问题广义语境要素的不断运动、变化和发展的过程。所以，民生科技解决民生问题的发展过程也就是民生科技再广义语境化的过程。随着广义语境要素的不断变化，民生科技的意义也在不断地变化。历时性是民生科技解决民生问题历史广义语境的客观需要。

共时性是从横向角度研究事物的变化，反映事物变化的多样性、复杂性和特殊性。共时性作为一个分析的层次，对于分析问题具有重要的意义。共时性反映了矛盾的阶段性，我们只可能在特定阶段解决特定问题。民生科技解决民生问题就是在特定的历史阶段解决需要处理的问题。民生科技解决民生问题的广义语境要素不仅是历史的发展，而且构成它的诸要素处于相互关联之中，维系着民生科技解决民生问题的存在与演化。共时性反映了民生科技各要素横向之间的约束性与整合性。民生科技主要用于解决民生问题，因而它不是单纯的科技问题，而是历史语境、科学语境和社会语境整合的问题。如果社会语境与科学语境无法协同，民生科技的转化率就比较低。因此，为了促进民生科技的发展，必须协同、整合各种语境要素。

三、主体多元性

民生科技发展广义语境路径的依靠主体具有多元性。民生科技作为改善民生的重要支撑，需要政府和民众的支撑；民生科技作为科学技术发展的重点，需要科学共同体的认知与研发；民生科技作为社会变革的重要手段，需要企业实体性转化。这样一来，民生科技发展主体包括政府、科研院所、企业、公共机构和民众。民生科技发展主体多元性客观要求不同主体要协同创新，共同推动民生科技发展。

1. 依靠政府

大科学时代，政府是促进民生科技发展的重要主体。新中国成立以来，《1963—1972年科学技术规划纲要》提出"自力更生，迎头赶上"的科学技术发展方针。中国在涉及民生问题的自然条件及自然资源、矿冶、燃料和动力、机械制造、化学工业、建筑、新技术等领域取得了显著成绩。

改革开放之初，邓小平关于"科学技术是第一生产力""实现四个现代化，关键是科学技术现代化"以及20世纪90年代江泽民提出"创新是一个民族的灵魂，是一个国家兴旺发达的标志"等，为自主创新成为我国发展民生科技的重要途径提供了理论基础。

《全国科技发展"九五"计划和到2010年长期规划纲要》提出坚持自主研究开发与引进国外先进技术相结合，立足技术创新的发展战略，创新已经成为我国新时期民生科技发展的主要途径。2001年5月，国家发改委和科技部联合发布的《国家"十五"科技发展规划》提出"提高科技持续创新能力，实现技术跨越式发展"的指导方针，从注重原始创新、单项创新向集成创新转变。2006年2月9日，中国政府颁布了《国家中长期科学和技术发展规划纲要（2006—2020年）》，首次将提高自主创新能力作为国家战略，贯彻到现代化建设的各个方面，贯彻到各个产业、行业和地区，大幅度提高国家竞争力。2006年10月27日，由国家发改委和科技部联合发布《国家"十一五"科学和技术发展规划》，围绕促进自主创新这条主线，要力争在"十一五"时期通过自主创新，突破约束经济社会发展的重大技术瓶颈，使中国成为自主创新能力较强的科技大国，为进入创新型国家行列奠定基础。从"十一五"开始，中国民生科技走上了一条依靠自主创新发展的范式。

2. 依靠科研院所

新中国成立之初，由于企业和社会力量都比较薄弱，没有经济实力和人才支持进行民生科技的研究，开展科学技术活动基本上不依靠或无从依靠社会和自发的科技力量，而是由自上而下的力量促进科技的发展。主要通过政府拨款支持民生科技的发展。

改革开放之初，中国大多数科技人才集中于科研院所和高校。随着经济体制改革的不断深入，暴露出与市场经济体制不相适应的种种问题，主要表现为独立于企业外运行的科研机构过多，科研与经济严重脱节。随着中国"依靠"和"面向"科技发展战略的确定，科研院所作为科学技术发展的重要机构，面临着发展民生科技、服务于经济建设和社会建设的转型问题。因此，针对科研院所脱离经济建设的问题，中国进行了一系列改革。

1985 年 3 月，《中共中央关于科学技术体制改革的决定》的发布标志着新中国成立以来科技体制改革的正式启动。该决定提出的指导方针是"放活科研机构、放活科技人员"，对民生科技发展主体之一的科研院所进行改革。对于过多的研究机构与企业相分离状况，该决定提出科研院所与高等院校进入企业的五种形式：直接转型为经济实体、企业并入研究机构、研究机构并入企业、研究机构转型为科研生产型的企业或者成为中小企业联合的技术开发机构。通过科研院所的改制，使作为民生科技发展主体的科研院所加强与经济的联系。1987 年 1 月 20 日，国务院颁布了《关于进一步推进科技体制改革的若干规定》，主张进一步放活科研机构，促进多层次、多形式的科研生产横向联合，推动科技与经济的紧密结合。国家对科研机构的管理由直接控制为主转变为间接管理，实行政企职责分开，把科研机构逐步下放到企业、集团、行业和中心城市。通过体制改革，促进中小科研院所向企业转制，使民生科技更好地与经济结合起来。随着科研院所的改制，中国民生科技的发展主体逐步从科研院所走向企业，中国将面临着培育企业科研中心的任务。

3. 依托企业发展

民生科技作为服务于"民"和"生"两个层次的科学技术，它是否能转化为现实生产力，将成为制约民生科技发展的重要因素。企业作为民生科技转化为现实生产力的主体，必须建立健全企业的技术创新体系，将企业培养成为发展和应用民生科技新的主体。

1995 年 5 月 6 日，国务院发布了《中共中央、国务院关于加速科学技术进步的决定》，按照"稳住一头，放开一片"的方针，优化科技系统结构，分流人才。大力推进企业科技进步，促进企业逐步成为技术开发的主体。1995 年 5 月 26~30日召开的全国科学技术大会主张，建立健全企业的技术创新体系，将技术开发体系以科研机构为主体，调整为以企业为主体，促进大部分技术开发类机构转变为科技企业。1999 年 8 月 20 日，国务院颁布《关于加强技术创新发展高科技实现产业化的决定》，继续将企业培育成为技术创新的主体，全面提高企业技术创新能力。企业作为经济社会发展的基本单位，它不仅承载着经济发展的责任，而且承载着社会发展的任务。改革开放以来，我国制定了一系列政策，使企业在发展经济的同时，兼顾社会效益。1980 年 2 月 8 日，我国实施对"三废"利用的企业减免税收，鼓励企业节约能源。1989 年 9 月 7 日，我国实行排放水污染物许可证制度，对企业排放的污染物进行定量管理，鼓励企业安装使用污水处理设备，以减少对环境污染。2000 年 11 月 21 日，《全国生态环境保护纲要》提出"谁开发谁保护，谁破坏谁恢复，谁使用谁付费"的制度，进一步加强了企业的社会责任。

4. 吸纳社会公益性事业机构和民众参与

《1963—1972 年科学技术发展规划纲要》提出专业研究与群众性科学实验活动相结合的措施，也就是要充分发挥科研院所和群众的积极性，促进民生科技的发展。这是计划经济时代，群众参与民生科技事业的指导性政策。改革开放以来，随着公共安全、人口与健康、环保、资源等社会问题的凸显，服务于社会发展的民生科技的公共性、非营利性、广泛性等特征，使它的发展和应用与企业、民众、社会公益性科研机构紧密相关，促进社会发展的民生科技关系公共安全、人民的健康。因此，社会公益性科研机构具有重要的责任。2000 年 5 月，国务院明确提出了社会公益性科研机构的改革原则是分类进行。2001 年，中国社会公益性科研机构的改革全面起步，它涉及国务院 22 个部门，260 多个研究机构。将具有社会公益性的民生科技发展的任务分到研究所乃至研究室，目的就是要求凡能走向市场的一定要走向市场。对真正从事社会公益类研究的少量综合性研究院所，由国家给予稳定支持。

公共安全、人口健康、环保、节约能源等社会发展问题与每个人的生存和生活紧密相关。民众既是促进社会发展的参与者，又是社会发展的受益者。因此，民众在促进社会领域民生科技发展中具有重要的地位和作用。一方面，民众通过广泛使用节能和环保设备，促进社会科学的发展；另一方面，民众通过监督企业，促进人口健康科技、生态环境科技在企业的推广。

总之，我国民生科技的发展主体的边界在不断扩展，形成了包括科研院所、企业、公益性科研机构和民众参与的多元主体，体现了民生科技发展的经济性、社会性特征。

四、学科融合性

民生科技发展广义语境路径具有学科融合性。民生科技涉及自然科学、社会科学和人文科学。马克思曾经预言："自然科学往后将会把关于人类的科学总括在自己下面，正如同关于人类的科学把自然科学总括在自己下面一样；它将成为一个科学。"① 民生科技发展广义语境路径的学科融合性体现为以下三个方面。

首先，从民生科技学科体系建设看，自然科学和技术为民生科技发展提供科学支撑，社会科学为民生科技发展提供问题来源和制度保障，人文科学为民生科技发展提供价值保障。其次，从民生科技所属的人口健康科技、公共安全科技、生态环境科技、防灾减灾科技学科体系看，都包括自然科学技术、社会科学和人文科学。例如，公共安全科技体系的建设包括公共安全科学与技术、公共安全管理学、公共安全政治学和公共安全文化学等。生态环境科技学科体系建设也包括生态环境自然科学与技术、生态环境管理学、生态环境哲学等。最后，从人口健康科技、公共安全科技、生态环境科技、防灾减灾科技之间关系看，它们处于融合之中。这是由民生问题的综合性决定的。目前，健康、公共安全、环保和防灾减灾等民生问题是并列存在的，需要同时解决，不存在先后关系。这就使人口健康科技、公共安全科技、生态环境科技、防灾减灾科技处于融合之中，人口健康科技的发展也需要公共安全科技、生态环境科技、防灾减灾科技的支撑，其他民生科技的发展也需要人口健康科技的支撑，它们处于相互融合与促进之中，最终形成涵盖健康、公共安全、生态环境保护、防灾减灾等价值的民生科技体系。总之，民生科技发展广义语境路径的模型为实现不同学科进一步融合发展、共同进步提供了学科体系建设模式。

五、社会实践性

实践性体现了一个理论体系的应用过程。理论本身是一个系统，而理论是否正确需要回到实践中进行检验，只有经得起检验的理论才是正确的理论。实践是衡量理论是否正确与客观的标尺。理论来源于实践，又必须经得起实践的检验。

实践性是民生科技解决民生问题最本质、最基本的特性。民生科技主要服务于解决民生问题，因而直接来源于社会实践的需要。首先，民生科技解决民生问题的广义语境研究来源于实践，是在对历史事实概括总结基础上形成的。虽然不同时代，面对不同的民生问题，但是基本广义语境是不变的。其次，民生科技的广义语境结构是客观存在的，建立在社会实践基础上。再次，广义语境要素之间的协同性与构成性关系反映了民生科技解决民生问题在实践基础上的运动过程。最后，民生科技解决民生问题的广义语境分析理论需要回到实践中进行检验，以促进理论体系的不断完善。正是社会实践性使民生科技区别于一般的科学活动。例如，民生科技不同于理论研究，理论研究只侧重于理论创新；民生科技也不同于应用研究，应用研究侧重科技成果的转换；民生科技以理论研究为基础，对社

---

① 刘斌、张阳：《综合性学术期刊的科学品质与人文品质》，《中国人民大学学报》，1998 年第 2 期，第 107-110 页。

会语境进行改造和变革，重点在于社会实践。

六、动态协同性

协同是指元素对元素的相干能力，表现了元素在发展过程中协调与合作的性质。结构元素各自之间的协调、协作形成拉动效应，推动事物共同前进，协同的结果使个个获益，整体加强，共同发展。"语境论把'历史事件'看作是现实中动态的、活跃的、有目的事件，是其语境中的行动。"① 民生科技发展广义语境路径的模型具有动态协同性。第一，凸显民生科技与解决民生问题的动态协同性。社会发展的不同阶段折射出不同的民生问题。正是民生问题的动态性，呈现出民生科技动态的螺旋上升特征，即民生问题→民生科技解决民生问题→新的民生问题→新的民生科技解决新的民生问题……第二，表征政产学研用动态协同的发展特征。政府、企业、研发机构和民众等在民生科技动态发展过程中承担着不同的角色，它们动态地协同民生科技发展。第三，凸显民生科技不同学科内部及之间的协同性。民生科技学科体系处于动态协同的发展过程。

七、边界开放性

系统的开放性指系统与周围环境的相互联系，没有开放性，系统的演化最终会走向消亡。从耗散结构理论来看，系统的演化离不开开放的条件。开放性是系统演化的一个必要条件。开放性决定了系统可以和外界进行物质、能量和信息交流，以促使系统向良性的方向演化。从系统论看，民生科技语境边界具有开放性。

其一，不同语境边界的开放性。从主语境看，民生科技发展还可能涉及文化语境，甚至可以扩展到国外主语境的研究；支撑语境还可以扩展到政策的支撑，等等。

其二，语境因素的开放性。例如，历史语境中民生科技水平还涉及科技标准制定水平、研发水平、转换水平，等等。正是民生科技语境边界的开放性使民生科技发展越来越走向复杂、全面和深入。

其三，国际合作的开放性。《1956—1967 年科学技术发展远景规划》提出加强国际科技合作和技术引进工作，重视引进软件，使引进技术和引进人才相辅相成。《1963—1972 年科学技术发展规划纲要》进一步提出学习国外成就和开展创造性研究相结合的措施。由于"文化大革命"，中国科技事业在 1977 年年初面临着严重破坏的局面，中国同世界先进水平本来已经缩小的差距又拉大了。国民经济建设中不少关键性的科学技术问题长期得不到解决。为了大力发展民生科技，

① 魏屹东：《语境论与马克思主义哲学》，《理论探索》2012 年第 5 期，第 9-15 页。

解决当时的民生问题，中国制定了引进国外技术和设备的政策。《1986—2000 年科技发展规划》提出搞好引进的消化吸收工作，通过技术引进，使我国的民生科技在煤炭、电力、石油、化工、轻纺等领域取得了显著的发展，我国的工业和科技体系初步形成。《国家科学技术发展十年规划和"八五"计划纲要（1991—2000）》坚持消化、吸收引进技术和自主开发相结合，使我国各主要经济领域的重大装备和成套技术基本立足国内，是改革开放以来，中国民生科技发展途径从引进消化吸收阶段向自主创新转折的重要时期。

八、可 评 估 性

民生科技发展水平和支撑水平可以被评估。"我们可以根据'语境发生度'解决科学革命发生级别的标准问题。"[①] 从广义语境模型看，我们可根据民生科技"主语境发生度"评价民生科技的发展水平。民生科技主语境发生度指民生科技从历史语境向认知语境、科学语境和社会语境不断转换的程度。历史语境是民生科技发展的基础，我们不妨假设历史语境为 1；民生科技对认知语境的变革为 2，对其因素的变革分别为 2.1，2.2…；对科学语境的变革为 3，对其因素的变革分别为 3.1，3.2…；对社会语境的变革为 4，对其因素的变革分别为 4.1，4.2…。同时，我们以民生科技"支撑语境发生度"评估支撑语境的发展水平。由于支撑语境不同因素之间并不存在逻辑顺序，我们不妨设科技规划支撑为 $1.1_{规}$，$1.2_{规}$，$1.3_{规}$…，传播机构建设支撑为 $1.1_{传}$，$1.2_{传}$，$1.3_{传}$…，部门协同创新支撑为 $1.1_{协}$，$1.2_{协}$，$1.3_{协}$…，要素体系支撑为 $1.1_{要}$，$1.2_{要}$，$1.3_{要}$…，国际合作支撑为 $1.1_{合}$，$1.2_{合}$，$1.3_{合}$…。

总之，民生科技发展广义语境路径的模型具有普遍关联性、客观现实性、主体多元性、学科融合性、社会实践性、动态协同性、边界开放性和可评估性等特征，既反映了大科学时代民生科技发展路径的共性特征，又凸显民生科技作为解决民生问题发展路径的个性特征。

第三节　民生科技发展广义语境路径的现实意义

哲学使命题得到澄清，科学使命题得到证实。科学研究的是命题的真理性，哲学研究的是命题的真正意义。民生科技以解决民生问题为己任，而民生科技发展广义语境路径的广义语境分析，不仅实现了科学哲学、科学史和科学学研究科学技术的统一，为实现自然科学与技术、社会科学和人文科学融合提供了

---

① 魏屹东，苏玉娟：《科学革命发生的语境解释及其现实意义》，《自然科学史研究》2009 年第 3 期，第 363-375 页。

一种新的模式，为研究民生科技及其所属科技发展路径提供了统一的研究范式，对研究不同时期民生科技解决民生问题具有理论意义，而且对促进当代民生科技的发展，对通过产业变革促进社会生产和消费方式的重大变革等具有现实意义。

一、为实现科学哲学、科学史和科学学研究的融合提供了现实基础

科学哲学是以科学为研究对象的哲学学科。"科学学是研究科学整体的学科门类，曾译为'科学的科学'。"[①] 科学史是介于科学与历史学之间的交叉学科。科学史包括两个层次：第一个层次指的是对过去实际发生的事情的述说，又可以分为内史和外史，内史主要研究科学本身发展的历史，外史研究科学与社会、文化等之间发展的历史；第二个层次则是指对这种述说背后起支配作用的观念进行反思和解释，后者有时也称"史学"或"编史学"（Historiography）、"科学史学"或"科学编史学"。科学史是自然科学与人文学科之间的桥梁，它能够帮助学生获得自然科学的整体形象、人性的形象，从而全面地理解科学、理解科学与人文的关系。科学学研究可分为理论科学学和应用科学学。理论科学学研究目的在于认识科学的性质特点、关系结构、运动规律和社会功能，并在认识的基础上研究促进科学发展的一般原理、原则和方法。应用科学学把科学学理论应用于科学的具体问题研究，如科学政治学、科学政策学、科学逻辑学和科学普及学等。科学学在不同国家研究的范围有所不同，包括科学社会学、科学社会研究、科学政策研究、科学管理研究等多种称谓。科学哲学、科学史、科学学都是以科学为对象而发展起来的学科，它们既有区别又有联系，科学哲学是对科学的哲学反思，侧重认知语境，科学史侧重科学的历史语境，科学社会学侧重科学的社会语境。拉卡托斯认为，离开了科学史的科学哲学是空洞的；离开了科学哲学的科学史是盲目的。我们则认为，离开了科学史，科学研究是空洞的；离开了科学哲学，科学研究是盲目的；离开了科学学，科学研究是不完整的。

民生科技发展广义语境路径既包括科学哲学研究范畴关于民生科技在认知语境和科学语境的发展模式，也包括科学史研究范畴关于民生科技在历史语境的发展模式，还包括科学学研究范畴关于民生科技在社会语境的发展模式。民生科技发展广义语境路径实现了科学哲学、科学史和科学学研究民生科技的统一，客观反映了民生科技发展过程的复杂性和多学科研究的融合性，为科学研究在学科层次的融合提供了现实依据。

---

① 洪晓南等：《第二种科学哲学》，北京：人民出版社 2009 年版，第 6 页。

二、为实现自然科学、社会科学和人文科学的融合提供了一种新的模式

从科学发展历程看，古代哲学像一个大口袋，包括哲学、社会科学和人文科学。近代科技革命以来，物理学、化学、数学、天文学、地学等逐步从哲学中分离出来，政治学、经济学、法学、管理学等也逐步从哲学中分离出来，自然科学、社会科学和人文科学逐步从一体化走向多元化，它们之间的关系越来越远。它们这种分裂产生了一系列问题，如科技的功利性使科学技术在促进人类社会发展的同时，产生了道德滑坡、生态环境问题和健康问题等。客观上，自然科学与人文社会科学新的融合，使人文社会科学为自然科学提供精神、管理和制度等方面的指导，自然科学为人文社会科学提供工具性基础。19 世纪以来，科学哲学的发展为自然科学与哲学的融合起到了桥梁作用。"科学哲学作为自然科学与人文科学之间的缺少的环节或桥梁，它的实质内容是把科学思想的概念和模式当作人文主义理解的对象而进行阐释，把逻辑批判和改造的分析工具连同哲学概括的综合努力一道应用于科学史和当代的科学思想。"① 科学哲学为实现自然科学和人文科学的融合架起了一座桥梁。

民生科技发展广义语境路径为自然科学与人文社会科学融合提供了新的模式。首先，从概念创新看，民生科技直接来源于解决民生问题的需求，对民生问题的研究是人文社会科学研究的领域，只有对民生问题特征、表现形式等进行深入的分析，才能为民生科技发展提供最直接的基础，所以，民生科技的提法本身为自然科学与人文社会科学融合提供了范式。其次，从发展路径看，民生科技在科学语境的发展是有关民生研究的自然科学、人文社会科学协同发展的结果。因此，民生科技发展广义语境路径为实现自然科学、社会科学和人文科学融合提供了一种新的模式。

三、为研究民生科技及其所属科学技术的发展路径提供了统一的研究范式

"对科学的哲学反思，又可以分为两个方面：一方面是对科学的整体进行理论反思，这形成科学哲学的基础理论；另一方面是对各部门的科学进行反思，从而形成物理哲学、化学哲学、生物学哲学，等等。"② 民生科技发展广义语境路径的研究也分为两个方面，即对民生科技发展路径的研究和对人口健康科技、公共安

---

① ［美］瓦托夫斯基著，范岱年等译：《科学思想的概念基础—科学哲学导论》，北京：求实出版社 1989 年版，序言。

② 洪晓南等：《第二种科学哲学》，北京：人民出版社 2009 年版，第 2 页。

全科技、生态环境科技和防灾减灾科技等具体民生科技的研究。民生科技发展广义语境路径的模型不仅适用于对民生科技的研究，而且也适用于对具体的民生科技的研究，实现了整体与部分研究范式的统一，它们的发展路径都包括历史语境、认知语境、科学语境和社会语境等主语境和科技规划、部门协同创新、要素体系、传播机构建设和国际合作等支撑语境。

四、为研究不同国家、不同时期民生科技的发展提供了同一的理论和实践基底

从世界范围来看，目前民生科技主要用于解决人口健康、公共安全、生态环境、防灾减灾等问题。不同国家发展水平不同，面临的民生问题也有差距，民生科技发展水平也有差距。根据民生科技发展广义语境路径，可以根据不同国家民生问题、民生科技发展水平，具体分析其在历史语境、认知语境、科学语境、社会语境和支撑语境中发展的过程和水平。

从历史上看，虽然不同时期民生科技需要解决不同的民生问题，而且历史语境、认知语境、科学语境、社会语境和支撑语境具体的语境因素是有差别的，但是范式是相同的。例如，在农业社会，民生科技发展还没有成为国家和社会的事业，还没有形成科学共同体，民生科技发展广义语境路径相对比较简单，历史语境主要是民生问题和民生科技发展水平；认知语境主要是研究者和管理者对民生科技的认知水平；科学语境主要是实用民生科技的发展；社会语境主要是民生科技解决民生问题的能力；支撑语境主要是研究者和统治阶级的投入等，科技规划、专业传播机构、国际合作几乎都没有。大科学时代，民生科技发展广义语境路径变得越来越复杂，不同语境的外延在不断地扩大。广义语境分析为研究不同时期、不同国家民生科技发展提供了同一的理论和实践基底，体现了民生科技发展中继承性与突破性、抽象与具体的统一。

五、反映了民生科技横向与纵向发展路径的有机统一

制定正确的科技发展规划，选择适宜的科技发展模式，是世界各国在 21 世纪所面临的重要课题，也是我国迫切需要解决的问题。"科技发展模式是对某一国家或地区科技发展的高度概括的、结构化的图景描述，可以表述为 3W-3I 结构。3W 为科技发展模式的内核要素，包括科技研发主体（who）、科技研发途径（way）、科技研发领域（what）；3I 为科技发展模式的外部条件，包括科技发展的资金（investment）来源、科技发展的人才（intelligence）保障、科技发展的制度

（institution）基础。"① 这主要从横向上反映了科技发展的模式。从纵向看，科技发展过程是科技在历史、认知、科学、社会等不同语境中转换的过程，即历史语境→认知语境→科学语境→社会语境→……→新的历史语境。对于科技发展模式我们必须从横向和纵向两个方面进行分析，建立科技发展模式的网状结构。

民生科技发展广义语境路径反映了民生科技在横向和纵向发展路径的统一，体现为主语境和支撑语境的辩证运动过程，实现了科技发展模式从单向走向多向、网络式发展。从横向看，支撑语境为民生科技发展提供多方面的支撑；从纵向看，主语境反映了民生科技在历史、认知、科学、社会等语境纵向发展的过程。民生科技从历史语境→认知语境→科学语境→社会语境→……→新的历史语境，反映了民生科技发展过程的螺旋式上升特征，客观解决了评价民生科技的进步性问题。

六、为促进中国民生科技的发展提供了范式效应

广义语境分析对解决目前中国的民生问题具有现实意义。改革开放以来，中国的发展以系统的开放性为特征，使中国的大系统从计划经济时代的相对平衡向非平衡态演化，资本、劳动力和资源等各方面的潜能得到很大的发展，但也带来一系列问题，如资源问题、环境问题和健康问题等。21 世纪，我们需要通过耗散结论理论以使中国大系统朝着更加和谐、有序的方向发展，以达到新的平衡。目前，科学发展、社会和谐成为中国民生科技解决民生问题的主导价值取向。民生科技解决民生问题还受到当代民生问题、民生科技知识系统、社会制度、生活方式、消费方式等因素的作用。为了更好地提高我国民生科技解决民生问题的水平，必须在广义语境中创建相关的条件。所以，广义语境分析为促进中国民生科技解决民生问题提供了范式，我们应加快建设和发展相关要素，优化结构，凸显功能。

七、为民生科技发展路径的评估提供了理论基础

科技评估是指由科技评估机构根据委托方明确的目的，遵循一定的原则、程序和标准，运用科学、可行的方法对科技政策、科技计划、科技项目、科技成果、科技发展领域、科技机构以及与科技活动有关的行为所进行的专业化咨询和评判活动。自 20 世纪初美国开展科技评估与评价以来，科技评估与评价已受到世界许多国家的重视。特别是近 20 多年来，各国科技评估与评价活动十分活跃。科技评

① 魏东岚，安筱鹏：《美国科技发展模式特征及对中国的启示》，《世界科技研究与发展》2005 年第 4 期，第 95-100 页。

估与评价已成为许多国家科技管理过程中不可缺少的重要环节和手段，评估与评价结果对于政府有关科技政策、计划和活动的出台、执行等具有重要的实践价值。传统意义上，科技评估只是侧重对科学技术发展的某一方面进行评估，如科技发展本身、科技规划、科技政策等。

民生科技发展广义语境路径为科技评估提供了一种新范式，即不仅重视民生科技历史、认知、科学和社会等主语境的评估，而且需要对民生科技发展科技规划、要素体系、科技传播、国际合作等支撑语境进行评估，实现对科学技术发展整体过程评估的统一。

八、为要素体系建设提供了现实基础

广义语境分析不仅具有宏观结构，而且还具有微观要素。宏观指导微观，微观服务于宏观目标。目前，民生科技解决民生问题是个宏观目标，微观任务。我们必须从每个要素的分析做起，微观分析的程度决定宏观目标的程度。比如，中国面临的节能减排任务，不仅是企业的责任，也是每个民众的责任。如果没有民众基础，完成这个任务是非常困难的。没有制度创新，节能的落实也是很困难的。所以，微观要素的整合与优化，与各个要素的完善和发展程度紧密相关。"短板"理论也说明了系统功能的凸显不是由系统的最长的板子决定的，而是由系统最短的板子决定的。所以，民生科技解决民生问题的关键是要实现宏观广义语境下微观要素的建立与整合。

九、对中国创建自主创新型国家具有现实意义

从世界范围来看，当代的民生问题既具有共性又具有个性。无论对共性民生问题还是个性民生问题的解决，都离不开一个国家自主创新能力的提升。十七大报告指出，2020 年我国要进入创新型国家行列，而这一目标的实现为民生科技解决民生问题提供了科技保障。把增强自主创新能力作为科学技术发展的战略基点和调整产业结构、转变增长方式的中心环节，这是从中国经济社会发展的全局出发作出的重要判断。提高自主创新能力，必须坚持正确的方向和路径。强有力的创新激励体系是增强自主创新能力的根本性制度保障，加快建立以保护知识产权为核心的激励体制框架，建立和完善创业风险投资，增强税收制度对创新的激励作用及创新领军人才的培育，为提高自主创新能力提供强大的动力来源。现阶段民生科技的发展主要是通过自主创新能力的提升来实现的。因此，民生科技发展广义语境路径的畅通对创建自主创新型国家具有重要的现实意义。

总之，民生科技解决民生问题的广义语境分析实质在于揭示：①民生科技解

决民生问题的多语境机制；②民生科技解决民生问题过程中历史语境、认知语境、科学语境、社会语境和支撑语境的相关性；③将不同时期、不同国家民生科技解决民生问题统一于不同广义语境的要素关联之中。通过广义语境分析使我们认识到：①民生科技发展广义语境路径是多语境相互作用的过程；②民生科技发展广义语境路径的要素具有相对的意义和具体的意义，而不是绝对的和抽象的；③民生科技发展广义语境路径对提升我国自主创新能力，大力发展民生科技具有重要的现实意义。

第四章　民生科技发展广义语境路径的评估体系

民生科技发展广义语境路径是民生科技在历史语境、认知语境、科学语境、社会语境和支撑语境中不断变换的过程。民生科技发展广义语境路径是否畅通需要评估。分析民生科技发展广义语境路径评估指标体系设计原则、指标体系、特征，为促进民生科技发展，更好地解决民生问题提供决策依据。

第一节　民生科技发展广义语境路径的评估指标体系

评估体系为民生科技发展广义语境路径提供客观依据。"从实践来看，科技评估在中国已经有超过 20 年的历史。我国最早开展的比较正式的科技评估是 1984 年的国家重点实验室评估。"[①] 据统计，"'十五'期间，全国每年由于公共安全问题造成的损失达 6500 亿元人民币，约占 GDP 总量的 6%，严重影响了国民经济全面、协调、可持续的发展。"[②] 评估结果为改变不同群体认知和制定规划提供客观依据。

一、国内外科技评估现状

自 20 世纪初美国开展科技评估与评价以来，科技评估已受到世界许多国家的重视。国外科技评估主要由政府与非政府、国家、地方和科研院所等评估主体组成对科技计划、科技项目、科技政策、研究机构和研究人员等科技活动的评估，包括事前、事中和事后全过程评估。事前评估为决策提供参考，事中评估为管理者改善管理服务，事后评估为未来的立项选择服务。科技评估的标准多是实用性、可行性、正确性和精确性的，重视科技评估机构的建设、评估结果的认定、培育评估公司、评估过程和结论的公开性等。其中，美国重视评估机构建设，主要对技术或科技计划当前和未来的影响进行评估，分析各类影响的因果关系，包括对科技计划、科技项目、科技政策、研究机构、科技人员等的评估，事前、事中和事后评估都很重视，评估报告的形式有证词、口头表述、书面表达等。法国成立专业的不同层次的评估机构，形成从宏观到微观对国家科技发展目标、科技政策和国家财政系统投入的客观监督体系。德国也注重评估机构的建设，主要对重大

---

① 张利华，李颖明：《区域科技发展规划评估的理论和方法研究》，《中国软科学》2007 年第 2 期，第 95-101，138 页。

② 孙海鹰，冯波：《加强科技政策引导推动我国公共安全科技发展》，《科学学与科学技术管理》2005 年第 9 期，第 118-122 页。

科技政策、研究机构和课题组、重大科技计划、重大科技项目等进行评估。英国同样非常重视评估机构的建设，主要对国家重大计划、学术机构和项目做评估。日本科技评估由专门机构对研究开发课题、研究开发机构、研究人员等进行评估。

目前，我国科技评估主要由国家科技评估中心、中央部委、各省（自治区、直辖市）科技评估机构对我国科技政策、科技计划、科技项目、科技成果、科技发展领域、科技机构、科技人员等进行评估，科技计划和科技项目已开展事前、事中和事后评估，其他评估多是侧重事中和事后评估的。

虽然国内外科技评估已取得一定的成绩，对政府管理决策科学化具有理论和实践价值，但是也存在一些缺陷。①从评估对象看，已开展的科技评估只分布于某几个"点"，还没有形成"面"和"体"。我国科技评估主要侧重对科技计划、科技项目、科技政策、研究机构和研究人员等科技发展支撑语境的评估，而忽视科学技术对历史语境、认知语境、科学语境和社会语境变革的评估，不能反映科学技术与社会一体化客观发展特征，也不利于科技成果转化。②从评估方法看，我国科技评估方法有待进一步提升。我国科技评估侧重案卷研究、面访、座谈，评估理论和方法研究比较滞后，有待进一步完善。③从评估价值看，我国科技评估缺乏对科技活动社会性的评估。我国科技评估侧重科技活动的实用性、可行性、正确性和精确性，缺乏对科技活动社会性的评估，民生科技发展广义语境路径关键在于解决民生问题。因此，社会性是其发展路径评估的重要维度。④从评估实践看，目前我国科技评估面向公共决策技术的评估形式缺失，缺乏具有可操作性的评估标准等。

目前，我国民生科技评估工作主要由清华大学、中国科学院、中商情报网及一些民生科技评估公司来承担，侧重企业生产安全、环保、健康等预评价、验收评价、专业评价、专项评价，而对民生科技主语境和支撑语境评估几乎处于空白。为了更好地促进民生科技的发展，我们必须加强对民生科技发展广义语境路径评估体系的研究。

二、民生科技发展广义语境路径评估指标体系设计的基本原则

民生科技作为科学技术发展的重要领域之一，作为解决民生问题的重要支撑，其发展路径的评估体系既要体现科学技术发展评估的共性原则，又要具有自身个性原则。

（一）共性原则

为了使评估指标体系设计更合理，民生科技发展广义语境路径评估指标体系

应坚持以下五个基本原则:

1. 客观性原则

民生科技发展广义语境路径是紧紧围绕解决民生问题而进行的一系列科技活动和社会活动,是民生科技在历史、认知、科学、社会和支撑等语境中不断发展的历程,是客观存在的,也是能够被认识的。评估指标体系设计应反映民生科技本身客观发展的路径。

2. 目的性原则

"目的性原则是指标体系设计的出发点和根本。"[①] 评估指标体系是对民生科技发展广义语境路径的结构及发展程度进行客观评价,应反映民生科技发展广义语境路径在历史语境、认知语境、科学语境、社会语境和支撑语境发展的结构及发展程度。

3. 科学性原则

指标体系的科学性主要讲指标体系及设计方法等是否科学。从指标体系看,指标的概念要正确,含义要明晰,指标体系应全面,指标之间应协调统一,以反映民生科技发展广义语境路径的历史性、科学性、社会性和支撑性等特征。从指标设计方法看,指标体系不仅应反映民生科技发展广义语境路径不断推进的过程,而且应反映不同指标的权重。

4. 适用性原则

指标体系的设计应考虑现实的适用性,如指标数据或信息的可获得性和可操作性、指标使用者对指标的理解程度等。指标适用性是确保评估活动实施效果的重要基础。

5. 简单性原则

民生科技发展广义语境路径是一个复杂的系统工程,衡量它的指标体系可能包括很多指标。不同指标的地位和价值是不同的。有的指标反映民生科技发展广义语境路径的本质特征,有的指标只是对民生科技发展广义语境路径有一定的影响。简单性原则要求指标体系把握民生科技发展广义语境路径的关键指标,以减少评估的时间和成本。

---

① 徐耀玲,唐五湘,吴秉坚:《科技评估指标体系设计的原则及其应用研究》,《中国软科学》2000 年第 2 期,第 48-51 页。

（二）个性原则

民生科技发展广义语境路径作为体现民生科技本身发展特点的研究课题，不同于一般对科技活动中科技政策、科技规划、科技机构和科技人员等针对某种具体科学技术展开的活动进行评估。民生科技发展广义语境路径评估是从民生科技出发的，对涉及民生科技发展路径的诸语境进行评估，都是围绕民生科技而展开的。为此，我们还应坚持以下原则。

1. 多语境性原则

民生科技发展广义语境路径是民生科技在历史、认知、科学、社会和支撑等语境中不断发展的过程，它的评估体系应体现其发展的多语境性特征。民生科技发展广义语境路径的多语境是其评估体系多语境性的基础，评估体系是对其发展路径的反映和评估。只有坚持多语境性，才能反映民生科技发展广义语境路径的客观发展过程。

2. 层次性原则

民生科技发展广义语境路径不仅包括历史、认知、科学、社会和支撑等语境，而且每个语境又包括多个语境因素，体现了民生科技发展广义语境路径的层次性特征。因此，民生科技发展广义语境路径的评估体系也应反映民生科技发展广义语境路径的层次性，以便于细化和系统化分析民生科技发展广义语境路径的水平。

3. 社会性原则

民生科技作为解决民生问题的科技支撑，它不同于一般的基础研究，只侧重于理论创新，也不同于一般的实用科技，只侧重于经济性。民生科技侧重从公共性角度解决民众目前所面临的健康、安全、环保和防灾减灾等民生问题，具有一定的理论性，需要基础性创新为其发展提供动力和支持，但关键在于科技创新要服务于社会领域的民生问题解决。因此，社会性是其发展的源泉和动力，这样，民生科技发展广义语境路径的评估也需要反映民生科技解决民生问题的能力及科技规划、部门协同创新、科技传播、国际合作等社会条件对民生科技发展的支撑，并赋予社会语境比较高的权重。

4. 普遍适用性原则

民生科技发展不仅包括从整体上对民生科技发展广义语境路径的把握，而且包括对其所属人口健康科技、公共安全科技、生态环境科技和防灾减灾科技等发展路径的把握。民生科技发展广义语境路径模型的普遍适用性要求评估体系建设应具有普遍适用性，适合对民生科技及其所属人口健康科技、公共安全科技、生态环境科技和防灾减灾科技等发展路径的评估。

总之，民生科技发展广义语境路径的评估体系既应反映科技评估所应坚持的客观性、目的性、科学性、适用性和简单性等原则，又应反映民生科技本身发展路径的多语境性、层次性、社会性和普遍适应性等原则，为更好地评估民生科技发展广义语境路径提供科学依据。

三、民生科技发展广义语境路径评估指标体系的设计

根据民生科技发展广义语境路径的模型，并运用上述原则，构建民生科技发展广义语境路径评估指标体系，以客观评估民生科技发展广义语境路径。

1. 评估指标体系

"语境行动是实践活动的具体化。"[①] 民生科技发展广义语境路径是民生科技在不同语境实践的过程。因此，民生科技发展广义语境路径评估指标体系不仅包括民生科技在历史语境、认知语境、科学语境和社会语境不断发展的指标，还包括科技规划、传播机构建设、要素体系、部门协同创新、国际合作等语境对民生科技发展广义语境路径支撑的评估指标（图4-1）。

2. 若干评估指标的说明

1）关于历史语境指标的说明

民生科技发展广义语境路径的历史语境指民生科技概念被提出后，民生科技发展情况。我国民生科技概念进入人们视野是2007年的事情，民生科技首次进入《国家"十二五"科学和技术规划》并确定该时期我国民生科技发展的重点领域为人口健康科技、公共安全科技、生态环境科技、绿色城镇关键技术创新等。因此，研究民生科技本身的历史语境是从2007年开始的。人口健康、公共安全、生态环境、防灾减灾等民生科技的发展历程远远长于民生科技。由于民生科技主要来源于解决民生问题，特别是新中国成立以来，民生问题的解决，因此，人口健康、公共安全、生态环境、防灾减灾等民生科技发展的历史语境是从新中国成立后进入人们视野开始的。

哪些指标能够反映民生科技历史语境水平？由于历史语境为民生科技发展提供实践和科学基底，所以，民生问题解决程度和民生科技水平成为最主要的衡量指标。民生问题解决程度越低，越需要发展民生科技；民生科技水平越低，民生科技发展的空间越大。民生问题解决程度与民生科技发展水平呈正相关关系。

---

① 魏屹东：《语境论与马克思主义哲学》，《理论探索》2012年第5期，第10页。

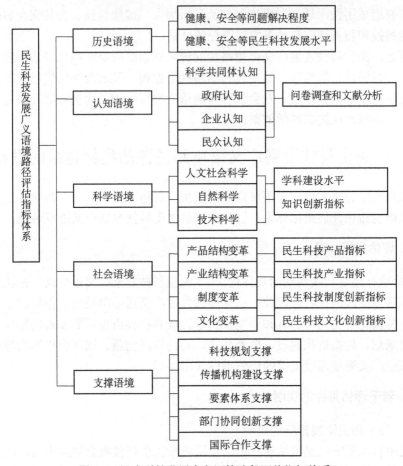

图 4-1　民生科技发展广义语境路径评估指标体系

　　人口健康、公共安全、生态环境、防灾减灾问题解决程度来源于政府公开发布的相关信息。民生科技发展指标主要包括民生科技及其所属人口健康科技、公共安全科技、生态环境科技和防灾减灾科技投入与产出情况。

　　2）关于认知语境指标的说明

　　认知语境是不同群体在精神层次与民生科技相互作用的过程。民生科技发展认知主体包括科学共同体、政府、企业和民众，科学共同体承担民生科技发展领域及自主创新等方面的认知；政府承担对民生科技进行科技规划、传播机构建设、组织创新、要素体系建设等方面的认知；企业承担民生科技研发与转化的认知；民众认知对提高民生科技转化度提供群众基础。科学共同体、政府、企业和民众对民生科技的认知度可以通过问卷调查法和文献分析法进行研究。问卷应包括不同群体对民生科技发展领域、发展水平、需求等认知水平的调查。文献来源于不同群体发表的论文、规划、综述等内容。

3）关于科学语境指标的说明

民生科技发展涉及人文社会科学、自然科学和技术科学。一门科学的发展水平主要是由学科建设和知识创新水平决定的，前者反映民生科技发展的广度，后者反映民生科技发展的深度。学科建设水平是民生科技在科学语境发展的重要衡量指标，反映了民生科技人文社会科学、自然科学和技术整体发展的水平。知识创新指标主要反映民生科技的创新水平，我们可以用发明专利数及科学引文索引（SCI）、工程索引（EI）、科技会议录索引（ISTP）系统收录我国民生科技论文数等作为衡量民生科技知识创新的重要指标。这些指标我们可以通过民生科技与其他科技横向比较和自身纵向比较来分析其水平。

4）关于社会语境指标的说明

20 世纪初一些发达国家科技进步对经济增长贡献率只占 5%~10%，而在 20 世纪末已达到 60%~80%。科技进步成为经济社会发展的主要驱动力，促进产品结构和产业结构等不断变革，二者反映民生科技对社会硬体系的变革程度。产品结构指社会产品各个组成部分所占的比重和相互关系的总和。民生科技产品结构分析民生科技产品的种类、所占比重等。产业结构指各产业的构成及各产业之间的联系和比例关系。民生科技产业结构主要分析民生科技产业的构成及比例关系。民生科技在促进产品结构和产业结构变革的过程中，也影响制度和文化，因而它们的权重比产品和产业结构权重低。制度和文化的发展进一步促进民生科技的发展。由于民生科技处于主导位置，是主体，制度和文化服从于民生科技，因此，应将制度和文化变革放入社会语境进行分析。"人们通常在三种意义上使用'制度'这个概念。第一种是在'社会制度'意义上使用，它具有其独特的经济基础和上层建筑。第二种是在'社会体制'意义上使用，如经济体制、科技体制、政治体制等。第三种是在'管理制度'意义上使用。社会制度是基础，社会体制是主体，管理制度是表现形态。"① 广义的文化包括物质文化和精神文化。1871 年，英国文化学家泰勒在《原始文化》一书中提出了狭义文化的早期经典学说，即文化是包括知识、信仰、艺术、道德、法律、习俗和任何人作为一名社会成员而获得的能力和习惯在内的复杂整体。制度变革和文化变革主要分析民生科技发展中促进社会制度、社会体制、管理制度及精神文化等方面的变革的，反映民生科技对社会软环境的变革程度。所以，民生科技对社会语境的变革是由对社会产品、产业硬体系的变革和对制度文化等软环境的变革构成的，体现了民生科技对社会语境变革的全面性和系统性。民生科技对产品和产业的变革我们可以根据统计年鉴和相关统计资料来评价；民生科技对制度和文化的变革可以通过相关方面的创新程度来评价。

---

① 吕乃基：《科技革命与中国社会转型》，北京：中国社会科学出版社 2004 年版，第 26 页。

5）关于支撑语境指标的说明

大科学时代，民生科技发展需要科技规划、传播机构建设、要素体系、部门协同创新、国际合作等方面支撑。新中国成立以来，我国政府先后制定了《1963—1972 年科学技术规划纲要》《1978—1985 年全国科学技术发展规划纲要》等十个中长期科技规划，科技规划已成为民生科技发展的重要支撑，我们需要对科技规划的支撑作用进行系统分析。民生科技传播机构对提高不同群体认知水平具有重要的支撑作用，主要对涉及民生科技专业杂志、网站、协会等支撑作用进行分析。要素体系主要对民生科技人才、经费等支撑作用进行分析。部门协同创新为民生科技实现"政产学研用"一体化，解决健康、安全、环保等民生问题，实现不同部门信息资源共享，不同语境等协同提供支撑。国际合作主要分析民生科技发展领域、经费、人员等方面的国际合作情况。衡量支撑语境的指标值来源于不同方面文献、落实程度、创新的水平等。

3. 评估指标等级和权重的设计方法

对于每个语境的一级指标来讲，我们首先在定性和定量的分析基础上，将每个语境一级指标发展情况分为高、较高、一般、差和无五个等级，并分别赋予 1、0.75、0.50、0.25、0 不同值来衡量。这样，将绝对指标转换为相对指标以评估民生科技发展广义语境路径畅通程度。

在指标体系中，不同语境及其构成要素的重要性是不同的。因此，我们不仅应反映民生科技在不同语境的发展水平，还应反映其所占的权重。各指标对目标的重要程度是不同的，确定指标权重可以使评估工作实现主次有别。"确定权重的方法很多，常用的有德尔菲法、两两比较法、层次分析法、主成分分析法、组合权重法等。"[①] 用不同方法确定的指标权重可能会有一定的差异，这是由不同方法的出发点不同造成的。由于民生科技发展广义语境路径各种因素具有层次关系，并形成有序层。我们采用组合权重法，将不同方法确定的权重，通过一定的统计方法进行综合得到指标的权重。

根据民生科技发展广义语境路径并征求有关专家和决策者的意见基础上确定民生科技在不同语境发展路径的权重。历史语境作为基础性因素，权重比较低，设为 0.1；民生问题解决程度与民生科技水平呈正相关，二者的重要性相当，均被赋予 0.05 的权数。

认知语境为民生科技发展提供可能空间，所占权重比较高，设为 0.2；科学共同体认知、政府认知、企业认知和民众认知在民生科技实现政产学研用一体化过程中分别承担研发、支撑、转化和应用等不同的职能，任何环节的缺失都会影

---

① 徐耀玲，唐五湘，吴秉坚：《科技评估指标体系设计的原则及其应用研究》，《中国软科学》2000 年第 2 期，第 48-51 页。

响民生科技的发展。因此，不同群体的认知被赋予相等的权重，均为 0.05。

民生科技作为科学技术发展的重要领域，科学语境所占权重设为 0.2；学科建设和知识创新分别从广度和深度反映民生科技创新水平，因而二者的重要程度是相当的，均被赋予 0.1 的权数。

民生科技主要用于解决民生问题，社会语境所占权重最高设为 0.3；民生科技产品结构和产业结构反映民生科技对社会语境硬体系的变革，因而被赋予比较高的权重，均设为 0.1。民生科技对制度、文化的影响属于对软环境的变革，比较间接，因而被赋予比较低的权重，均为 0.05。

大科学时代，民生科技发展成为社会的事业，需要科技规划、传播机构建设、要素体系、部门协同创新及国际合作等支撑，支撑语境所占权重比较高，设为 0.2；每个支撑语境所承担的责任是不同的，对促进民生科技发展的重要性相当，均被赋予 0.04 的权数（表 4-2）。

这样一来，民生科技发展广义语境路径程度是发展等级和权重的统一。设民生科技发展广义语境路径为 Y，一级指标评估等级为 M_i，权重为 N_i，则 $Y = \sum_{i=1}^{17} M_i N_i$，$0 \leqslant Y \leqslant 1$。民生科技发展广义语境路径评估指标值越高，说明民生科技发展广义语境路径越畅通，指标值越低说明民生科技发展广义语境路径障碍越多。

表 4-2　民生科技发展广义语境路径评估主要指标的参考权重

评估方面	一级指标	参考权重	1
历史语境	民生问题解决程度	0.05	0.1
	民生科技水平	0.05	
认知语境	科学共同体认知	0.05	0.2
	政府认知	0.05	
	企业认知	0.05	
	民众认知	0.05	
科学语境	民生科技学科建设水平	0.1	0.2
	民生科技知识创新水平	0.1	
社会语境	民生科技产品结构	0.1	0.3
	民生科技产业结构	0.1	
	制度变革	0.05	
	文化变革	0.05	
支撑语境	科技规划	0.04	0.2
	传播机构建设	0.04	
	要素体系	0.04	
	部门协同创新	0.04	
	国际合作	0.04	

第二节　民生科技发展广义语境路径评估
指标体系的特征

通过以上分析可以看出，民生科技发展广义语境路径的评估体系既反映了民生科技作为科学技术评估的共性特征，又凸显其本身的个性特征。

一、共 性 特 征

民生科技发展广义语境路径评估反映了科技评估过程中事前、事中、事后评估相统一的特征，定量与定性、绝对指标和相对指标等相结合的特征，反映科技评估所具有的共性特征。

1. 事前、事中与事后评估的统一

"我国已开展的评估只分布于某几个'点'，还没有形成'面'，评估的层次不合理……在部分开展的是事前评估，而缺乏事中、跟踪评估和事后评估机制。"[①] 从事前评估看，历史语境指标对民生科技发展广义语境路径进行事前评估。从事中评估看，该指标体系反映民生科技在认知、科学、社会、支撑等语境动态发展过程，为调整或修正目标提供客观依据。从事后评估看，该指标体系反映了民生科技发展广义语境路径在不同语境的发展水平、效果和影响。可以说，该指标体系实现了科技评估事前、事中、事后评估的统一，具有重要的创新价值。

2. 定量与定性评估的统一

从定量指标看，该指标体系基本反映民生科技在历史、认知、科学、社会与支撑等语境客观发展的水平；从定性指标看，为了抓住主要问题，坚持简单性原则，防止民生科技发展广义语境路径评估指标体系成为数据的堆积，所以对指标的等级和权重的确定采用定性分析。但是，为了减少定性分析的随意性，使用量化指标体系，使定性分析建立在定量分析基础上。例如，社会语境权重最高，这是由民生科技解决民生问题决定的。民生科技不一定科技创新水平高，但是一定要能够解决目前我国的民生问题。

3. 绝对指标与相对指标的统一

绝对指标是反映社会经济现象总体规模或水平的一种综合指标，是计算相对

---

① 欧阳进良，张俊清，李有平：《我国科技评估与评价实现的分析与探讨》，《中国科技论坛》2010 年第 5 期，第 15-19 页。

指标的基础。我们通过采用绝对指标反映民生科技在不同语境的总体发展水平，通过等级、权重等相对指标对民生科技在不同语境发展水平进行比较分析，发现问题，提出对策。

二、个 性 特 征

民生科技作为解决民生问题的科学技术，它发展的广义语境路径决定了对其评估体系构建的个性特征。

1. 多语境性

传统意义上科技评估只是侧重科技活动的某一方面。民生科技发展广义语境路径的评估体系反映了民生科技在历史、认知、科学、社会、支撑等多语境发展过程中的指标权重，凸显了民生科技发展的社会性权重，反映了民生科技发展广义语境路径的复杂性。

2. 层次性

民生科技发展广义语境路径评估体系的层次性表现在两个方面。一方面，从指标设计看，不仅包括历史、认知、科学、社会、支撑等语境总指标，而且包括其所属语境因素的一级指标，反映了民生科技发展广义语境路径的多层次性。另一方面，从指标设计标准看，具有多层次性。2002 年，国家科技评估中心颁布的评估准则包括政策标准、目标标准、绩效标准、效率标准、影响标准、创新标准、生产力标准和公平性标准等。国家评估标准应紧紧抓住科学技术发展的科学性、生产力因素和绩效及政策支撑等。民生科技发展广义语境路径评估标准不仅具有我国科技评估普遍性标准，而且凸显民生科技发展的历史性、认知性等评估标准，反映了民生科技发展的继承性和作为科技活动的认知性特征，原因在于民生科技发展的语境路径没有发生变化，语境因素没有发生变化。

3. 普遍适用性

民生科技评估体系紧紧抓住民生科技解决民生问题的现实需求，从健康、安全、环保等民生问题出发，对评估民生科技及其所属人口健康科技、公共安全科技、生态环境科技、防灾减灾科技等具有普遍适用性。随着民生问题的不断发展，民生科技发展内容也会处于动态发展之中，但是，民生科技评估体系对新的民生科技发展依然具有适用性。

4. 科学与社会评估的统一性

目前，我国"评估内容多集中在科研的直接产出和对不同科研活动采取同一种评价尺度上"[①]，并不重视科技对社会影响的评估。民生科技作为科学技术发展的重要领域之一，具有当代科学技术发展的特征；作为解决民生问题的重要支撑，关键在于解决社会领域的民生问题。评估指标体系应反映民生科技发展广义语境路径的科学性与社会性相统一的特征。从指标体系看，该指标体系实现了二者的统一。科学语境评估指标体系反映了民生科技在科学层次取得的发展；社会语境反映了民生科技对产品、产业等方面的变革，以解决民生问题。

5. 应然指标和实然指标的统一性

什么是应然与实然？顾名思义，应然是指在可能的条件下事物应该达到的状态，或者说基于事物自身的性质和规律所应达到的状态。实然就是事物存在的实际状况。一般来说，作为事物的现实表现样态之实然，总是与应然之间存在着某种程度的脱节或背离。应然指标指对事物在可能条件下应该达到状态的衡量，实然指标是对事物实际状况的衡量。民生科技作为解决民生问题的科学技术，对它的衡量首先应反映其应然性，体现其科学性特征，没有应然指标，民生科技发展就会走向实用主义，背离科学精神。当然，应然指标必须在现实中能够反映，而不是空洞的。民生科技发展广义语境路径的评估体系既包括历史、认知、科学、社会、支撑等逻辑的、历史的、客观的应然维度，同时将反映民生科技发展的实然指标应用于不同语境，实现了民生科技发展广义语境路径评估的应然指标与实然指标的统一。

6. 横向指标与纵向指标的统一性

民生科技发展广义语境路径既存在纵向上从历史语境向认知语境、科学语境和社会语境的转化，又存在科技规划、部门协同创新、科技传播、要素体系和国际合作等横向支撑。现实中，纵向转化也不是绝对的，也存在横向并存的特征，横向支撑也经过了历史发展过程，具有纵向特征。因此，对民生科技发展广义语境路径进行评估时必须实现其发展横向指标与纵向指标的逻辑统一，横向指标中包括对其纵向发展水平的分析，纵向指标中包括对其横向发展水平的分析，客观反映民生科技横向与纵向交叉融合的网络状发展特征。

因此，民生科技发展广义语境路径评估体系建设反映了民生科技作为科技发展领域和解决民生问题的共性和个性特征，具有比较好的应用前景。

---

① 李新功：《借鉴国外科技评估经验完善我国科技评估体系》，《科技进步与对策》2007 年第 10 期，第 137 页。

第三节　民生科技发展广义语境路径评估体系的意义

民生科技发展广义语境路径的评估体系不仅对促进民生科技发展具有重要的理论和实践价值，而且对我国科技评估事业发展，推动科技发展路径的整体性评估具有重要意义。

一、为分析我国民生科技发展广义语境路径水平提供了参考依据

目前，我国一些学者认为民生科技发展广义语境路径是政府主导，企业、科研院所、全民参与。另一些学者认为民生科技发展的路径应体现基础科学、威望科技与民生科技的关系，重视科技创新、反映民意。还有一些学者将民生科技发展广义语境路径概括为内源型、外向型和产业升级型。而对民生科技发展广义语境路径的评估多处于定性分析阶段，对发展路径定量评估几乎空白，并没有从理论上研究民生科技发展广义语境路径及其评估体系，这不利于从深层次把握民生科技发展广义语境路径的水平。而民生科技发展广义语境路径评估体系为定量研究民生科技发展水平提供了参考依据。我们不仅应研究民生科技发展广义语境路径，而且需要评估民生科技发展广义语境路径的水平。我们利用该评估体系，不仅可以分析民生科技发展广义语境路径水平，而且可以分析民生科技所属人口健康科技、公共安全科技、生态环境科技和防灾减灾科技等路径发展水平，为促进我国民生科技发展提供决策和管理服务。

二、为实现科技活动整体性评估提供了实践基础

传统意义上，我们的科技评估工作根据不同评估目标，由不同机构对科技活动不同阶段、不同内容进行评估。例如，对科技计划、科技政策、科技成果、科技机构、科技园区等分别进行评估。一方面，传统意义整体的科技活动由不同评估主体对其发展某一部分进行评估，这些评估工作只能反映科技活动某一个发展阶段或某一个支撑的功能或效果，不能从整体分析科技活动，因而不容易掌握某项科技活动发展过程中的"长板"与"短板"。另一方面，对于评估客体来讲，如科研单位涉及基础研究、产品开发等科技活动，它可能在每年或几年发展阶段中会接受来自不同评估主体的评估，难免造成多头评估、不同评估标准的重复与交叉，不仅造成评估成本的提升，而且给评估客体带来很多重复性工作。再者，由于不是从科技活动整体出发，虽然评估活动很多，难免出现对一些基础性和比较

重要但比较难评估内容的忽视，如认知语境评估很容易被忽视。科技活动首先是一场认知革命，没有认知革命，就不会有其产生的社会革命。目前，科技评估的多指标综合评估法主要是在评估目标已确定的条件下，根据评估对象的本质属性选择一些评估指标，用线性加权求和评分法计算指标值或综合评估值，但是，缺乏指标的系统性和独立性，容易产生评估对象的互斥性。

民生科技发展广义语境路径评估体系从民生科技活动的整体性出发，包括对民生科技发展历史语境、认知语境、科学语境、社会语境和支撑语境的评估，从整体上把握民生科技发展的"长板"和"短板"。从评估客体看，有利于实现科技评估点、线、体的统一。从评估主体看，有助于实现科技评估主体的整合，实现不同评估主体评估内容的连续性和整合性，为实现科技活动整体评估提供了实践基础。

三、有助于推动我国建立综合评估体系

科技评估要采用不同的评估模式体现不同科技活动的基础性研究、应用性研究和开发性研究等特征。但是，在现实科技活动中，某项科技活动可能同时具有基础性、应用性、开发性等特征，我们应根据科技活动具体情况给予不同的权数。

从历史语境看，任何科技活动都离不开本科学或技术发展的历史水平，包括科技水平、科技规划情况、政策支撑力度等。对于民生科技来讲，最重要的是要关注历史语境中民生问题的发展历程。所以，评估体系需要对历史语境中相关指标进行评估。

从认知语境看，大科学时代，科技活动从科学共同体扩展为包括政府、企业和民众等在内的多主体。每个主体的认知情况在科技活动中处于不同的位置。民生科技发展广义语境路径的评估体系包括了不同主体在认知语境中的综合评估指标。

从科学语境看，民生科技发展广义语境路径涉及自然科学、技术、人文社会科学等基础科学的创新，同时涉及民生科技的应用与转化。因此，民生科技发展广义语境路径评估体系应具有反映基础研究、应用研究和开发研究的相关指标。其实，很多科技活动都是三者的统一，我们有必要建立相应的评估指标，并实现它们的综合分析。

从社会语境看，民生科技发展关键在于解决民生问题，我们需要通过分析民生科技产品、产业、制度和文化等多方面综合指标来分析民生科技对社会语境的变革力，为实现科技成果转化提供多层次衡量指标体系。

从支撑语境看，民生科技发展是科技规划、部门协同创新、国际合作等方面协同发展的过程。因此，支撑语境指标体系包括多个方面和多个层次的综合指标体系，这为我国科技规划、科技政策、科技机构和科技人员实现综合评估提供了一条实践路径。总之，民生科技发展广义语境路径评估体系的综合性为推动我国建立综合性的评估指标体系具有实践指导意义。

四、有助于推动我国科技评估方法的创新

传统意义上评估方法都是依据一定的评估任务，多采用多指标评估法、指标权重法、定性分析法等。指标权重可以使评估工作实现主次有别。确定权重的方法很多，常用的有德尔菲法、两两比较法、层次分析法、主成分分析法、组合权重法等，但很少从哲学层次对科技评估进行分析。

民生科技发展广义语境路径评估体系是建立在语境分析基础上，对民生科技发展广义语境路径的分析，同时采用建模、组合权重等研究方法确定民生科技发展广义语境路径的评估体系。这在目前科技评估研究方法中具有一定的创新性，同时为推动我国科技评估方法采用哲学、管理学和社会学等学科方法提供了理论和实践依据。

总之，构建民生科技发展广义语境路径的评估体系，具有一定的学术价值，为我国科技评估提供了新的范式；民生科技发展广义语境路径评估体系在实践上可以作为评估民生科技发展路径的依据，为进一步促进民生科技发展提供决策依据。

第二篇 实 证 篇

第五章　人口健康科技发展的广义语境路径

《国家中长期科学和技术发展规划纲要（2006—2020年）》中指出，重点领域包括能源、环境、农业、交通运输业、人口与健康、城镇化与城市发展和公共安全等与民众生产、生活紧密相关的衣、食、住、健康、环保和安全等民生问题紧密相关的领域；《关于印发关于加快发展民生科技意见的通知》中指出，公众健康、公共安全、生态环境改善、防灾减灾等重大民生需求将日益紧迫，加快发展民生科技已成为"十二五"科技工作的重中之重。"十二五"期间，加快发展民生科技的工作重点：一是提高健康水平；二是促进公共安全；三是提升环境质量；四是提高防灾减灾能力。《国家"十二五"科学和技术发展规划》中指出，大力加强民生科技成为推进重点领域核心关键技术突破的重要领域之一，重点加快人口健康科技发展，提升全民健康保障能力；加强公共安全科技发展，提高公共安全和防灾减灾能力；强化绿色城镇关键技术创新，促进城市和城镇化可持续发展。结合以上内容，可以说，"十二五"期间，我国发展的民生科技主要包括人口健康科技、公共安全科技、生态环境科技、防灾减灾科技等。为了更好地促进我国民生科技的发展，我们需要应用民生科技发展广义语境路径的模型、评估体系对我国民生科技及其所属的人口健康科技、公共安全科技、生态环境科技和防灾减灾科技的发展水平进行评估，为科学决策提供依据。对山西省民生科技发展广义语境路径的评估，对提高区域民生科技发展路径的提升具有重要的范式效应。

自新中国成立以来，人口健康问题一直是我国政府关注的重要领域。随着时代的发展，不同时期人口健康问题是不同的，人口健康科技作为解决人口健康问题的科技支撑，也处于动态发展过程。《国家"十二五"科学和技术规划》将人口健康科技作为民生科技发展的重要领域之一，人口健康科技发展的路径体现为广义语境路径。

第一节　新中国成立以来我国应对人口健康问题的路径及其特征

人口健康问题与民众的生存、发展紧密相关。新中国成立以来，为解决人口健康问题，我国采取了多种手段和方法，包括制度、管理、科技、文化等方面的创新，体现了解决人口健康问题的复杂性、时代性、集成性和人本性等特征。

一、新中国成立以来我国应对人口健康问题的路径

新中国成立以来，为解决人口健康问题，我国进行了制度、管理、科技、文化等方面的创新，以提高民众的健康水平。

1. 重视人口健康问题的历史研究是应对人口健康问题的基础

从中国知网统计数据看，截至 2012 年年底，与人口健康问题相关的论文数是 12 410 篇。从研究时间看，1950 年第一篇研究人口健康问题的论文发表在《人民教育》杂志上。其后，人口健康问题越来越受到不同群体的关注，原因在于它与每个人的生存与发展紧密相关。对人口健康问题的研究体现为以下几个特征：一是研究人口健康问题的群体特征，主要对大学生、小学生、企业、农村人口、流动儿童、中老年人、公务员等不同群体的人口健康问题进行研究。二是研究人口健康问题的区域性特征，分析山区、城市、煤炭开发区等具有区域特征的人口健康问题。三是研究人口健康问题元理论，如研究的意义、对策、社会学分析等，从总体把握人口健康问题的共性特征。四是研究不同年龄阶段的人口健康问题，如儿童、青少年、大学生、中年、老年等人口健康问题的表征。五是研究身体和心理的人口健康问题，随着网络化、工作压力的不断增强，心理健康问题越来越受到关注。总之，人口健康问题研究是使人类社会不断进步、永恒的研究主题。人口健康问题全面系统分析为人口健康科技发展提供了发展的方向。

2. 健康知识传播是应对人口健康问题的重要途径

《全民科学素质行动计划纲要（2006—2010—2020 年）》指出，重点宣传普及节约资源、保护生态、改善环境、安全生产、应急避险、健康生活、合理消费、循环经济等观念和知识，倡导建立资源节约型、环境友好型社会，形成科学、文明、健康的生活方式和工作方式。人口健康问题也是一个科学问题。健康知识传播对促进全民健康，提高全民健康认知具有重要的作用。"15 岁以上居民相关保健知识获得的最主要渠道是医生、电视、书报和广播，而通过电视途径成为广大居民获取健康知识的最主要形式，远远高于其他途径。"[①②] "差异最大的是通过书报获得健康知识渠道，城市和农村居民通过书报获得健康知识渠道比例分别为 53.8% 和 18.3%，城市接近农村的 3 倍；通过医生获得健康知识渠道的城市比农村也高出近 10 个百分点；通过电视获得健康知识渠道的比例城市比农村也高出近 7 个百分点；通过家人和亲友获得健康知识渠道的比例，城市比农村高出 10 个百分点以上。"这充分说明健康知识传播在提高城市和农村健康知识水平方面具有重

---

① ② 彭现美等：《我国人口健康知识传播渠道与效果分析》，《人口与发展》2011 年第 3 期，第 91-97 页。

要作用。由于知识背景的差距，农村民众倾向于电视传播，城市民众重视电视、报纸等多种途径的传播。随着网络的发展，健康知识网络化也成为一种传播健康知识的新途径。我们需要通过电视、广播、报纸、健康知识竞赛等多种形式的传播提高民众健康知识水平。

3. 科技创新是我国应对人口健康问题的科技支撑

狭义的科学技术，主要指自然科学和技术。从狭义的科学技术层次看，新中国成立以来人口健康科技已成为我国科技规划的主要内容之一。1956 年第一个五年计划中就包括人口健康科技，主要是发展医药卫生；从"一五"到"七五"，我国人口健康科技发展主要侧重医药卫生；"八五"和"九五"期间主要侧重人口控制技术；"十五"以来，人口健康科技成为我国民生发展的主体科技之一。所以，从科技支撑看，人口健康科技从新中国成立初期的末端治疗逐步走向预防为主和治疗技术相结合的发展特征，为解决民众人口健康问题提供了科技保障。

4. 加大医疗健康投入是我国应对人口健康问题的实体性依托

新中国成立以来，我国医疗健康无论国家还是民众投入都呈逐步增加趋势。以农村为例，"农村居民个人的卫生保健投入与来自政府的卫生保健投入对当前农村居民的健康产出的效果是不同的。自 20 世纪 90 年代以来，随着中国医疗体制改革中的过度市场化，广大农村居民的个人卫生保健支出的快速上升，导致他们的个人生活质量趋于下降，这在一定程度上加速了农村居民的死亡率"[①]。从 2008 年开始，新型农村合作医疗中来自政府的财政补贴人均约 80 元。据调查，当前中国新农合的住院医药费用平均补偿率只有 25.7%。而世界卫生组织在卫生筹资策略分析中认为，如果个人卫生支出占卫生总费用比重超过 50%，大部分穷人由于社会安全网的缺失，面对高额的医疗费用将导致负担过重。为此，政府应进一步加大对农村居民卫生保健费用的投入力度，尽可能降低个人的医药费用自付比例，达到改善农村人口健康生产绩效的目的。对于城镇有医疗保险的民众来讲，个人支付的医疗费远低于农村。虽然我国一直在加大医疗健康投入，但是由于优质医院的稀缺性与分布的不公平性，使我国应对人口健康问题的优质医疗机构建设需要进一步加大投入。

5. 保健产品和养生是我国应对人口健康问题的预防性措施

随着民众对人口健康问题的日益重视，人们更提倡防病于未然，即以养生保健为主，以保健品预防疾病，延年益寿、强身健体，以致疾病发生时将保健品和

---

①　代志明：《中国农村健康投入的有效性》，《理论与实证》2008 年第 5 期，第 93-99 页。

养生作为调养、辅助、病后康复的手段。随着民众生活水平的不断提高，人们对"食"的观念已有很大改变，吃是为了健康，人们讲究吃得科学，对食品提出了"营养、保健、卫生、安全"的要求。保健品成为 21 世纪食品发展的主流，即保健食品不仅需要经过人体及动物实验证明该产品具有某项生理调节功能，还需查明具有该项保健功能的功能因子的结构、含量及其作用机理以及在食品中应有的稳定形态。故保健品是人体养生的重要组成部分。目前，保健品和养生方式非常多，消费人群多是亚健康人群、康复人群和成年妇女以及营养不均衡的儿童。虽然保健品对不同的人群和不同体质的人来说有一定的效果，但是，保健品并不等同于药品。药品主要目的是以治疗为主，而保健品则旨在养生保健品能根据自身所具有的功效，对人体的生理系统、免疫能力起到一定的改善和调节作用。

6. 体检是我国应对人口健康问题的重要手段

体检就是指为了身体的健康而专门对一些常见性的疾病进行检查。定期健康体检是预防疾病，早期发现疾病、亚健康的重要手段，对疾病能做到早期诊断。目前，我国体检主要包括团队体检、个人体检、入职体检、入伍体检等。2000 年以来，我国体检机构以 20% 的速度增长，截至 2011 年 10 月已发展到 8000 多家。同时，体检人数增长，体检范围扩大，服务项目也在扩展。目前，城市国有企业、事业和公务员基本上实现了每年一次的定期体检。近几年，农村也在推行定期体检，这也是我们应对人口健康问题的重要措施。体检已成为一项产业在不断壮大发展。

7. 健康产业是我国应对人口健康问题的实体性支撑

健康产业是一种有巨大市场潜力的新兴产业。目前，健康产业涉及医药产品、保健用品、营养食品、医疗器械、保健器具、休闲健身、健康管理、健康咨询等多个与人类健康紧密相关的生产和服务领域，并在新形势下对"中国式健康产业体系"进行了重新架构。中国健康产业目前由六大基本产业群体构成：第一，以医疗服务、药品、器械以及其他耗材产销、应用为主体的医疗产业。第二，以健康理疗、康复调理、生殖护理、美容化妆为主体的非（跨）医疗产业。第三，以保健食品、功能性饮品、健康用品产销为主体的传统保健品产业。第四，以个性化健康检测评估、咨询顾问、体育休闲、中介服务、保障促进和养生文化机构等为主体的健康管理产业。第五，以消杀产品、环保防疫、健康家居、有机农业为主体的新型健康产业。第六，以医药健康产品终端化为核心驱动而崛起的中转流通、以专业物流配送为主体的新型健康产业。健康越来越受到国人的关注和重视，健康产业也极具投资潜力，如今它已成为我国经济产业中的"朝阳产业"。

在发达国家，健康产业已经成为带动整个国民经济增长的强大动力，健康行业增加值占 GDP 比重超过 15%，而在我国健康产业仅占中国国民生产总值（GNP）的 4%~5%，低于许多发展中国家。据相关统计资料，目前我国共有药品生产企业 6000 多家，每年 1500 多亿元的消费市场；保健品生产企业 3000 多家，每年超过 500 亿元的消费市场。2010 年，中国保健品年销售额达 1200 亿元人民币。

二、我国应对人口健康问题路径的特征

人口健康问题事关每个人的生存与发展，我国应对人口健康问题体现为以下几个方面的特征。

1. 科学性

科学性是指概念、原理、定义和论证等内容的叙述是否清楚确切，历史事实、任务，以及图表、数据、公式、符号、单位、专业术语和参考文献写得是否准确，或者前后是否一致等。人口健康问题的解决应遵循科学原理。目前，我国医疗卫生和人口健康科技的发展，都是在遵循中医、西医科学性基础上建立的，正是科学性原则指导着我国健康事业的不断发展。

2. 实践性

人口健康问题的解决路径关键看在实践中是否能改善不同群体的健康状态，如保健品、养生、疾病治疗、体检等必须回到实践中检验成效。因此，实践性是解决人口健康问题的重要特征。我国中医更能反映解决人口健康问题的实践性特征，针对不同个体，它们的药方是不同的，是因人而异的，正是中医所坚持的实践性，使它生生不息，成为解决目前我国人口健康问题的重要途径。

3. 时代性

从解决路径看，人口健康问题解决的时代性特征表现为：其一，人口健康问题从末端治疗逐步向预防为主转变，保健产业的发展说明了这一点。其二，健康文化成为民众生活必需的知识之一，目前健康讲座的火热说明了这一点。其三，对养生的重视也是当今民众消费的重要内容之一。这说明随着民众生活质量的不断提升，预防、健康文化、养生等成为解决人口健康问题的时代特征。

4. 广泛参与性

由于人口健康问题与每个人的生存和生活紧密相关，所以解决人口健康问题是全民的事情。政府主要从公共支出加大对人口健康问题的解决力度。企业主要从关注员工的健康出发，加大对员工体检和工作环境健康状况的改善。每个人从

个体健康出发，关注健康饮食、健康生活方式、健康养生等。医疗机构关注儿童、青少年、中年、老年等不同群体的健康状况。所以，正是全民的广泛参与，使健康成为我国建设小康社会的重要维度之一。

5. 集成性

人口健康问题解决的过程是一个系统从一个状态向另一个状态不断演化的过程，是预防、治疗、保健等相协同的过程。所以，解决人口健康问题是历史研究、健康知识传播、投入、体检、保健产业等集成发展的过程，我们应重视和发挥好不同路径在人口健康问题解决中的角色，实现不同路径的系统集成。

总之，人口健康问题解决是历史研究、健康知识传播、投入、体检、保健产业等方面不断创新的过程。其中，人口健康科技是解决人口健康问题的科技支撑，不仅对人口健康科技本身具有重要的变革力，而且对保健和医疗产品、产业、制度、文化等发展具有重要的变革力，它的发展路径水平在一定程度上反映了我国应对人口健康问题的科技水平。

第二节　人口健康科技发展广义语境路径的模型

人口健康直接影响到一个国家的经济发展和社会进步，并且是构建和谐社会的重要基础。一方面我国人口健康领域正面临着重大的挑战，另一方面科学技术的迅速发展为其提供了重要的支撑。世界卫生组织关于健康的定义：健康乃是一种在身体上、精神上的完满状态，以及良好的适应力，而不仅仅是没有疾病和衰弱的状态。这就是人们所指的身心健康，即一个人在躯体健康、心理健康、社会适应良好和道德健康四方面都健全，才是完全健康的人。健康是人类生存发展的要素，它属于个人和社会。以往人们普遍认为健康就是没有病，有病就不是健康。随着科学的发展和时代的变迁，现代健康观告诉我们，健康已不再仅仅是指四肢健全、无病，除身体本身健康外，还需要精神上有一个完好的状态。人的精神、心理状态和行为对自己和他人甚至对社会都有影响，更深层次的健康观还应包括人的心理、行为的正常和社会道德规范，以及环境因素的完美。可以说，健康的含义是多元的、相当广泛的，健康是人类永恒的主题。对于一个国家或某一地区的群体健康水平的评价标准主要是看四项指标：平均寿命、患病率、就诊率及死亡率等综合情况。个体健康的评价标准，主要是看个人各主要系统、器官功能是否正常、有无疾病、体质状况和体力水平等。

中国科学院人口健康领域战略研究组通过对我国人口健康领域的科技发展趋势和需求分析，提出了我国人口健康领域 2010~2050 年的科技战略发展路线图，其科技愿景是建立一个让中国人民生活得更健康的普惠健康保障体系。这个科技战略发展路线图主要由八个部分组成：①生物医学创新体系；②人口控制与生殖健康；③营养、食品安全与健康；④慢性病防治与健康管理；⑤传染性疾病防治；⑥认知神经科学与心理精神健康；⑦创新药物与生物医学工程；⑧再生医学。每个部分都包括了特定的发展目标、战略任务和关键技术。

从我国科技规划看，人口健康科技主要侧重自然科学和技术应用层次的发展。从实践看，人口健康科技发展离不开相关历史问题的研究、不同群体的认知水平、人文社会科学的发展、人口健康科技产品和产业等发展及科技规划、部门协同创新、传播机构建设、要素体系和国际合作等方面的支撑。

一、我国人口健康科技发展路径的语境性

新中国成立以来，从历史语境和认知语境看，我国人口健康科技发展经过了从技术到科学技术和产业的发展过程。《1956—1967 年科学技术发展远景规划》中，人口健康科技主要发展医药卫生；重点解决危害人民的寄生虫病、传染病、地方病、心脏血管病、消化、内分泌、恶性肿瘤等；通过医疗预防、抗生素等药物、中医、职业病防治、保健事业（环境卫生、人民营养、体育活动）等措施解决民众的健康问题。在 57 项重点任务中重点发展 12 项，其中 11 项是防治和消灭危害我国人民健康最大的几种主要疾病。《1978—1985 年全国科学技术发展规划纲要》中，医药方面包括主要疾病防治技术、药物理论、计划生育药具、中医、医疗器械等。

改革开放到 20 世纪末，我国人口健康科技发展以控制人口技术、医药卫生技术发展为主，体现计划生育和优生优育等政策的贯彻落实。《1986—2000 年科学技术发展规划》指出，应重点研究人口控制技术，并为提高人口素质提供先进的科学技术。"八五"期间，我国着重现有节育技术的改进和新型节育药具的开发，加强优生优育研究，初步建立中央级人口科学统计和人口动态管理计算机信息系统；在医药卫生方面，加强恶性肿瘤、心脑血管疾病、重大传染病、地方病、职业病等的中西医防治研究；加强中医中药和中医临床以及新型药物和新型医疗器械的研究。《全国科技发展"九五"计划和到 2010 年远景目标纲要》在人口控制、新药创制、疾病防治、污染控制、资源开发、防灾减灾等方面，攻克一批关键技术。推动社会发展相关产业的建设，使医药、环保、资源循环与综合利用、住宅、海洋、商业流通和社会服务业达到新的水平。《国民经济和社会发展第十个五年计划科技教育发展专项规划》加快了人口与健康领域相关技术和产业的发展。

21 世纪以来，以预防为主，大力发展人口和人口健康科技。《国家中长期科学和技术发展规划纲要（2006—2020 年）》指出，稳定低生育，提高出生人口素质，有效防治重大疾病，是建设和谐社会的必然要求。而控制人口数量，提高人

口质量和全民健康水平，需要科技提供强有力支撑。

从科学语境看，我国人口健康科技发展是医学、生物学、认知科学、营养学等学科交叉融合的过程。

从支撑语境看，我国人口健康科技的发展与我国实施计划生育政策和法律紧密相关。我国在 20 世纪 70 年代以来全面推行计划生育，1982 年将其定为基本国策，2001 年颁布《中华人民共和国人口与计划生育法》。

总之，我国人口健康科技发展是医学、生物学、认知科学、营养学等学科交叉融合的过程，既发挥传统中医的优势，又融合西医及现代生物学。随着我国人口健康科技从末端治疗走向预防为主，营养学、保健和养生等产业取得不断的发展。人口健康科技的发展不仅离不开自然科学和技术，而且离不开历史语境、认知语境、社会语境和支撑语境。

二、人口健康科技发展广义语境路径的模型

人口健康科技发展广义语境路径既是人口健康科技从历史语境向认知语境、科学语境和社会语境转换的过程，同时也是解决人口健康科技发展风险的过程。从广义语境看，历史语境为人口健康科技发展提供研究基础，人口健康问题为人口健康科技发展提供问题来源，人口健康科技发展水平为人口健康科技发展提供进一步研究的基础。认知语境为人口健康科技发展提供可能空间。随着人口健康问题的不断凸显，科学共同体、政府、企业和民众越来越认识到发展人口健康科技的重要性。科学语境为人口健康科技发展提供学科建设和知识创新与转化等。社会语境为人口健康科技发展提供最终实验场，人口健康科技作为解决人口健康问题的科技支撑，它发展的关键是要回到社会语境解决人口健康问题。支撑语境为人口健康科技发展提供保障。这样一来，人口健康科技发展广义语境路径是它在历史语境、认知语境、科学语境、社会语境和支撑语境等不断转换的过程。

设人口健康科技发展广义语境路径为 Q，主语境路径为 X，支撑语境路径为 Y，那么 $Q=W_0$ (X, Y)。人口健康科技发展广义语境模型表征了人口健康科技在主语境和支撑语境之间交叉融合的过程（图 5-1）。而对于主语境和支撑语境来讲，又具有自己的语境因素和结构。

人口健康科技发展主语境路径为 X，历史语境为 $A=(a_1, a_2, a_3, \cdots, a_n)$，认知语境为 $B=(b_1, b_2, b_3, \cdots, b_n)$，科学语境为 $C=(c_1, c_2, c_3, \cdots, c_n)$，社会语境为 $D=(d_1, d_2, d_3, \cdots, d_n)$，那么 $X=W_1$ (A, B, C, D)，其中 a_1、a_2、a_3 等构成历史语境的相关要素，如人口健康问题、人口健康科技发展水平等；b_1、b_2、b_3 等构成认知语境的相关要素，如科学共同体认知、政府认知、企业认知、民众认知等；c_1、c_2、c_3 等构成科学语境的相关要素，如与人口健康科技相关的自然科学、技术科学和人文社会科学等学科建设和知识创新水平；d_1、d_2、d_3 等构成

社会语境的相关因素，如人口健康科技对要素结构、产品结构和产业结构的变革等。

人口健康科技支撑语境路径为 Y，科技规划为 $E=(e_1, e_2, e_3, \cdots, e_n)$，部门协同创新为 $F=(f_1, f_2, f_3, \cdots, f_n)$，传播机构建设为 $G=(g_1, g_2, g_3, \cdots, g_n)$，要素体系为 $H=(h_1, h_2, h_3, \cdots, h_n)$，国际合作为 $I=(i_1, i_2, i_3, \cdots, i_n)$，评估体系为 $J=(j_1, j_2, j_3, \cdots, j_n)$，那么 $Y=W_2(E, F, G, H, I, J)$，其中 e_1, e_2, e_3 等构成科技规划的相关要素，如国家科技发展规划、科学基金、星火计划、人口健康科技专项计划等；f_1, f_2, f_3 等构成部门协同的要素，如企业、大学、科研院所、政府、创新基地和平台、产业化基地等；g_1, g_2, g_3 等构成传播的相关要素，如人口健康科技杂志、网络、发展协会、产业协会、企业协会、人才协会等；h_1, h_2, h_3 等构成人才、资金、市场等相关因素；i_1, i_2, i_3 等构成国际合作的相关因素，如人口健康科技国际合作组织建设、要素合作和信息共享等。

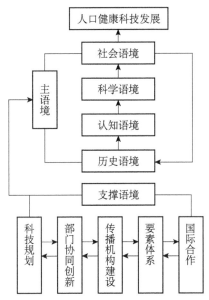

图 5-1 人口健康科技发展广义语境路径的模型图

第三节 人口健康科技发展广义语境路径的实证分析

目前，我国人口健康科技发展广义语境路径是否畅通是需要评估的。我们需要根据人口健康科技发展的路径构建评估体系发现问题，提出解决对策。

一、人口健康科技发展广义语境路径的评估体系

人口健康科技作为民生科技发展的重要领域，它的评估指标体系包括主语境

和支撑语境。主语境由历史语境、认知语境、科学语境和社会语境等组成，支撑语境包括对人口健康科技规划、部门协同创新、传播机构建设、要素体系和国际合作等方面的评估。

1. 评估指标体系

　　"语境行动是实践活动的具体化。"[①]人口健康科技发展广义语境路径是人口健康科技在不同语境实践的过程。因此，人口健康科技发展广义语境路径评估指标体系不仅包括人口健康科技在历史语境、认知语境、科学语境和社会语境不断发展的指标，还包括科技规划、传播机构建设、要素体系、部门协同创新、国际合作等语境对人口健康科技发展广义语境路径支撑的评估指标（图 5-2）。

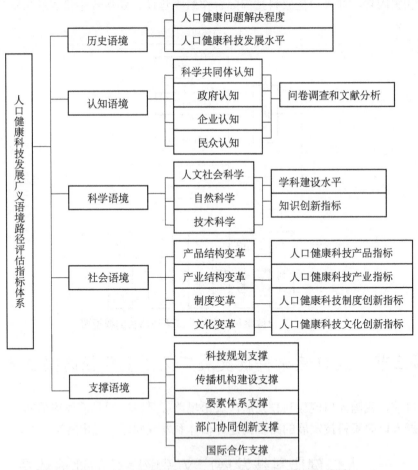

图 5-2　人口健康科技发展广义语境路径评估指标体系

---

　①　魏屹东：《语境论与马克思主义哲学》，《理论探索》2012 年第 5 期，第 10 页。

2. 若干评估指标的说明

（1）关于历史语境指标的说明。《1956—1967 年科学技术发展远景规划》中人口健康科技第一次作为我国科学技术发展的领域被列入。历史语境指新中国成立以来人口健康科技发展的历程，包括人口健康科技本身发展水平及人口健康问题解决程度。人口健康问题解决程度来源于政府公开发布的相关信息。人口健康科技发展指标主要包括该时期投入与产出指标。

（2）关于认知语境指标的说明。认知语境是不同群体在精神层次与人口健康科技相互作用的过程。科学共同体、政府、企业和民众对人口健康科技的认知度可以通过问卷调查法进行分析。问卷应包括不同群体对人口健康科技发展领域、发展水平、需求等认知水平的调查。

（3）关于科学语境指标的说明。人口健康科技发展涉及人文社会科学、自然科学和技术科学。学科建设水平是人口健康科技在科学语境发展的重要衡量指标，包括学科建设级别和门类。知识创新指标体现了人口健康科技自主创新的水平，我们可以用发明专利数及 SCI、EI、ISTP 系统收录我国人口健康科技论文数等作为衡量人口健康科技知识创新与应用的重要指标。

（4）关于社会语境指标的说明。科技进步成为经济社会发展的主要驱动力，促进产品结构和产业结构等不断变革。人口健康科技产品结构分析人口健康科技产品的种类、所占比重等。人口健康科技产业结构主要分析人口健康科技产业的构成及比例关系。制度变革和文化变革主要分析人口健康科技发展中促进健康制度、财税制度、管理制度及健康文化等方面的变革。

（5）关于支撑语境指标的说明。新中国成立以来，我国政府先后制定了《1963—1972 年科学技术规划纲要》《1978—1985 年全国科学技术发展规划》等十个中长期科技规划，科技规划已成为人口健康科技发展的重要支撑，我们需要对科技规划的支撑作用进行系统分析。人口健康科技传播机构对提高不同群体认知水平具有重要的支撑作用，主要对涉及人口健康科技专业杂志、网站、协会等支撑作用进行分析。要素体系主要包括对人口健康科技人才、经费等支撑作用进行分析。部门协同创新为人口健康科技实现"政产学研用"一体化提供支撑。国际合作主要分析人口健康科技发展领域、经费、人员等方面国际合作情况。

3. 评估指标等级和权重的设计方法

对于每个语境的一级指标来讲，我们首先在定性和定量分析基础上，将每个语境一级指标发展情况分为高、较高、一般、差和无五个等级，并分别赋予 1、0.75、0.50、0.25、0 不同值来衡量，将绝对指标转换为相对指标以评估人口健康科技发展广义语境路径畅通程度。

在指标体系中，我们不仅应反映人口健康科技在不同语境的发展水平，还应反映其所占的权重。各指标对目标的重要程度是不同的，确定指标权重可以使评估工作实现主次有别。"确定权重的方法很多，常用的有德尔菲法、两两比较法、层次分析法、主成分分析法、组合权重法等。"[①] 用不同方法确定的指标权重可能会有一定的差异，这是由不同方法的出发点不同造成的。由于人口健康科技发展广义语境路径各种因素具有层次关系，并形成有序层。我们采用组合权重法，将不同方法确定的权重，通过一定的统计方法进行综合得到指标的权重。

根据人口健康科技发展广义语境路径并征求有关专家和决策者的意见基础上确定人口健康科技在不同语境发展路径的权重。历史语境作为基础性因素，权重比较低，设为 0.1；认知语境为人口健康科技发展提供可能空间，所占权重比较高，设为 0.2；人口健康科技作为科学技术发展的重要领域，科学语境所占权重设为 0.2；人口健康科技主要用于解决民生问题，社会语境所占权重最高，设为 0.3；大科学时代，人口健康科技发展成为社会的事业，需要科技规划、传播机构、要素体系、部门协同创新及国际合作等支撑，支撑语境所占权重比较高，设为 0.2（表 5-1）。

表 5-1　人口健康科技发展广义语境路径评估的主要指标参考权重

评估方面	一级指标	参考权重	1
历史语境	人口健康问题解决水平	0.05	0.1
	人口健康科技水平	0.05	
认知语境	科学共同体认知	0.05	0.2
	政府认知	0.05	
	企业认知	0.05	
	民众认知	0.05	
科学语境	人口健康科学学科建设水平	0.1	0.2
	人口健康科技知识创新水平	0.1	
社会语境	人口健康科技产品结构	0.1	0.3
	人口健康科技产业结构	0.1	
	制度变革	0.05	
	文化变革	0.05	
支撑语境	科技规划	0.04	0.2
	传播机构建设	0.04	
	要素体系	0.04	
	部门协同创新	0.04	
	国际合作	0.04	

---

① 徐耀玲，唐五湘，吴秉坚：《科技评估指标体系设计的原则及其应用研究》，《中国软科学》2000 年第 2 期，第 48-51 页。

这样一来，人口健康科技发展广义语境路径程度是发展等级和权重的统一。设人口健康科技发展广义语境路径为 Y，一级指标评估等级为 M_i，权重为 N_i，则 $Y = \sum_{i=1}^{17} M_i N_i$，$0 \leqslant Y \leqslant 1$。人口健康科技发展广义语境路径评估指标值越高，说明人口健康科技发展广义语境路径越畅通，指标值越低说明人口健康科技发展广义语境路径障碍越多。

二、人口健康科技发展广义语境路径的实证分析

根据人口健康科技发展广义语境路径的评估指标体系，我们需要对人口健康科技发展广义语境路径的水平做实证分析。

1. 历史语境

人口健康科技的发展首先来源于解决民众健康问题的需求。新中国成立以来，随着民众生活水平的不断提高，民众健康问题从末端治疗走向预防保健。受环境污染、食品不安全等方面的影响，从传统传染病走向多元疾病。我国目前人口问题主要表现为人口控制、优生优育、老龄化问题、性别失衡问题等。社会工业化过程中产生的环境污染、中毒、致畸、致癌等发生率正在增加。目前，脑血管病、恶性肿瘤是我国前两位死亡人数最多的，分别占死亡总数的 22.45%和 22.32%，第三、四位是呼吸系统疾病和心脏病，第五位是损伤和中毒，前五位的死亡原因累计占死亡总数的 85%。新生婴儿的缺陷率不断上升，只在淮河流域就发现 495 个癌症村。目前，由于医疗资源分配的不均衡，区域性太集中，导致看病难、看病贵问题突出。我国人口健康问题比较突出，解决水平不能满足民众的需求，比较低，等级值为 0.25，权重为 0.05，则人口健康问题解决的指标值为 0.25×0.05＝0.0125。

新中国成立以来，我国人口健康科技取得不断发展，在解决民众健康问题，提高人口素质等方面确实取得了一定的成效，但随着社会进步和民众需求的不断提升，我国人口健康科技发展并不满足民众的需要，水平低，等级值为 0.25，权重为 0.05，指标值为 0.25×0.05＝0.0125。人口健康科技发展广义语境路径的历史语境评估指标值为 0.0125＋0.0125＝0.025。

2. 认知语境

1947 年，世界健康组织对健康提出了一个明确而全面的定义。健康指身体、精神和社会各方面都完美的状态，而不仅是没有疾病。从国家科技规划发展历程看，新中国成立以来政府非常重视民众健康问题的解决。"一五"规划中有关于健康问题的阐述，等级值为 0.75。科学共同体作为一支医学健康专业的队伍，他们

的使命就是解决民众健康问题，因而他们的认知水平比较高，等级值为 0.75，权重为 0.05。大型企业逐步认识到健康对企业、员工发展的重要性，但是，小企业、民营企业对人口健康科技的认知比较欠缺，等级值为 0.5。在主题为"提高健康素养，有效控制慢病"的中华医学会健康大讲堂第一讲上，毛群安首次公布了中国居民健康素养的调查结果：在全国 31 个省（自治区、直辖市）79 542 名 15~69 岁的城乡常住人口中，仅有 6.48% 的人群具有基本的健康素养，而基本健康素养的内涵也仅限于会自测血压、会打急救电话等，调查项目中慢性病预防素养最低。民众对相关健康知识了解比较少，存在年龄、教育、城乡三个方面的差距，认知水平比较低。这样一来，人口健康科技发展广义语境路径的认知语境评估指标值为 $0.75 \times 0.05 + 0.75 \times 0.05 + 0.5 \times 0.05 + 0.25 \times 0.05 = 0.125$。

3. 科学语境

从学科建设水平看，人口健康科技学科建设侧重基础研究和技术层面的研发与转化。《学科分类与代码》（GB/T13745—2009）中共设 58 个一级学科。人口健康科技以医学一级学科为主，并分散于多个学科：经济学一级学科下有人口、资源与环境经济学，法学一级学科下有人口学，理学一级学科下有生物学，管理学一级学科下公共管理二级学科下有社会医学与卫生事业管理。从目前学科建设看，虽然人口健康科技包括自然科学、工程技术、人文和社会科学，但是彼此之间没有形成一个完整的学科体系。因此，从学科建设水平看，人口健康科技发展广义语境路径的学科建设评估指标为 $0.25 \times 0.1 = 0.025$。

从知识创新水平看，根据中国知网专利检索，2008 年我国专利数总共 9542 个，其中涉及人口与健康的专利数达 2018 个。2003~2008 年，我国医学科研 SCI 论文年均增长率 25.2%，2008 年突破了 3 万篇；截至 2009 年 11 月，我国医学领域的发明专利申请量已经达到了 19.8 万件，授权 5.5 万件；1985~2006 年，医学领域的专利平均年增长率为 28.4%；人才方面，我国医学专业毕业的研究生人数已经从 1979 年 57 人上升到 2008 年 3.7 万人，1978~2008 年累计毕业的医学专业研究生达到了 21 万人，2008 年统计表明我国具有本科（含本科）以上学历的卫生人员已经达到了 94 万人。这些充分说明我国人口健康科技知识创新与应用水平比较高，专利数比较多，但是与社会需求还有一定的差距。人口健康科技发展广义语境路径的知识创新与应用评估指标为 $0.5 \times 0.1 = 0.05$，人口健康科技发展科学语境评估值为 $0.025 + 0.05 = 0.075$。

4. 社会语境

1）人口健康产品

根据中国健康产品网，人口健康产品主要包括保健品、化妆品、消毒产品、医疗器械、新资源等。由于资料和统计的局限性，以保健品为例，2007年保健食品的产值1000亿~1800亿元，保健用品的产值800多亿元，保健服务产值2000亿元，保健产业年产值占当年GDP近2%。有关资料表明，欧美国家的消费者平均用于保健品的花费占总支出的2%以上，而中国只占0.07%。中国人的保健产品的消费平均每年31元，是美国的1/17，日本的1/12。所以，从保健品看，我国人口健康产品虽然增长速度比较快，但与发达国家相比差距比较大，当然这与人们消费观念和收入水平等紧密相关。人口健康科技对产品变革处于起步阶段，评估等级值为0.25，评估值为0.25×0.1＝0.025。

2）人口健康产业

从"大健康观"、健康消费需求和服务提供模式角度出发，健康产业包括：以医疗服务机构为主体的医疗产业；以药品、医疗器械以及其他医疗耗材产销为主体的医药产业；以保健食品、健康产品产销为主体的保健品产业；以个性化健康检测评估、咨询服务、调理康复和保健促进等为主体的健康管理服务产业。这与我国"十二五"期间发展的人口健康科技领域基本吻合。但是，人群中最不健康的1%和患慢性病的19%花费了约80%的医疗卫生费用；慢性病和医疗费用的急剧增长正威胁着企业和国家的竞争力。中国城市有70%的人处于亚健康状态。健康管理是对个体或群体的健康进行全面监测、分析、评估、提供健康咨询和指导以及对健康危险因素进行干预的全过程。它是一个不断循环的运动状态，即对健康危险因素的检查监测（发现健康问题）→评价（认识健康问题）→干预（解决健康问题）→再监测→再评价→再干预……，其中，健康危险因素干预（解决健康问题）是核心。人口管理制度主要针对健康人群、亚健康人群和"慢病"人群。健康管理将成为一项新的产业。目前，据统计有7700万美国人在大约650个健康管理组织中接受医疗服务，超过9000万美国人成为健康管理计划的享用者，这意味着每10个美国人就有7个享有健康管理服务。而目前我国健康产业仅占国民生产总值的4%~5%，低于许多发展中国家，所以评估等级值为0.25，评估值为0.25×0.1＝0.025。

3）人口健康制度创新

人口健康制度创新由社会认可的非正式约束、国家规定的正式约束和实施机制三个部分构成。虽然我国健康产业发展势头好，但是目前没有完善的法律体系和行业标准来规范健康产业中的市场主体，水平比较低，评估等级值为0.25，评估值为0.25×0.05＝0.0125。

4）人口健康文化创新

健康文化包含考量人与自然的合理关系、彰显文化的实践意义、倡导文化整体内涵和重塑文化自觉性的要求。健康文化是人类社会在长期的实践活动中所形成的，并且为人类社会普遍认可和遵循的具有健康特色的价值观念、健康意识、行为规范和心理思维模式的总称。目前，我国健康文化建设主要表现在三个层次：①基础健康文化，指对健康知识有基本了解和执行事先确定的措施能力。②实用健康文化，指已有更完善的知识和完成既定的医疗、卫生技能，对不断变化的实际去寻求有关信息。③"判断"健康文化，指不但有完善的健康知识、个人保健的技能和疾病自我管理能力，而且随着环境条件的变化提出问题，主动采取相应的措施。进入 21 世纪以来，世界卫生组织推出健康公式，指出健康由 15% 的遗传、10% 的社会因素、8% 的医疗、7% 的环境因素和 60% 的生活方式决定，外部环境和生活方式已经成为影响健康的主要因素。从观念层次看，存在"人口健康文化饥渴症""人口健康文化失衡症"和"人口健康文化异化症"。人口健康文化创新与民众需求存在较大差距，人口健康科技发展促进文化创新空间很大，这样人口健康科技发展对文化变革的评估等级值为 0.25，评估值为 $0.25 \times 0.05 = 0.0125$。因此，人口健康科技对社会语境的变革指标值为 $0.025 + 0.025 + 0.0125 + 0.0125 = 0.075$。

5. 支撑语境

1）科技规划

目前，人口健康科技成为国家科技规划的重要组成部分和优先发展领域，"十五"以来，我国从国家层次和区域层次分别制定了人口和计划生育事业发展规划。人口健康问题是一个巨大的系统工程，问题关键在于规划的落实，其指标值为 $0.5 \times 0.04 = 0.02$。

2）传播机构建设

健康教育是通过各种媒介进行的社会教育活动，使人们了解影响健康的生活习惯和行为。1993 年，在宋平、彭珮云等同志领导下，成立了中国人口文化促进会。目前，人口健康科技相关知识传播途径有电视、图书、报纸、网络、教科书、知识竞赛、公共场所宣传等。民众接受健康知识的途径为电视、医生、图收、报纸和广播等。CCTV-10 和地方台都有专门的健康节目，医生也会给患者传递相应的健康知识，图书、报纸和广播使民众接受健康知识更具有自由性。随着网络的发展，网易、搜狐、新浪等综合性网站也都有健康宣传栏目，还有专门的中国健康网、39 健康网等网站。随着民众需求的不断扩展，需要加大传播机构建设力度。目前，传播机构发展不均衡，所掌握的资源也不均衡，特别是社区在传播健康知识中的作用不明显，而且不同群体对健康的认知水平会影响传播机构的发展。综合以上分析，等级值中等，指标值为 $0.5 \times 0.04 = 0.02$。

3）要素体系

根据 2010 年世界卫生组织统计，按区域划分，在世界卫生组织成员中，2007 年卫生总费用占 GDP 的比重最高的是美洲地区，达到 13.6%，最低为东南亚地区，为 3.6%。按收入组群划分，高收入组平均为 11.2%，几乎是低收入组的三倍。如果要考虑卫生总费用中政府支出所占比重，则 2007 年欧洲地区这一比值达到 76%，美洲地区平均为 47.2%，最低为东南亚地区为 36.9%。按收入组划分，则高收入组平均为 61.3%，低收入组平均为 41.9%。《世界卫生统计年鉴（2010）》显示，2007 年我国卫生总费用占国民经济生产总值的比重为 4.3%，位居世界卫生组织 193 个成员中的第 139 位，人均卫生总费用（按购买力平价计算）处于第 119 位，低于部分中低收入国家。研发投入比例比较低，人才比较缺乏，目前与健康产业相关培训陷入了"有培训缺师资和体系教材、有学习却上不了岗与就不了业"的被动局面。所以，从人口健康资金和人才投入看，我国与发达国家和一些发展中国家差距比较大，指标值为 0.25×0.04＝0.01。

4）部门协同创新

人口健康问题不仅与医疗机构、保健机构、人口管理部门、科技部门相关，而且与环保部门和食品安全部门紧密相关。部门协同创新是解决好人口健康问题的重要组织保障。2013 年 3 月 10 日，《国务院机构改革和职能转变方案》正式公布。中国行政管理学会执行副会长高小平接受专访时表示，这次机构改革是围绕公共交通服务、公共卫生服务和公共文化服务展开的。将卫生部的职责、人口计生委的计划生育管理和服务职责整合，组建国家卫生和计划生育委员会。由于人口健康问题的复杂性和多元性，人口、卫生与相关环保、食品安全等管理部门整合，更有利于人口健康问题的解决，有利于节约费用，实现管理资源优化和整合。目前的整合迈出了艰难的一步，仅处于起步阶段，指标值为 0.25×0.04＝0.01。

5）国际合作

医疗方面积极参与国际人口和发展领域国际事务的讨论，双边、多边合作机制得到巩固和加强。广泛开展国际合作项目，充分发挥前瞻性、探索性和示范性作用，服务国内人口计生中心工作。对外宣传为人口计生工作创造了良好的国际环境。我国在人口领域与多个发展中国家签署并成功实施合作备忘录，在发展中国家人口领域的影响力、亲和力增强。我国有医药生产企业 4000 多家，中外合资合作医药企业 500 多家。人口健康科技在项目合作、企业合作、服务合作、宣传等方面国际合作取得一定的成效。但是，随着人口健康问题的国际化，国际之间的合作空间会越来越大，目前合作水平比较低，指标值为 0.25×0.04＝0.01。因此，人口健康科技发展的支撑语境指标值为 0.02＋0.02＋0.01＋0.01＝0.06。

所以，人口健康科技发展广义语境路径评估指标值为不同语境指标值的总和，即 0.025＋0.125＋0.075＋0.075＋0.06＝0.36，基本能够客观反映人口健康科技发展广义语境路径现状及存在的问题（表 5-2）。

从指标看，我国人口健康科技发展广义语境路径指标值为 0.36，整体水平比较低，发展不平衡，存在"短板"。认知语境指标值为 0.125，发展程度所占比例最高，为 63%，说明不同群体对发展人口健康科技重要性和必要性认知程度高。

表 5-2　　人口健康科技发展广义语境路径评估指标对比表

评估方面	一级指标	等级值	参考权重		实际值	比例/%
					0.36	36
历史语境	人口健康问题解决水平	0.25	0.05	0.1	0.025	25
	人口健康科技水平	0.25	0.05			
认知语境	科学共同体认知	0.5	0.05	0.2	0.125	63
	政府认知	0.5	0.05			
	企业认知	0.5	0.05			
	民众认知	0.25	0.05			
科学语境	人口健康科技学科建设水平	0.25	0.1	0.2	0.075	38
	人口健康科技知识创新水平	0.25	0.1			
社会语境	人口健康科技产品结构	0.25	0.1	0.3	0.075	25
	人口健康科技产业结构	0.25	0.1			
	制度变革	0.25	0.05			
	文化变革	0.25	0.05			
支撑语境	科技规划	0.25	0.04	0.2	0.06	30
	传播机构建设	0.5	0.04			
	要素体系	0.5	0.04			
	部门协同创新	0.25	0.04			
	国际合作	0.25	0.04			

社会支撑语境指标为 0.06，发展程度所占比例为 30%，说明社会对人口健康科技发展的支撑力度在不断增强。一些语境发展比较缓慢，如历史语境指标值仅为 0.025，社会语境指标值仅为 0.075，发展程度所占比例均为 25%。从指标值可以说明，目前我国人口健康问题比较突出，人口健康科技水平比较低，这是发展人口健康科技的直接基础；不同群体已充分认知到大力发展人口健康科技的重要性，并积极通过科技规划、传播机构建设、要素体系等加强对人口健康科技发展的支撑；人口健康发展及解决人口健康问题是一个过程，不可能一蹴而就。人口健康科技与每个人的生存与生活质量紧密相关，我们需要培养全民健康生活的意识，重视健康教育。为了实现人口健康科技发展广义语境路径的畅通，我们需要不断创新。

第四节　　完善人口健康科技发展广义语境路径的对策

通过以上分析可以看出，我国人口健康科技发展广义语境路径在历史语境、认知语境、科学语境、社会语境和支撑语境虽然取得了一定的发展，但是存在诸多问题。为了更好地促进我国人口健康科技的发展，以解决我国目前面临的人口健康问题，我们必须做好以下几方面。

一、从历史语境看，重视人口健康科技相关历史问题的研究，为人口健康科技发展提供现实基础

只有从历史语境更好地研究人口健康问题和人口健康科技发展存在的问题，才能更好地促进人口健康科技的发展。

首先，加大对人口健康问题的研究。目前，人口健康问题的研究主要侧重儿童、青少年、老年、城乡等不同群体健康问题的调研。由于外部环境和生活方式已经成为影响健康的主要因素，我们对人口健康问题的研究不能仅限于群体研究，更应关注不同群体外部环境和生活方式对健康问题的影响，特别是研究关注生态环境破坏和公共安全问题对人口健康问题的影响，也就是说对人口健康问题的历史研究应动态地、全面地进行分析。

其次，分析我国人口健康科技发展的"短板"。人口健康科技作为我国优先发展的科技领域，需要加强对其学科建设、知识创新与应用水平的历史研究。以铜为鉴，可以正衣冠；以人为鉴，可以明得失；以史为鉴，可以知兴替。只有对人口健康科技发展水平做系统的历史研究才可能发现问题，为更好地发展提供决策依据。①应加强对人口健康科技学科建设水平的历史研究，考察其自然科学、技术、人文社会科学学科分布、存在问题等。②提高人口健康科技自主创新及转化水平。③需要研究人口健康科技人才、资金与国外相比投入和产出情况，提高我国要素体系投入的效率。

二、从认知语境看，提高不同群体对人口健康科技的认知水平

我们要进一步发挥传统传媒的功能，优化传统传媒健康知识传播的结构、时间阶段的分配，使传统传媒对健康知识的传播更具有针对性和时效性。同时，要发展网络、社区等新型传播媒介，适应青年人、老年人等特殊人群的需要。由于健康问题关涉每个人的身心健康，我们不仅要优化传播途径，而且需要提高不同群体的认知能力。

从提高政府的认知能力看，政府需要从人口健康问题和人口健康科技发展水平出发，认识到人口健康问题与环境问题和公共安全问题的关联性，加强对不同群体和相关问题的协同研究，同时我国应加大对人口健康科技的投入。特别要注意的是，对人口健康问题的认知从末端治理向预防转变，优化健康资源。

从提高企业的认知能力看，企业不仅应关注自己员工的健康问题，建立定期检查制度，而且应关注自己产品的健康问题，提高自身的社会责任感，从注重个体经济利益的最大化向社会利益最大化转变。只有每个企业的健康认知能力提升了，民众吃、穿、用、行等方面才可能健康，这是从本质上解决健康问题的重要途径。

从提高科学共同体的认知能力看，首先，科学共同体不仅应从学术上关注自己学科的发展前景，更应关注社会对人口科技发展的需求。人口健康科技作为民生科技的分支之一，民众的需求是其发展的直接基础。其次，应通过专利或其他途径加快人口健康科技的转化应用。最后，充分发挥医生在提高民众认知能力方面的作用。

从提高民众的认知能力看，毛群安认为，首先，要靠政府与专业机构层面能够创造支持性政策环境、加强健康教育工作、积极构建权威信息发布平台、加强媒体培训以及开展多种形式的健康传播活动。其次，民众自身要主动获取健康知识和技能，选择权威的渠道获取健康信息，建立正确的健康信念，养成健康的生活方式，从而不断提高自己的健康素养。在具体操作层次上，第一，应加大对改变民众生活方式的宣传力度，如加大健康饮食、健康习惯、身心健康等方面的宣传力度。在我们的生活中，因为不健康的生活方式不仅影响一代人，有可能会影响三代人。第二，改变民众对预防疾病相关知识的了解，扩展常见病、慢性病等宣传力度。第三，加强民众对健康知识教育的参与力度，使我国整体的健康理念从治疗向预防转变。

三、从科学语境看，加快人口健康科技学科建设，提高人口健康科技知识创新和应用水平

从学科建设看，不断完善人口健康科技的学科体系建设。目前，我国人口健康科技发展主要侧重自然科学和技术的发展，主要通过实施人口健康科技工程来推动。由于健康问题与每个人的生存和生活紧密相关，所以，它的发展不能仅限于技术理性。价值理性在推动人口健康科技发展过程中具有十分重要的地位，它决定了不同群体对人口健康科技的认知，进而决定了不同群体的参与度。而仅仅在技术理性基础上的发展，使人口健康科技发展的力量主要依靠政府、企业、科学共同体，无法实现民众的参与。所以，我们需要构建医学等自然科学和技术科学在内，同时包括人口健康相关的经济学、管理学、文化学等人文社会科学学科体系，也要加强人口健康科技与公共安全科技、生态环境科技等民生科技的融合，从更广泛的民生意义上促进学科发展。

从知识创新与应用看，加大人口健康科技的自主创新力和转化率。首先，提

高我国医学领域自主创新水平，加快相关领域人才的合理流动，实现人才集约发展，为提高我国人口健康科技创新提供条件。其次，提高人口健康科技相关专利的申请量，通过政府购买、政企合作等形式加快人口健康科技成果的转化。最后，提高人口健康科技对健康产业的科技贡献率。

四、从社会语境看，加快人口健康产品和产业的发展，提高健康制度和健康文化创新力度

目前，我国健康产品发展空间非常大。以保健品为例，美国是世界上保健食品工业发展较早的国家，2000 年，美国健康食品的销售额已达到 2000 亿美元，是整个美国汽车工业生产总值的一半。1999 年，全国保健品消费额为 400 亿元，仅占社会消费品零售总额的 1.47%。但近年来，中国保健品消费支出的增长速度为 15%~30%，远远高于发达国家 13% 的增长率。随着民众生活水平的不断提升，保健品、化妆品、消毒产品、医疗器械、新资源等需求会越来越大，需求带动健康产品发展的同时，也在改变不同群体的消费观念，促进民众消费结构的变革，推动健康产品的发展。

目前，我国健康产业仅占 GNP 的 4%~5%，低于许多发达国家和发展中国家。特别是进入世界贸易组织（WTO）后，我国健康产业发展面临西方国家市场和开发中国市场的巨大压力。为此，我们首先应加强人口健康产业规划，通过政府、企业、民间投资等多种渠道发展我国医疗、医药、保健、健康管理等健康产业，将健康产业作为优先部署的产业进行发展。其次，由于目前我国阿尔茨海默病、乙肝、癌症、白血病、心脑血管疾病、艾滋病等慢性病和疑难病，工作和生活压力产生的心理疾病，亚健康人群的大量存在，我们需要对健康产业进行分级、多元规划。不仅考虑与患者相关医疗、医药产业的发展，而且考虑与亚健康人群相关的保健产业的发展。最后，加快健康管理等服务业的发展。健康管理可以广泛应用于医疗、企业、保险公司，通过对个体实施个性化管理，有效预防疾病、节约医疗支出。

不断完善制度体系。人口健康科技发展不断推动制度体系的创新。一方面，需要不断建立和完善与人口健康科技相关的法律体系。目前，我国有职业健康法律法规、人口与计划生育条例等，但涉及保健品、医疗、医药等方面的法律还需要进一步制度和完善。另一方面，需要加强与人口健康相关的行业标准、健康标准等制定工作，为企业、产品健康安全发展提供依据。另外，加强对民众健康标准和相应制度的传播，加大民众对人口健康产品、产业发展的监督职能。

创新健康文化。张敏才指出大力发展人口健康文化，要正确认识喜生与惧死、自助与他助、储蓄与透支、健心与健身、特殊与普适五个关系。要以社会

主义核心价值体系来引领和传承民族文化的优秀内核，同时要以全球视野，面向文化开放的时代，学习吸纳消化外来优秀文化。大力发展人口健康文化，要集哲学、医学、饮食等多种文化元素为一体，形成多元一体、多元通合的人口健康文化学。人口健康文化的大发展必将实现对我国人口健康的大促进和大繁荣提供思想支撑。

五、从支撑语境看，进一步落实科技规划，加强部门协同创新，加大要素体系投入效率，加快国际合作

新中国成立以来，我国非常重视人口健康科技的发展，科技规划中人口健康科技是一个长期而持续的被重视的领域。由于环境污染、资源破坏、生活方式的不科学等原因，使得我国的健康问题始终处于动态发展中，导致人口健康科技也处于动态发展之中。特别是随着我国全面建设小康社会的不断加快，人口健康问题成为最重要的民生问题。国家科技规划、人口健康科技专项规划为人口健康科技发展提供了方向、政策、资金等方面的支撑。目前，关键问题在于要建立科技规划评估体系，落实国家、地方人口健康科技相关科技规划的执行力，并使相关资料逐步走向公开化。

从部门协同创新看，第一，我们需要加强人口健康机构与环保、公共安全等相关部门的协同创新，如人口健康、生态环境、公共安全等民生问题相关部门应加强协同创新，因为健康问题不是单纯的治疗问题，我们必须从大环境观出发，系统解决人口健康问题。第二，加强人口健康不同产业相关部门的协同创新。医疗、医药、保健、健康管理等相关机构、企业需要加强协同，落实以预防为主的健康理念，实现人口健康资源的优化配置，实现对不同人群健康配置的有效化和公平化，对于患病人群我们需要加强医疗和医药方面的投入，对于亚健康人群我们需要配置更多的保健和健康管理投入，提高我国健康资源配置的公平化。第三，加强文化科技卫生"三下乡"等公益活动的协同创新。在社会管理领域，文化、科技、卫生等分属于不同的管理机构，容易造成下乡时各下各的局面。对于人口健康、公共安全、生态环境等民生问题的解决，不仅是技术理性下的科技下乡，而且是健康文化、环保文化和安全文化等方面下乡的整合，我们必须通过机构的协同创新实现人口健康科技与文化的协同下乡，提高人口健康科技的传播力。第四，强化社区卫生服务功能。社区卫生服务集预防、保健、康复、医疗、健康教育、计划生育指导六位于一体，旨在提供有效、经济、方便、综合连续的基层卫生服务。健康管理的服务对象不仅仅是患者，还包括健康和亚健康人群。世界各国的经验表明，80%以上的疾病可以在社区医院得到有效防治。

人口健康问题属于公共投资领域，作为重要的民生问题，我们需要加大资金

和人才投入力度。从人才培养看，首先，我们不仅需要对医疗、医药等专业人才进行培养，更应重视新型保健业、健康管理专业人才的培养。其次，加快实现人才使用的公平化。目前，由于健康资源的不均衡，很多山区、落后地区留不住医务人才，存在待遇低、条件差、面对的患者健康素质低等问题。所以，在人才培养方面既要重视专业人才，又要尽可能实现人才使用的公平化，加快对落后地区的投资力度，使更多的人才能为其服务。从资金投入看，根据《世界卫生统计年鉴 2010》，2007 年我国卫生总费用占 GNP 的比重为 4.3%，位居世界卫生组织 193个成员中的第 139 位，人均卫生总费用（按购买力平价计算）处于第 119 位，低于部分中低收入国家。所以，我国需要通过政府、企业、民间资本等多种融资渠道，提高对人口健康方面的投入，特别是要加快对保健业、健康管理服务业等新型产业的扶持力度，提高民众的保健水平。

人口健康问题也是国际社会关注的领域。首先，我们要加强与国际公共卫生组织人才、资金、制度、管理等方面的合作，提高我国的人口健康水平。联合国把每年的 7 月 11 号确定为"世界人口日"。联合国人口基金会实施联合国系统的可操作性人口政策，帮助发展中国家和经济转型国家找到解决人口问题的方法。在个人选择的基础上帮助一些国家增强生育健康和计划生育服务，形成可持续发展的人口政策。它还增强人们对人口问题的认识，协助各国政府以最合适的方式应对人口问题。联合国人口基金会对全球四分之一的人口问题开展了援助工作。它首先是一个基金组织，并且它援助的许多工程和项目都是由各国政府、联合国机构和非政府组织负责实施的。其次，加强与发达国家、发展中国家医疗医药等方面的合作，建立双赢机制，我们需要在引进吸收消化基础上再创新，不能走引进消化再引进的路径，合作的目的是为了更好地创新。

总之，人口健康科技发展广义语境路径是其在历史、认知、科学、社会和支撑等语境中集成发展的过程，体现为横向融合、纵向深入的发展历程。人口健康科技发展广义语境路径的实证分析及解决路径对提高我国人口健康水平，解决人口健康民生问题具有重要的理论意义和现实价值。

第六章 公共安全科技发展的广义语境路径

进入 21 世纪，公共安全问题成为国家安全和社会稳定的基石。公共安全科技的诞生是经济社会发展、民众安全意识不断增强的结果。《国家中长期科学和技术发展规划纲要（2006—2020 年）》将公共安全科技作为我国科学技术发展的重点领域之一。《国家"十二五"科学和技术发展规划》将公共安全科技作为民生科技发展的重点领域之一。为了更好地促进公共安全科技的发展，我们必须研究公共安全科技发展的广义语境路径。

第一节 新中国成立以来我国应对公共安全
问题的路径及其特征

公共经济概念首次出现于 20 世纪 50 年代，"主要研究政府的收入和支出，即财政收支，如税收、公债等"[①]。20 世纪 60 年代以来，政府经济管理范围越来越广，出现了专门研究公共经济的公共经济学，"主要研究公共部门经济活动的范围和组织、公共部门经济活动的结果和效率、对政府经济政策的评价"[②]。这样一来，我们可以将社会部门分为公共部门和私人部门，社会产品分为公共产品和私人产品。公共安全活动涉及公共部门和公共安全产品。狭义的公共产品主要指具有非排他性、非竞争性的社会产品，如国防、环境保护等。

从世界发展趋势看，公共安全活动的范围在不断地扩大，进而使公共安全科技活动的边界也在不断地扩大。日本作为自然灾害频发的国家，"20 世纪中期，日本的公共安全管理一直以应对自然灾害为中心"[③]。20 世纪 90 年代，日本已形成包括自然灾害、事故灾害和事件安全的综合管理体系。美国的公共安全活动也从服务于国家安全向服务于国家安全、社会安全、经济安全和道德、社会责任方向转变。"我国公共安全的概念涉及四个方面：一是自然灾害，包括地震、台风、滑坡、泥石流、森林火灾等；二是事故灾难，包括环境生态的灾难，安全生产在各个领域的事故；三是公共卫生事件，包括食品安全，不明原因的疾病，以及动物的疾病；四是社会安全事件，既包括刑事案件、恐怖袭击，也包括大规模的群体事件和经济安全事件。"[④] 随着我国社会复杂性的加剧，不可预测的公共安全

---

① 高志前：《市场经济条件下的公共科技管理》，《中国科技论坛》2004 年第 4 期，第 46-49 页。
② 高志前：《市场经济条件下的公共科技管理》，《中国科技论坛》2004 年第 4 期，第 46-49 页。
③ ［日］中郁章．行政：《危机管理》．东京：中央法规出版社 2008 年版，第 8 页。
④ 范维澄：《公共安全的研究领域与方法》，《劳动保护》2012 年第 12 期，第 8-11 页。

事件不断发生。新中国成立以来，我国应对公共安全问题采用不同的解决路径，并凸显一些特征。

一、新中国成立以来我国应对公共安全问题的路径

新中国成立以来，我国采取了制度、管理、科技等方面创新方法解决公共安全问题。

1. 思维创新是我国应对公共安全问题的思想来源

多年来，我国安全思维创新不断更新，从实践中不断总结出一些新的思维方式：经过了从强调事后处理的被动安全管理到以经验教训为依据通过经验解决危机的管理再到事前预防的管理机制。尽管取得了一些成绩，但多是从实践中总结经验来指导思维创新。党的十六届五中全会提出的"安全发展"科学思维和指导原则，为安全生产奠定了思想基础。

2. 管理创新是我国应对公共安全问题的重要手段

安全管理涉及信息收集、诊断、动态监控和实践验证等环节。安全生产作为我国一项基本原则，经过了逐步形成与发展阶段。"安全第一，预防为主，综合治理"是我国安全生产管理的方针，是长期安全生产工作中的经验与教训的科学总结。为落实好该方针，第一需加大安全生产投入；第二需培养安全责任感与自觉性；第三应加大投入，提高安全科技水平，培训力度。而所有这些工作需要通过安全管理不断深入下去。

安全问题是企业全面提高管理水平，对企业人才、科技、投入等方面具有重要的推动作用。我们可以说，安全也是生产力，它与企业人才、科技、资金等方面的管理相互联系、影响和促进。

总之，安全管理工作的根本目的就是保护职工的安全与健康，防止人员伤害、职业危害和财产损失，体现以人为本的要求。

3. 科技创新是我国应对公共安全问题的科技支撑

安全科技专业是中国第十个被认证的专业。安全文化发展需要物化的安全科技做支撑。安全科技包括自然科学领域灾害发生机理研究、灾害防治理论、社会科学领域安全生产管理科学技术、安全生产共性、关键性科学技术、防止灾害的预测预报技术、安全监测技术与装备、灾害防治关键技术与装备、应急救援关键技术与装备、安全管理技术；安全生产科技推广与技术示范工作包括安全生产高技术产业化、科技推广和科技示范重点工作；实施安全生产监管监察所需要的科

技支撑包括监管技术支持手段、安全信息工程、重大危险源监控、安全评价等方面的应开展的科技工作等。为进一步推动安全生产科技资源整合，建立国家安全生产科技创新、技术研发与成果转化基地，形成以企业为主的安全生产创新体制提供支撑。

随着公共安全科技发展的不断深入，我国公共安全科技在人才、学科体系建设、资金等方面越来越得到国家、企业和民众的支撑。

4. 制度创新是我国应对公共安全问题的制度保障

制度是一个社会的行为规范，是为决定人们的相互关系而人为设定的一些制约。制度创新是联系思维创新和实践创新的纽带。为了更好地创新制度，我们需在"安全第一、预防为主、综合治理""人人管理、自我约束""三同时""四不放过"等原则下，不断进行制度创新。公共安全管理制度涉及范围很广，包括安全生产责任制度、安全办公会议制度、安全调度制度、事故统计报告制度和安全生产奖惩制度等。不断完善处理"四不放过"原则，将事故原因、事故处理、教育、责任落实到位。必须用制度的形式明确各级领导、各个部门、各岗位人员在安全工作中的责任。明确各自职责范围应该做什么，不应该做什么及其应负哪些具体责任。安全生产责任制既建立了一套完整的安全生产责任体系，又建立了安全生产管理的约束机制，使安全生产、劳动保护工作贯穿到工作的各个环节。

5. 组织创新是我国应对公共安全问题的组织保障

2001 年年初，我国组建了国家安全生产监督管理局，与国家煤矿安全监察局"一个机构、两块牌子"。2002 年 11 月，出台了《安全生产法》，安全生产开始纳入比较健全的法制轨道。2003 年，国家安全生产监督管理局（国家煤矿安全监察局）成为国务院直属机构，成立了国务院安全生产委员会。2003 年 6 月，国家煤矿安全监察局公布《煤矿安全监察员管理办法》。10 月，国家煤矿安全监察局、中国煤炭工业协会联合下发《关于在全国煤矿深入开展安全质量标准化活动的指导意见》。

2004 年 10 月，国家煤矿安全监察局发布《安全评价机构管理规定》；2004 年 11 月，颁布《国务院办公厅关于完善煤矿安全监察体制的意见》；12 月颁布了《煤炭经营监管办法》。中国公共安全在安全费用提取、安全风险抵押、煤炭资源有偿使用、煤层气开发利用、工伤责任保险、农民工技能培训等方面进行了制度创新，形成了政府统一领导、国家监察、地方监管、企业负责、群众参与、社会广泛支持的安全生产责任体系。

鉴于公共安全问题的严重性，2005 年年初国家安全生产监督管理局升格为总局。2005 年 3 月，国家发改委、国家安全生产监督管理总局、国家煤矿安全监察局联合下发了《煤矿瓦斯治理经验五十条》。2005 年 6 月，温家宝主持召开常务会议，通过《国务院关于促进煤炭工业健康发展的若干意见》，指出煤炭工业存在结构不合理、增长方式粗放、科技水平低、安全事故多发、资源浪费严重、环境治理滞后、历史遗留问题较多等突出问题。2005 年年底，鉴于安全生产领域存在的种种历史和现实问题，国务院提出"安全规划、安全投入、科技进步、宏观调控、教育培训、安全立法、激励约束考核、企业主体责任、事故责任追究、社会监督参与、监管和应急体制"等方面有利于安全生产的对策措施。目前，我国已确立"安全第一、预防为主、综合治理"的方针，安全制度也在不断完善。国务院已把国家安全生产监督管理局升格为国家安全生产监督管理总局，同时专设由总局管理的国家煤矿安全监察局。

2006 年年初，我国成立了国家安全生产应急救援指挥中心。2006 年是中国公共安全实现安全生产制度创新的一年，该年度公共安全生产确定了"安全第一、预防为主、综合治理"的安全生产方针，确立了以"两个主体"和"两个负责制"为内容的安全生产工作基本责任制度，强调建立包括群众监督、舆论监督和社会监督在内的安全生产监督参与机制。继续实行企业法人代表是安全生产的第一责任人，一名行政副职主管安全工作，总工程师对"一通三防"工作技术负全责。督促企业足额提取和使用好安全生产费用，用好安全生产国债、专项资金和预算内基本建设基金。

总之，组织创新为解决我国食品安全、社会安全、生产安全和防灾减灾等问题提供了组织上的保障，也利于多部门协同创新。

6. 创新要素体系是我国应对公共安全问题的实体性支撑

"创新要素"是指和创新相关的资源和能力的组合，通俗地讲，就是支持创新的人、财、物，以及将人、财、物组合的机制。

创新型领导人才，是指具有强烈创新意识和卓越创新才能的，一种积极务实、严谨有序、开放光大、不断进取创新的领导，能带来幸福和尊严，惠及广大而长远，能使社会生活各领域得到较为全面、健康、充分和持续的发展。创新型领导能够始终坚持与时俱进，科学判断形势，敏锐发现理论和实践中出现的新情况、新问题，创造性地解决矛盾，破解难题，开创工作的新局面，推动理论和实践的发展。创新型领导可分为魅力型领导、变革型领导、战略型领导。魅力型领导者有着鼓励下属超越他们的预期绩效水平的能力；变革型领导者鼓励下属为了组织的利益而超越自身利益，并能对下属产生深远而且不同寻常的影响。由于公共安全问题的复杂性、不可预测性，创新型领导人才培养非常重要。

团队是指为了实现某一共同的效益目标，紧密协作并相互负责的个体所组成的正式群体，包括目标、定位、权限、计划和人员五个因素。培养创新型人才团队是我国应对公共安全问题的人才基础。胡锦涛同志在 2007 年 1 月 9 日召开的全国科技大会上代表党中央、国务院提出了"建设创新型国家"的战略决策，并提出要"努力培育全社会的创新精神"，"培养造就富有创新精神的人才队伍"。党的十七大报告指出：提高自主创新能力，建设创新型国家。创新之本在于人，能否建设创新型国家，关键在于创新型人才的培育和使用。企业创新水平关键看它的企业团队。企业人才团队是一群个体的人组成的团队，他们为实现共同的目标和理想而协同工作。应对我国公共安全问题转型的创新水平与企业的创新型人才团队紧密相关。

投入是安全的经济保障。安全生产与经济效益的增长是企业生存和发展的两大根本问题。企业要长期稳定发展，必须明确安全生产与经济效益两者不可偏废的关系。没有安全，企业不能维持正常运转；没有效益，企业无法生存。合理安排安全投入，能减少和防止事故的发生，提高企业的经济效益。目前，我国解决公共安全问题资金的路径有积极争取国家资助、企业设立专项创新基金、争取不同渠道的社会投入、增加科技与教育经费、支持相关公共安全技术开发中心等。

7. 文化创新是我国应对公共安全问题的行为指导

企业文化创新对中国公共安全可持续发展具有重要的作用，它的衍生价值是非常广泛的。21 世纪，如何更好地做好中国公共安全文化创新呢？具体来说，中国公共安全文化创新包括以下方面。

首先，进一步创新安全文化思维。安全思维也叫安全价值观，是在安全方面衡量对与错、好与坏的最基本的道德规范和思想，对于企业来说它是一套系统，应当包括核心安全思维、安全方针、安全使命、安全原则，以及安全愿景、安全目标等内容。安全思维绝非一句简单的口号，而是企业安全文化管理的核心要素，不管提炼、修改还是传播，都应该慎之又慎。安全文化思维创新是十分重要的。安全文化思维要从单纯的生产领域，扩展到生产、服务、管理等领域，构建人-机-环境-管理协调发展安全系统。

其次，进一步普及安全知识、加强安全培训。俗话说："细节决定成败。"如果相关单位对员工多一点教育，对相关操作规程多一点细则，对作业环境多一点检查，作业人员自身进行作业时少一些侥幸心理、少一些麻痹大意、少一些违章操作，事故就可能会减少或避免。通过培训，使员工深刻认识到：安全不能代表一切，但安全可以否定一切。员工只有从思想上真正认识到安全工作的重要性，切实落实安全责任，不断完善各项规章制度，做好安全培训教育，从细微处严格把关，企业才能实现真正的安全生产，员工才会免受伤害，这是企业持续健康发展的根本。

最后，进一步促进安全行为文化创新。安全行为文化是安全文化的重要方面，也是建设安全文化的主要目标。安全行为文化是企业安全文化的动态部分。安全行为文化的建设包括领导、职工及家属安全行为的建设。做到五不伤害：不伤害自己、不伤害他人、不被他人伤害、帮助他人不被伤害、不伤害其他相关的财与物。

二、我国应对公共安全问题路径的特征

我国应对公共安全问题正处于人才、管理、科技等要素重新整合的重要阶段。它的创新水平直接决定了整合的效率。我国应对公共安全问题路径的特征体现为科学性、时代性、集成性、时效性等。

1. 科学性

科学性是指概念、原理、定义和论证等内容的叙述是否清楚、确切，历史事实、任务以及图表、数据、公式、符号、单位、专业术语和参考文献写得是否准确，或者前后是否一致等。公共安全问题非常复杂，这就要求我们的思维、制度、管理、科技、要素体系、文化等方面创新必须具有科学性特征，坚持将安全发展、科学发展融为一体。

2. 时代性

随着时代的发展，公共安全问题从生产领域扩展到食品领域，从有形的生产、消费领域扩展到无形的信息安全、高技术安全等领域。正是公共安全问题的不断出现，使应对措施必须赶上时代发展的需求，如应急管理体系建设正是在目前公共安全问题复杂化背景下产生的。公共安全科技的发展也是来源于公共安全问题越来越突出的客观需求。

3. 集成性

新中国成立以来，应对我国公共安全问题管理经过管理要素、管理过程、管理方式等不断转变的历程。21 世纪，应对我国公共安全问题管理创新是在继承原来管理基础上的创新，是整合计划经济和市场经济条件下管理的不断创新。例如，计划经济时期的生产管理、技术管理、质量管理、劳资管理、财务管理、环境保护管理方式在现在依然有效。只不过在当代为了实现科学发展，又凸显了一些新的管理模式和管理方法。管理创新是历史、现实集成的结果。从具体实践看，我国应对公共安全问题的路径来源于思维、制度、管理、科技、投入和文化等方面的集成创新，只有多方面协同创新，才可能从根本上解决我国公共安全问题。

4. 时效性

时效性是指信息的新旧程度、行情最新动态和进展。整体分析策略方案在一

定时间阶段是有效的。决策的时效性很大程度上制约着决策的客观效果。我国应紧紧把握其时效性特点，充分发挥其时效性的功能；应与时俱进，分析策略的有用性是其中最为重要的方面，即了解外部环境的变化并相应调整决策以利于生存和发展。我国公共安全问题在不同时代具有不同的特征。传统工业经济条件下，生产安全是最大的公共安全问题。随着生产安全问题不断控制，人们对生活质量要求的不断提升，公共安全问题转向食品、社会公共问题。我国应对公共安全问题的路径必须体现时效性，与时俱进，这样才能有效解决目前我国的公共安全问题。

可操作性是用具体的测试（testing）或者测量（measurement）标准来陈述事物。这些标准的建立还必须有实证参考——可数、可测或者是其他通过我们的感官可以获取的信息数据。管理需要通过可测量的指标体系来实现。目前，我国公共安全管理、制度、科技等方面创新具有实践性基础，能够解决现实问题。

总之，应对公共安全问题是思维、制度、管理、科技、文化等方面不断创新的过程。其中，公共安全科技是解决公共安全问题的科技支撑，不仅对公共安全科技本身具有重要的变革力，而且对公共安全产品、产业、制度、文化等发展也具有重要的变革力，它的发展路径水平在一定程度上反映了我国应对公共安全问题的科技水平。

第二节　公共安全科技发展广义语境路径的模型

安全科学是 20 世纪 70 年代才开始在国外兴起的；1973 年，美国最早出版《安全科学文摘》杂志；1981 年，德国安全专家赫曼出版《安全科学导论》专著。1991 年，中国劳动保护科学技术学会创办了《中国安全科学学报》。随着社会建设的不断推进，公共安全问题越来越受到政府和民众的重视，公共安全科技作为安全科学的分支，也成为公共安全科技发展的重要领域。公共安全科技活动也从服务于国家安全的军事科技向民用科技等方面转变。因此，公共安全科技是由政府管理部门、研发机构、企业和民众参与，为了解决包括自然灾害、事故灾难、公共卫生和社会安全等公共安全问题组成的公共安全科技体系。

一、我国公共安全科技发展的历程

我国的公共安全科技活动经历了管理范围和职能权限不断扩大的过程。从公共安全科技活动主体看，自新中国成立以来，已形成包括政府公共管理部门、高校等研发机构、企业和民众参与的多元主体。从政府的职能看，"现代政府是以提供公共产品、为人民服务为首要职责的"[①]。公共安全科技是最重要的公共

---

① 黄顺康：《公共危机管理与危机法制研究》，北京：中国检察出版社 2006 年版，第 171 页。

安全产品，是公共安全的重要支撑。很显然，政府在公共安全科技发展中承担领导责任和服务责任。一方面，公共安全科技的基础研究需要政府投入；另一方面，公共安全科技管理体系的运作需要政府管理。再者，公共安全科技人才的培养需要政府加大投入。因此，政府在公共安全科技发展过程中具有重要作用。"美国建立以总统为中心，以国家安全委员会为决策中枢的管理模式。日本建立采用内阁危机管理总监统一归口管理的方式。俄罗斯危机管理机制也是以总统为核心。"① 中国设置了公共安全组织管理体系，总理是总负责人，每个省（自治区、直辖市）一般都是由省长（主席、市长）来负责。新中国成立以来，我国先后成立地震局、国家煤矿安全监察局、国家防汛抗旱总指挥部、国家环保总局、国家煤矿安全监察局和国家安全生产监督管理局等政府公共安全科技部门。

2006 年，我国一些高校和科研院所成立了公共安全研究中心，如清华大学公共安全研究中心、中国科技大学火灾科学国家重点实验室，另外，同济大学还进行了有关风洞方面的研究。企业作为公共安全的参与者，既是公共安全科技的应用者，又是公共安全科技的转化者。民众是公共安全科技的使用者和推动者。一方面，无论公共安全科技发展的好与坏，都由民众来承担。另一方面，民众又是公共安全科技的推动者。因此，民众对公共安全科技的需求成为推动公共安全科技发展的重要动力。

随着公共安全问题的不断多元化，我国公共安全科技服务的对象也走向多元化。新中国成立初期，我国的公共安全科技主要服务于自然灾害。改革开放初期，随着环境问题的不断加剧，我国的生态环境科技产业不断壮大。1992 年 11 月 1 日，《学科分类与代码》（GB/T13745—92）将安全科学技术列为一级学科，包括 5 个二级学科、27 个三级学科组成的学科群，主要涉及公共安全工程技术、公共卫生工程技术、公共安全系统工程等。2006 年，《国家中长期科学和技术发展规划纲要（2006—2020 年）》首次把公共安全科技作为独立领域进行战略研究，形成包括自然灾害、事故灾难、公共卫生和社会安全等公共安全科技发展体系。所以，我国公共安全科技的服务对象从狭义的服务于自然灾害向社会安全、公共卫生安全等方面扩展。

二、公共安全科技发展的风险分析

公共安全科技发展过程中存在很多的不确定性因素。这些不确定性因素使公共安全科技的发展充满了各种风险。

---

① 朱正威，张莹：《发达国家公共安全管理机制比较及对我国的启示》，《西安交通大学学报》2006 年第 2 期，第 45-52 页。

1. 投入的风险

公共安全科技不同于一般的科学技术的主要原因在于它的价值取向。公共安全科技以服务于整个社会为己任，包括公共部门和私人部门（私有企业和民众）。它的价值取向集中体现为公共性和安全性。那谁应该成为公共安全科技的投入主体呢？从公共安全科技研发过程看，显然，政府作为服务于公共事务和社会安全事务的部门，应成为公共安全科技基础研究的投入主体。但是，公共安全科技不应由政府一方投入。公共安全科技的成果转化显然需要由企业来承担。因此，企业需要对公共安全科技的转化进行投入。由于公共安全科技的公共性特征，使得企业的投入充满了风险。

从公共安全科技消费群体看，政府、企业、民众是公共安全科技的投入主体。政府需要购买公共安全科技产品，以服务于公共安全的不同领域。企业作为经济主体，需要购买服务于企业安全生产、环保生产的公共安全科技。民众作为公共安全的群体基础，也是公共安全科技消费的主体。从发达国家发展情况看，一些公共安全科技产品成为民众家庭或个人安全必需的装备，如一些救生装备、环保装备、卫生安全装备等。"公共安全相关产业发展成熟后还能够增加财政收入，促进 GDP 的增长。"[1]

由于政府和企业作为研发过程和消费过程的投入主体，必然存在投入矛盾。这种矛盾的存在进一步加大了公共安全科技的投入风险。总之，由于公共安全科技的公共性、研发和消费投入的双重性，使公共安全科技的投入存在很大的风险。

2. 利益冲突的风险

从利益主体看，公共安全科技涉及公共利益、企业利益（生产型企业和科研型企业）和管理部门利益。从参与主体看，公共安全科技包括公共安全研究部门、企业、公共管理部门和民众。利益冲突不仅存在于参与主体之间，而且存在于参与主体内部，这与参与主体的利益选择紧密相关。公共安全研究部门以公共利益最大化为己任，特别建立公共安全预防体系、公共安全科技创新体系、公共安全管理体系。因此，对于公共安全研究部门来讲，并不存在明显的利益冲突，而对于企业、公共管理部门，由于所选择的利益倾向不同，从而产生利益冲突。

公共管理部门作为服务于公共安全活动的政府部门，它的管理过程涉及部门利益和公共利益的冲突。公共管理部门的行为结果分为以下四个方面："①公共管理部门业绩，主要表现为公共管理部门为社会活动提供的服务数量和质量。②公共管理部门的行政效率。③行政效能。效能是指公共管理部门行政体系所生产的

---

① 薛娇：《构建公共安全科技体系，保障社会经济良性运转》，《中国高校科技与产业化》2008 年第 7 期，第 17-20 页。

'产品'（包括社会公共政策、社会服务机构、政府职能部门、社会保障体系等）向民众提供的服务水平。④公共管理部门行为的成本。"① 在实际的公共安全活动中，公共管理部门存在部门利益与公共利益的冲突，也就是存在行政效能与成本的矛盾。这种矛盾影响了公共安全科技的发展。从"三鹿奶粉事件"也可以看出，由于三鹿奶粉获得了"国家免检产品""中国驰名商标"等称号，节约了管理部门的管理费用，但同时也使服务于公共安全的监测技术处于被忽视的境地，使中国检验奶粉所含蛋白质的方法明显落后于国际标准，仅停留在"凯氏测氮法"，进而无法对有毒有害化学物质进行检测。因此，由于利益冲突，使公共安全科技的发展存在很多的风险。

根据与企业利益的关联度，我们可以将企业的影响力分为五个层次：民众、企业、相关企业或行业层次、公共管理部门。"当法律义务或广泛承认的职业标准可能被个人利益，特别是那些不公开的利益危及时，潜在或实际的利益冲突产生。"②当企业与相关利益群体存在利益关系时，企业倾向于不同利益的选择，将在不同群体之间产生利益冲突。这种利益冲突也体现在公共安全科技问题上。如果企业将企业个体的利益放在第一位，忽视民众、相关行业的利益，必然出现这样的境域，即对公共安全科技的研发投入和消费投入的不足，甚至漠视公共安全科技。

3. 科学技术发展的风险

公共安全科技是理、工、文、管等多学科交叉融合的科学技术。从公共安全科技发展过程看，"它既涉及基础研究，又涉及技术攻关，也涉及成果转化和产业化"③。公共安全科技作为科学技术发展的一个分支，它本身发展带来的风险表现在以下两个方面。

一方面，由于公共安全问题处于动态之中，而公共安全科技的发展往往滞后于相关的公共安全问题，表现为发展的滞后性。公共安全科技本身发展的滞后性，使公共安全问题的解决处于两难境地，"我们有足够的信息认为这是一个问题，但没有足够的信息通知决策者如何对待它"④。因为过去的技术意味着风险监管将可能被推迟，只有到真正的证据出现时，新的公共安全科技才可能取得发展。另一方面，由于公共安全问题发生的不确定性，使公共安全科技研发与转化无法进行成本与效益的评估。

① 周卓儒，王谦，韩才义：《公共管理部门的目标管理现状及对策研究》，《西南交通大学学报》2003 年第 7 期，第 37-41 页。

② Association of Academic Health Center：Conflicts of Interest in Academic Health Centers：A Report by the AHC Task Force on Science Policy[R]，Washington，1990.

③ 薛娇：《构建公共安全科技体系，保障社会经济良性运转》，《中国高校科技与产业化》2008 年第 7 期，第 17-20 页。

④ Marchant G E，Sylvester D J，Abbott K W：Risk Management rinciples for nanotechnology，Nanoethics，2008，2：43-60.

4. 认知的风险

公共安全科技作为科学技术发展的一个方向，作为解决公共安全问题的重要保障，作为涉及公共利益、企业利益和部门利益的活动，由于公共管理部门、企业、民众在认知方面存在的问题，影响了公共安全科技的发展水平。

长期以来，公共安全科技主要指公共领域的科学技术。因此，企业和民众形成一种认识，即公共安全科技是政府的事情。随着公共安全科技范围的不断扩展，公共安全科技需要企业和民众的参与。因此，由于传统认知存在的误区，使公共安全科技的发展陷入困境。

另外，我国公共安全科技在管理、制度建设等方面存在一些问题，表现在公共安全科技研发和管理部门众多，但无法协同；公共安全科技发展领域广泛，缺乏统一、协调的创新体系；研究基础弱，人才缺乏系统整合；缺乏相关的政策、法律、法规支撑。

三、公共安全科技发展广义语境路径的模型

公共安全科技发展广义语境路径既是公共安全科技从历史语境向认知语境、科学语境和社会语境转换的过程，同时也是解决公共安全科技发展风险的过程。从广义语境看，历史语境为公共安全科技发展提供研究基础，历史语境中公共安全问题为公共安全科技发展提供问题来源，历史语境中公共安全科技发展水平为公共安全科技发展提供进一步研究的基础。认知语境为公共安全科技发展提供可能空间。随着公共安全问题的不断凸显，科学共同体、政府、企业和民众越来越认识到发展公共安全科技的重要性。科学语境为公共安全科技发展提供学科建设和知识创新与转化等。社会语境为公共安全科技发展提供最终实验场。公共安全科技作为解决公共安全问题的科技支撑，它发展的关键是要回到社会语境解决公共安全问题。支撑语境为公共安全科技发展提供保障。因此，公共安全科技发展广义语境路径是它在历史语境、认知语境、科学语境、社会语境和支撑语境等不断转换的过程。

设公共安全科技发展广义语境路径为 Q，主语境路径为 X，支撑语境路径为 Y，那么 $Q = W_0 (X, Y)$。公共安全科技发展广义语境模型表征了公共安全科技在主语境和支撑语境之间交叉融合的过程（图 6-1）。而对于主语境和支撑语境来讲，又具有自己的语境因素和结构。

公共安全科技发展主语境路径为 X，历史语境为 $A = (a_1, a_2, a_3, \cdots, a_n)$，认知语境为 $B = (b_1, b_2, b_3, \cdots, b_n)$，科学语境为 $C = (c_1, c_2, c_3, \cdots, c_n)$，社会语境为 $D = (d_1, d_2, d_3, \cdots, d_n)$，那么 $X = W_1 (A, B, C, D)$，其中 a_1，a_2，a_3 等构成历史语境的相关要素，如公共安全问题、公共安全科技发展水平等；

b_1，b_2，b_3 等构成认知语境的相关要素，如科学共同体认知、政府认知、企业认知、民众认知等；c_1，c_2，c_3 等构成科学语境的相关要素，如与公共安全科技相关的自然科学、技术科学和人文社会科学等学科建设和知识创新水平；d_1，d_2，d_3 等构成社会语境的相关因素，如公共安全科技对要素结构、产品结构和产业结构的变革等。

公共安全科技支撑语境路径为 Y，科技规划为 $E=(e_1, e_2, e_3, \cdots, e_n)$，部门协同创新为 $F=(f_1, f_2, f_3, \cdots, f_n)$，传播机构建设为 $G=(g_1, g_2, g_3, \cdots, g_n)$，要素体系为 $H=(h_1, h_2, h_3, \cdots, h_n)$，国际合作为 $I=(i_1, i_2, i_3, \cdots, i_n)$，评估体系为 $J=(j_1, j_2, j_3, \cdots, j_n)$，那么 $Y=W_2(E, F, G, H, I, J)$，其中 e_1，e_2，e_3 等构成科技规划的相关要素，如国家科技发展规划、科学基金、星火计划、公共安全科技专项计划等；f_1，f_2，f_3 等构成部门协同的要素，如企业、大学、科研院所、政府、创新基地和平台、产业化基地等；g_1，g_2，g_3 等构成传播的相关要素，如公共安全科技杂志、网络、发展协会、产业协会、企业协会、人才协会等；h_1，h_2，h_3 等构成人才、资金、市场等相关因素；i_1，i_2，i_3 等构成国际合作的相关因素，如公共安全科技国际合作组织建设、要素合作和信息共享等。

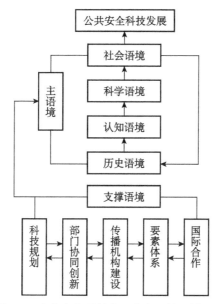

图 6-1　公共安全科技发展广义语境的模型图

第三节　公共安全科技发展广义语境路径的实证分析

目前，我国公共安全科技发展广义语境路径是否畅通需要评估。我们需要根据公共安全科技发展的路径构建评估体系，发现问题，提出解决对策。

一、公共安全科技发展广义语境路径的评估体系

公共安全科技作为民生科技发展的重要领域，它的评估指标体系包括主语境和支撑语境。主语境由历史语境、认知语境、科学语境和社会语境等组成；支撑语境包括公共安全科技规划、部门协同创新、传播机构建设、要素体系和国际合作等。

1. 评估指标体系

公共安全科技发展广义语境路径是公共安全科技在不同语境转换的过程。因此，公共安全科技发展广义语境路径评估指标体系不仅包括公共安全科技在历史语境、认知语境、科学语境和社会语境不断发展的指标，还包括科技规划、传播机构建设、要素体系、部门协同创新、国际合作等语境对公共安全科技发展广义语境路径支撑的评估指标（图 6-2）。

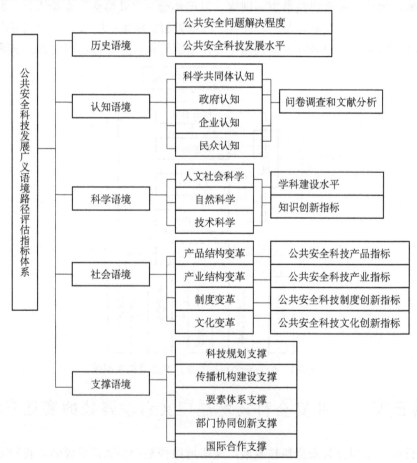

图 6-2　公共安全科技发展广义语境路径的评估指标体系

2. 若干评估指标的说明

（1）关于历史语境指标的说明。历史语境指新中国成立以来公共安全科技发展的历程，包括公共安全科技本身发展水平及公共安全问题解决程度。在《1991—1995年全国科学技术发展规划纲要》中，公共安全科技第一次作为我国科学技术发展的领域被列入。公共安全问题解决程度来源于政府公开发布的相关信息。公共安全科技发展指标主要包括该时期投入与产出指标。

（2）关于认知语境指标的说明。认知语境是不同群体在精神层次与公共安全科技相互作用的过程。科学共同体、政府、企业和民众对公共安全科技的认知度可以通过问卷调查法进行分析。问卷应包括不同群体对公共安全科技发展领域、发展水平、需求等认知水平的调查。

（3）关于科学语境指标的说明。公共安全科技发展涉及人文社会科学、自然科学和技术科学。学科建设水平是公共安全科技在科学语境发展的重要衡量指标，包括学科等级和学科门类的建设。知识创新指标体现了公共安全科技自主创新的水平，我们可以用发明专利数及 SCI、EI、ISTP 系统收录我国公共安全科技论文数等作为衡量公共安全科技知识创新与应用的重要指标。

（4）关于社会语境指标的说明。20 世纪初，一些发达国家科技进步对经济增长贡献率只占 5%~10%，而在 20 世纪末已达到 60%~80%。科技进步成为经济社会发展的主要驱动力，促进产品结构和产业结构等不断变革。公共安全科技产品结构分析公共安全科技产品的种类、所占比重等。公共安全科技产业结构主要分析公共安全科技产业的构成及比例关系。制度变革和文化变革主要分析公共安全科技发展中促进公共安全经济制度、财税制度、管理制度及安全文化等方面的变革。

（5）关于支撑语境指标的说明。新中国成立以来，我国政府先后制定了《1963—1972 年科学技术规划纲要》《1978—1985 年全国科学技术发展规划》等十个中长期科技规划，科技规划已成为公共安全科技发展的重要支撑，我们需要对科技规划的支撑作用进行系统分析。公共安全科技传播机构建设对提高不同群体认知水平具有重要的支撑作用，主要对涉及公共安全科技专业杂志、网站、协会等支撑作用进行分析。要素体系主要包括对公共安全科技人才、经费等支撑作用进行分析。部门协同创新为公共安全科技实现"政产学研用"一体化提供支撑。国际合作主要分析公共安全科技发展领域、经费、人员等方面的国际合作情况。

3. 评估指标等级和权重的设计方法

对于每个语境的一级指标来讲，我们首先在定性和定量分析基础上，将每个语境一级指标发展情况分为高、较高、一般、差和无五个等级，并分别赋予 1、

0.75、0.50、0.25、0 不同值来衡量，将绝对指标转换为相对指标以评估公共安全科技发展广义语境路径畅通程度。

在指标体系中，我们不仅应反映公共安全科技在不同语境的发展水平，还应反映其所占的权重。各指标对目标的重要程度是不同的，确定指标权重可以使评估工作实现主次有别。用不同方法确定的指标权重可能会有一定的差异，这是由不同方法的出发点不同造成的。由于公共安全科技发展广义语境路径各种因素具有层次关系，并形成有序层。我们采用组合权重法，将不同方法确定的权重，通过一定的统计方法进行综合得到指标的权重。

根据公共安全科技发展广义语境路径并征求有关专家和决策者的意见基础上确定公共安全科技在不同语境发展路径的权重。历史语境作为基础性因素，权重比较低，设为 0.1；认知语境为公共安全科技发展提供可能空间，所占权重比较高，设为 0.2；公共安全科技作为科学技术发展的重要领域，科学语境所占权重设为 0.2；公共安全科技主要用于解决民生问题，社会语境所占权重最高，设为 0.3；大科学时代，公共安全科技发展成为社会的事业，需要科技规划、传播机构建设、要素体系、部门协同创新及国际合作等支撑，支撑语境所占权重比较高，设为 0.2（表 6-1）。

这样一来，公共安全科技发展广义语境路径程度是发展等级和权重的统一。设公共安全科技发展广义语境路径为 Y，一级指标评估等级为 M_i，权重为 N_i，则 $Y = \sum_{i=1}^{17} M_i N_i$，$0 \leqslant Y \leqslant 1$。公共安全科技发展广义语境路径评估指标值越高，说明公共安全科技发展广义语境路径越畅通，指标值越低说明公共安全科技发展广义语境路径障碍越多。

表 6-1　公共安全科技发展广义语境路径评估的主要指标参考权重

评估方面	一级指标	参考权重	1
历史语境	公共安全问题解决水平	0.05	0.1
	公共安全科技水平	0.05	
认知语境	科学共同体认知	0.05	0.2
	政府认知	0.05	
	企业认知	0.05	
	民众认知	0.05	
科学语境	公共安全科技学科建设水平	0.1	0.2
	公共安全科技知识创新水平	0.1	
社会语境	公共安全科技产品结构	0.1	0.3
	公共安全科技产业结构	0.1	
	制度变革	0.05	
	文化变革	0.05	

续表

评估方面	一级指标	参考权重	1
	科技规划	0.04	
	传播机构建设	0.04	
支撑语境	要素体系	0.04	0.2
	部门协同创新	0.04	
	国际合作	0.04	

二、公共安全科技发展广义语境路径的实证分析

1. 历史语境

公共安全科技首先来源于解决公共安全问题的现实需要。《关于加快发展民生科技的意见》中指出：发展公共安全科技主要是要大力提升食品安全保障能力、生产安全能力和公共安全保障水平。加强核心技术突破、技术系统集成和重大装备研发，全面提升我国公共安全的科技支撑能力。所以，公共安全科技发展的历史语境主要看食品安全科技、生产安全科技和公共安全保障科技自被提出后的发展水平。

从解决公共安全问题水平看，"2008年以来，我国遭受诸多劫难：冰雪肆虐、汶川地震、胶济撞车、襄汾溃坝、阜阳疫情、结石奶粉，还有藏独及疆独的暴力破坏活动加剧，基层社会动荡失序状态有所抬头。"[①] 公共安全问题比较突出，解决水平比较低，等级值为0.25，权重为0.05，则公共安全问题解决的指标值为0.25×0.05＝0.0125。

从公共安全科技发展水平看，大科学时代，科学技术的发展逐步成为国家的事业，成为国家科技规划的重要内容。《1978—1985年全国科学技术发展规划纲要》中首次将煤矿安全技术的研究作为能源安全发展的技术支撑；《1991—2000年科学技术发展十年规划和"八五"计划纲要》首次将公共安全作为促进社会发展的重要支撑，主要加强对治安灾害事故的预防和查处新技术研究。从学科建设看，1992年，《学科分类与代码》中"安全科学技术（代码620）被列为58个一级学科之一，其中包括安全科学技术基础、安全学、安全工程、职业卫生工程、安全管理工程5个二级学科和27个三级学科"[②]。《学科分类与代码》（GBT13745—2009）中公共安全科技成为安全科学技术二级学科。根据中国食品科技网相关资料，我国食品安全科技主要发展食品质量管理、食品检验技术。从知识创新与应

---

① 刘助仁：《2008年以来突发事件频发对我国公共安全问题的启示》，《经济研究参考》2008年第13期，第63页。

② 刘潜，张爱军：《"安全科学技术"一级学科修订》，《中国安全科学学报》2009年第6期，第19页。

用水平看，"2010 年，公共安全发明专利数 4 件，食品安全发明专利 1 件，安全生产发明专利 8 件，应急技术发明专利 212 件，国内发明专利授权量共 35 万件"[①]。所以，公共安全科技学科建设比较晚，公共安全科技发明专利数比较少，水平低，等级值为 0.25，权重为 0.05，指标值为 0.25×0.05＝0.0125。公共安全科技发展广义语境路径的历史语境评估指标值为 0.0125＋0.0125＝0.025。

从历史语境看，公共安全问题解决水平有待提高，关于公共安全问题发生的规律、特征等方面研究比较欠缺。公共安全科技水平有待进一步从学科建设和创新能力方面提高。

2. 认知语境

我国政府认识到解决公共安全问题，加强公共安全科技学科建设的重要性，在《国家中长期科学和技术发展规划纲要（2006—2020 年）》中首次把公共安全科技作为独立领域进行战略部署，并对公共安全科技发展进行专项规划，但是，地方政府对公共安全科技发展的重要性认知水平比较低，有些领导干部甚至不知道公共安全科技包括哪些内容。

煤炭、交通运输、食品等企业已认识到大力发展公共安全科技的重要性，但是一些小企业、民营企业总是存在侥幸心理，不重视发展公共安全科技，从总体上看，企业对公共安全科技认知水平一般。

科学共同体对公共安全科技的认识差距比较大，高危行业比较重视，一些行业对安全比较重视，但对公共安全还是重视度不够。

民众已认知到公共安全问题的重要性，但是对公共安全科技内容认知比较欠缺。从认知语境看，不同群体存在认知差距，表现在对公共安全科技重要程度认知不同，领域认知不同，相关科技标准存在认知差距。

这样一来，公共安全科技发展广义语境路径的认知语境评估指标值为 0.5×0.05＋0.5×0.05＋0.5×0.05＋0.25×0.05＝0.088。

3. 科学语境

从学科建设水平看，《学科分类与代码》（GBT/3745—2009）新增公共安全科技。公共安全科技包括自然科学与技术层面的公共安全检测检验、监测监控、预测预警、信息工程等，社会科学层面包括公共安全风险评估与规划、应急决策指挥、应急救援等。根据程根银主编的《安全科技概论》，公共安全包括社区安全、交通安全、消防安全、公共卫生安全、休闲安全。公共安全科技主要是针对这些方面展开安全理念教育、安全标准确定、安全审计、安全技术推广、监测体系建

---

① 中国专利网. http://211.157.104.87:8080/sipo/zljs/hyjs-jieguo.jsp[2012-03-10].

设和应急体系建设等，涉及公共安全文化、管理、经济学、技术和科学等学科建设。安全经济学包括安全经济哲学、安全经济基础科学、安全经济技术科学和安全经济工程技术学。安全管理学包括安全管理基本理论、安全管理技术、安全管理模式等内容。但是，总体上公共安全科技学科建设处于起步阶段，水平比较低，评估等级值为 0.25，权重为 0.1，指标值为 0.025。

从知识创新水平看，"2011 年公共安全发明专利 2 件，食品安全发明专利 2 件，安全生产发明专利 14 件，应急技术发明专利 261 件，国内发明专利授权量共 31.9 万件"[①]。知识创新与应用水平比较低，专利数比较少。评估等级值为 0.25，权重为 0.1，指标值为 0.025。

这样一来，从科学语境看，公共安全科技学科建设体系比较简单，需要进一步完善；公共安全科技知识创新与应用比较低。公共安全科技发展广义语境路径的科学语境评估指标为 $0.25×0.1+0.25×0.1=0.05$。

4. 社会语境

根据中商情报网发布的《2008—2009 年中国环保及社会公共安全专用设备行业评估及财务分析报告》，目前我国年销售收入 500 万元以上、从事环保及社会公共安全专用设备行业的非公有企业数达 1936 家。根据 2007 年我国名牌产品列表，共有 1967 种产品，其中安全产品只有 11 种，产品结构不合理，有些领域公共安全产品比较多，有些比较空缺，发展不平衡。公共安全科技对产品变革处于起步阶段，评估等级值为 0.25，权重为 0.1，评估值为 $0.25×0.1=0.025$。

工信部于 2012 年颁布的《产业结构调整指导目录》中，新增了"公共安全与应急产品"的产业类别。公共安全科技正在引领公共安全科技产业的发展。但是水平比较低，评估等级值为 0.25，权重为 0.1，评估值为 $0.25×0.1=0.025$。

公共安全科技发展也在促进制度变革，表现在生产、食品、公共安全保障等方面安全标准的制定与修订，相应法律与法规的制定与修订，应急体系的制度化和规范化等。企业生产安全已建立了比较完整的安全制度体系，涉及班组、管理层、生产现场等。社区、交通、消防、休闲、保健等公共领域已建立相应的行为准则、管理体系。我国安全生产法律法规按层次由高到低为国家根本法、国家基本法、劳动综合法、安全生产与健康综合法、专门安全法、行政法规、安全标准。应用专业内容分为安全技术法规、工业卫生法规和安全管理法规。国家高度重视食品安全，早在 1995 年就颁布了《食品卫生法》。在此基础上，2009 年 2 月 28 日十一届全国人大常委会第七次会议通过了《食品安全法》。《食品安全法》是适应新形势发展的需要，为了从制度上解决现实生活中存在的食品安全问题，更好

---

① 中国专利网. http://211.157.104.87:8080/sipo/zljs/hyjs-jieguo.jsp[2012-05-03]。

地保证食品安全而制定的，其中确立了以食品安全风险监测和评估为基础的科学管理制度，食品安全风险评估结果作为制定、修订食品安全标准和对食品安全实施监督管理的科学依据。但是，到目前为止还没有公共安全法，需待出台。在整个公共安全领域中，公共安全法律法规起着规范性、基础性的作用。张付领等编著的《公共安全法学与法律法规概论》分析了建立公共安全法的必要性和可能性。只有具备完善的公共安全法律制度和法律体系，公共安全工作才能真正走上法治的轨道。综合中国各个领域中涉及公共安全的现行法律法规，试图以此为出发点，并参照法理学和国外相关法律体系，来构建独具中国特色的公共安全法学体系。针对食品安全问题，我国已建立民众参与奖励制度。从总体上来看，公共安全制度建设不平衡，整体水平处于中等，这样公共安全科技发展对制度变革的评估等级值为 0.5，权重为 0.05，评估值为 $0.5 \times 0.05 = 0.025$。

公共安全科技发展也在促进文化变革，表现在安全文化不断深入生产、食品、社会公共领域中。安全文化起源于 20 世纪 80 年代国际核工业领域。国际核安全咨询组在 1991 年编写的"75-INSAG-4"评审报告中，首次定义了"安全文化"的概念，并建立了一套核安全文化建设的思想和策略。1992 年，《核安全文化》一书中文版出版，核安全文化模式开始与我国传统文化进行融合。安全文化有狭义和广义之分，狭义文化主要指存在于单位和个人中的种种素质和态度的总和，它建立了一种安全超出一切之上的理念。广义的安全文化不仅包括观念文化、行为文化和管理文化，而且包括物质文化等。这里安全文化主要指狭义的安全文化。目前，我国安全文化主要倡导以"安全第一，生命至上"为核心的价值观，主要包括企业安全文化，以及社区、交通、消防、休闲、保健等公共领域安全文化的建设。企业安全文化在促进企业安全发展中具有导向、凝聚、规范、辐射、激励和调适等功能。公共领域安全文化建设主要在于提高民众、管理者等不同主体的公共安全意识。目前，我国在公共交通如地铁、公交车、飞机等方面都有相应的安全文化教育和普及，包括如何提高自己安全意识，如何应对危机等。社区也有一些相应的安全知识教育，以提高民众在社区生活的安全意识。目前，民众对食品安全文化、休闲安全文化、保健安全文化等方面的知识比较欠缺，相应地，这些方面的理念也是比较欠缺的。总之，不同安全文化发展不平衡，整体水平处于中等，因此公共安全科技发展对文化变革的评估等级值为 0.5，权重为 0.05，评估值为 $0.5 \times 0.05 = 0.025$。

从社会语境看，公共安全科技产品、产业化水平比较低，公共安全制度和法律体系有待进一步完善，公共安全文化建设有待进一步推进，使安全文化从理念上升到制度、科学技术层次，成为指导不同群体工作和生活的价值选择。公共安全科技产品和产业正处于起步阶段，发展水平比较低。这样一来，公共安全科技发展广义语境路径的社会语境评估指标为 $0.025 + 0.025 + 0.025 + 0.025 = 0.1$。

5. 支撑语境

从科技规划支撑看，《国家"十二五"科学和技术发展规划》指出重点解决人民群众最关心的重大公共安全科技问题，大力发展人口健康科技、公共安全科技等。《关于加快发展民生科技的意见》《关于印发国家公共安全科技发展"十二五"专项规划的通知》进一步指出，"十二五"期间，公共安全科技发展的目标、方向、任务和措施，要加大对公共安全科技的领导、投入、国际合作和科普力度。科技规划对公共安全科技的支撑不仅在于规划的制定，关键在于规划的落实。目前一些省市对公共安全科技规划的落实处于起步阶段，水平比较低，指标值为 0.25×0.04＝0.01。

从传播机构建设看，目前，我国涉及公共安全科技专业杂志有《中国安全科学学报》《安防科技》《广东公安科技》《中国公共安全》等；公共安全科技传播网站有公安部社会公共安全产品行业信息网、中安网、中国安防行业网、安全文化网、安防知识网等；公共安全协会包括国家及地方安全防范产品行业协会、公共安全技术防范协会、社会公共安全防范行业协会等。从传播机构建设看，重视对科学共同体、企业公共安全科技的传播，民众接受公共安全科技渠道比较有限，主要通过报纸、电视等传媒机构，形式比较单一，多是一些报道。所以，公共安全科技传播机构建设支持度一般，等级值为 0.5，权重为 0.04，指标值为 0.5×0.04＝0.02。

从要素体系看，2012 年教育部新颁布高校本科专业中，安全科学与工程专业被列为一级学科；《关于印发国家公共安全科技发展"十二五"专项规划的通知》中指出，要以重点大学和科研机构为依托，在国家人才计划中加强公共安全科技人才和研究团队的培养，推进高等学校、科研院所与大型企业联合培养公共安全工程技术人才。但是，我国还没有公共安全科技独立专业，因此公共安全科学与技术、公共安全人文科学和社会科学人才还是比较缺乏的。"'十五'期间，安全生产领域从国家有关渠道获得的科研经费平均每年仅 1600 余万元。"[①] "2010 年我国公共安全科技落实资金 12 445 万元，占社会发展和社会服务国家主体性计划项目投入 21.8%。"[②] 由此可见，公共安全科技投入增加速度快。但是，公共安全科技财税政策和金融政策等建设还需要进一步完善。从以上分析看，等级值为 0.5，权重为 0.04，要素支撑等级为一般，指标值为 0.5×0.04＝0.02。

从部门协同看，近年来我国积极推进部门联动，科技部会同公安部、交通运输部、卫生和计划生育委员会、质检总局、安全监管总局等部门，组织实施了科技强警示范城市建设、道路交通安全科技行动，食品安全、矿山安全、危化品安全和防灾减灾等协同创新。刚刚闭幕的十八届三中全会做出了许多重要决议，其

---

① 范维澄：《公共安全科技问题与思考》，2010，http://wenku.baidu.com/view/af5641ea76e58fafab00308 [2011-06-10].
② 国家统计局，科学技术部：《中国科技统计年鉴（2011）》，北京：中国统计出版社 2011 年版，第 170 页。

中设立国家安全委员会，习近平主席明确指出：国家安全和社会稳定是改革发展的前提。设立国家安全委员会，加强对国家安全工作的集中统一领导已是当务之急，其根本目的就是为了筹划国家安全战略和确保国家综合安全。当今世界，设立国家安全委员会或者设立类似的机构的国家越来越多，据不完全统计，设立国家安全委员会的国家大概有 40 多个。除了我们比较熟悉的一些大国，如美国、俄罗斯、英国、法国、德国、印度等以外，还有很多中小国家也都相继建立了类似国家安全委员会的国家安全机构。比如，1962 年韩国设立了国家安全保障会议，1999 年巴基斯坦成立了国家安全委员会，1995 年以色列成立了国安委，1973 年乌拉圭成立了国安委，1989 年伊朗建立了国家安全委员会，此外还有波兰、荷兰、沙特、埃及、巴西、智利等。但是，从整体来看，部门协同没有形成协同机制，水平比较低，等级值为 0.25，权重为 0.04，指标值为 $0.25 \times 0.04 = 0.01$。

从国际合作看，公共安全科技已成为美国、日本、欧盟等国家和地区科技规划的重要领域，我国重视发展公共安全科技也是适应世界潮流。国际合作形式有考察访问、国际会议、合作研究、培训、展览会等，目前我国公共安全科技国际合作主要表现为国际会议、展览会形式，国际合作水平比较低，等级值为 0.25，权重为 0.04，指标值为 $0.25 \times 0.04 = 0.01$。这样一来，公共安全科技发展广义语境路径的支撑语境评估指标为 $0.01 + 0.02 + 0.02 + 0.01 + 0.01 = 0.07$。

所以，公共安全科技发展广义语境路径评估指标值为不同语境指标值的总和，即 $0.025 + 0.088 + 0.05 + 0.1 + 0.07 = 0.33$，基本能够客观反映公共安全科技发展广义语境路径现状及存在问题（表 6-2）。

表 6-2　公共安全科技发展广义语境路径的评估指标对比表

评估方面	一级指标	等级值	参考权重		实际值 0.33	比例/% 33
历史语境	公共安全问题解决水平	0.25	0.05	0.1	0.025	25
	公共安全科技水平	0.25	0.05			
认知语境	科学共同体认知	0.5	0.05	0.2	0.088	44
	政府认知	0.5	0.05			
	企业认知	0.5	0.05			
	民众认知	0.25	0.05			
科学语境	公共安全科学学科建设水平	0.25	0.1	0.2	0.05	25
	公共安全科技知识创新水平	0.25	0.1			
社会语境	公共安全科技产品结构	0.25	0.1	0.3	0.1	33
	公共安全科技产业结构	0.25	0.1			
	制度变革	0.25	0.05			
	文化变革	0.25	0.05			

续表

评估方面	一级指标	等级值	参考权重		实际值	比例/%
					0.33	33
支撑语境	科技规划	0.25	0.04			
	传播机构建设	0.5	0.04			
	要素体系	0.5	0.04	0.2	0.07	35
	部门协同创新	0.25	0.04			
	国际合作	0.25	0.04			

　　从指标看，我国公共安全科技发展广义语境路径指标值为 0.33，整体水平比较低，发展不平衡，存在"短板"。认知语境指标值为 0.088，发展程度所占比例最高为 44%，说明不同群体对发展公共安全科技重要性和必要性认知程度高；社会支撑语境指标为 0.07，发展程度所占比例为 35%，说明社会对公共安全科技发展的支撑力度在不断增强；一些语境发展比较缓慢，如历史语境指标值仅为 0.025，科学语境指标值仅为 0.05，社会语境指标值仅为 0.075，发展程度所占比例均为 25%。从指标值可以说明：一方面，公共安全问题比较突出，公共安全科技水平比较低，这是发展公共安全科技的直接基础；另一方面，不同群体已充分认知到大力发展公共安全科技的重要性，并积极通过科技规划、传播机构建设、要素体系等加强对公共安全科技发展的支撑；再者，公共安全科技发展及解决公共安全问题是一个过程，不可能是一蹴而就的。为了实现公共安全科技发展广义语境路径的畅通，我们需要不断地创新。

第四节　完善公共安全科技发展广义语境路径的对策

　　通过以上分析可以看出，我国公共安全科技发展广义语境路径在历史语境、认知语境、科学语境、社会语境和支撑语境虽然取得了一定的发展，但是存在诸多问题。为了更好地促进我国公共安全科技发展，以解决我国目前面临的公共安全问题，我们必须做好以下几方面。

一、从历史语境看，重视公共安全科技相关历史问题的研究

　　只有从历史语境更好地研究公共安全问题和公共安全科技发展存在的问题，才能更好地实现公共安全科技的发展。

　　首先，加强对我国公共安全问题发生机理、经济损失、特征、投入效益等方面的分析，确定我国公共安全问题解决的科技需求，为公共安全科技发展提供需求基础。一方面，加大对公共安全问题人才和资金投入的研究，建立相应的研究

机构。另一方面，调研解决公共安全问题的科技需求，有些公共安全问题是管理问题，有些公共安全问题是制度问题，有些公共安全问题是科技问题，有些公共安全问题是理念问题，我们需要从公共安全科技的不同方面进行历史分析。

其次，加强对我国公共安全科技目前发展水平的研究，主要从学科建设、知识创新与应用等方面，为公共安全科技进一步创新提供科技基础。一方面，加强对目前公共安全科技学科体系建设问题研究，为公共安全科技学科建设提供基础；另一方面，加强对公共安全科技知识创新与应用水平的研究，为提高公共安全科技知识创新水平提供基础。只有对公共安全科技相关历史语境进行系统分析，才可能更好地实现其认知语境、科学语境和社会语境等方面的变革。

二、从认知语境看，提高不同群体对公共安全科技的认知水平

从认知语境看，必须进一步提高政府科学共同体、企业和民众对公共安全科技的认知水平。因此，我们需要充分发挥报纸、杂志、电视、网络等政府主导的多种传播途径的功能，进一步提高不同群体对公共安全科技的认知水平。

认知风险来源于每个人的经验与情感基础，也就是说认知风险不是一个独立的变量，而是具有依赖性的。传统上，风险分析被认为是被少量的组织和分析师所垄断，是经济和政治基础的副产品。但是，由于公共安全科技的公共性特征，它的风险分析与强大的组织和相关的利益群体的认知紧密地联系在一起。因此，我们需要通过交流、增强透明度以鼓励利益相关者积极参与，不断改变不同群体的认知模式。

社会交流在认知推理过程中具有重要作用。媒体的重视和采取协调一致的行动可以直接影响到个人如何评估潜在风险和益处并影响人们的认知。因此，我们需要通过各种媒体传播公共安全科技的特征和功能，积极引导企业和民众关注公共安全科技，促进公共安全科技的发展。

通过增强透明度，鼓励利益相关者积极参与。公共安全科技与公共安全问题紧密相关，因此公共管理部门对于相关的公共安全科技政策的制定，需要广泛的企业与民众的参与，增强透明度，鼓励企业和民众对公共安全科技的投入。透明度的增强，使公共管理部门、研发机构、企业和民众等多重角色积极解决公共安全科技的潜在风险。

三、从科学语境看，提高公共安全科技学科建设和知识创新的创新力

从科学语境看，公共安全科技学科体系需要进一步完善，形成包括公共安全

人文社会科学在内的学科体系。加强公共安全科技学科建设，主要从学科体系设置，不同学科内部发展深度和广度进行布局。不断完善公共安全管理学、经济学、文化学、法学等学科体系建设，同时要加强食品安全、生产安全、公共领域安全等相关学科的发展。

公共安全科技知识创新与应用水平有待进一步提升，以提高公共安全科技自主创新水平，实现公共安全科技研发与转化的预防性和动态性。由于公共安全问题的不确定性，使公共安全科技的发展处于滞后和难以评估的境地。鉴于这种情况，我们可以通过预防原则和动态原则解决公共安全科技本身带来的风险问题。公共安全科技的发展应从事后处理向事前预防转变，消除公共安全存在的潜在问题，充分发挥公共安全科技的作用。

动态原则要求建立与公共安全问题相关的动态管理和创新体系，包括公共安全问题信息系统、公共安全科技基础研究与应用研究系统、公共安全科技标准及测试系统、公共安全科技转化系统。动态原则有助于解决公共安全问题的不确定性，促进公共安全科技的发展。

四、从社会语境看，提升我国公共安全科技产品、产业、制度和文化的创新水平

公共安全科技能否解决目前我国面临的公共安全问题，认知语境和科学语境为公共安全科技解决公共安全问题提供了可能，关键在于公共安全科技在社会语境中的转化度。

第一，加快公共安全科技产品的研发与转化。为了促进公共安全科技产品的研发，我们需要制定相应的产品目录、产品标准、产品需求信息等；同时，需要提高公共安全科技对其他生产和生活产品的变革力，实现我国整体产品结构的优化升级。也就是说，要将公共安全科技渗透到其他产品中，提高我国产品整体安全程度。

第二，提高公共安全科技相关产业的发展水平，充分发挥公共安全科技对解决目前我国公共安全问题的能力；大力发展公共安全科技产业，使公共安全产品成为不同群体消费的重要维度；提高公共安全科技产业对其他产业的改造和渗透力，实现我国产业结构的优化升级。

第三，不断完善公共安全科技制度和法律体系。不断完善公共安全管理制度、经济制度、标准制度，制定公共安全法等相关法律法规，为公共安全科技发展提供制度保障。特别是不断完善民众参与制度，加大对公共安全事件责任人的惩罚力度。进一步完善公共安全相关的法律；建立公共安全微观安全制度创新体系；形成涉及政府管理部门、企业相关部门的安全制度创新体系；加快公共安全制度

创新的力度；强化行政首长负责制和企业法定代表人负责制；落实公共安全制度创新的成果；建立安全生产控制指标体系。对安全生产情况实行定量控制和考核，并进行跟踪检查和监督考核，明确不同管理层次的责任，把安全纳入经济、社会、环保等发展的总规划中。大力推进安全生产监督支撑服务体系，加大信息调度、应急救援、安全培训、评价体系等体系的建设。不断完善日常管理机制，强化责任机制，加大督察机制，加大责任区追查力度，重点加强采、掘、机、运、通、排环节的管理落实。

第四，加强安全文化的宣传力度。一方面，要建立和完善安全文化建设的核心内容和目标，完善安全文化建设模式，丰富安全文化文学艺术、宣传教育、科学技术和管理等载体，为安全文化传播和应用提供内容和形式。另一方面，通过报纸、杂志、专业机构、网络、电视等多种渠道宣传安全文化，使安全成为不同群体行为的指导思想。

总之，社会语境是公共安全科技解决公共安全问题的实践判据。公共安全科技产品、产业物质因素的变革是公共安全制度和文化变革的条件；反之，制度和文化的变革会促进公共安全科技产品和产业的发展。从社会语境看，我们不仅需要实现公共安全科技产品、产业、制度和文化的变革，而且需要实现它们之间的协同创新，整体推动公共安全科技解决公共安全问题的能力。

五、从支撑语境看，加大对规划、要素体系、部门及国际合作的管理

从科技规划看，我们已出台公共安全科技规划及专项规划，关键在于加大规划的落实力度。建立和完善相关的科技评估机构和人才队伍的建设。虽然我国已经建立了一些评估机构，但是，一些评估机构附属于政府部门，无法保障对科技规划评估的客观性和独立性。评估人员多是一些科技管理人员，专业性的评估人员比较欠缺。只有提高科技规划的评估水平，才能为进一步规划制定提供比较好的决策依据，也为相关部门责任是否到位提供判据。

从传播机构建设看，充分发挥杂志、电视、报纸、网络不同传播途径的功能，提高科学共同体、政府、企业、民众、小学生和中学生对公共安全科技知识、产品、制度、文化的认知水平。特别是要创新小企业、民营企业、民众对公共安全科技认知的渠道，充分发挥电视、报纸、网络等大众传播的作用，充分发挥政府在公共安全科技传播中的领导与协同功能。同时，还应发挥专业人员、科普机构在提高不同群体认知水平中的作用，让公共安全科技进社区、进企业、进民众日常生活。传播机构建设非常重要，它们不仅应传播公共安全文化，而且应传播公共安全产品和制度，为公共安全科技在认知语境和社会语境中变革提供支撑。

从投入主体看，公共安全科技涉及面广，包括非竞争性和非排他性的纯公共科技产品，混合的或准公共的利益特性的共性技术产品。前者如国防与社会安全科技、预防自然灾害的科技等，后者如生产安全科技、公共卫生科技等。我们应根据公共安全科技的不同功能来确定投入主体。对于纯公共性安全科技的共有性特征，它应由政府投资来解决。对于混合性的共性技术，它既具有公共性特征，又具有市场性特征。因此，它的投入主体是比较复杂的。目前，发达国家通过三种方式解决共性技术的投入问题："一是由政府和企业形成战略联盟；二是资助企业与企业或企业与大学、研究机构联合开发"；三是通过减免所得税和 R&D 的税收等财税政策鼓励企业对共性技术的投入。这对于解决目前我国公共安全科技投入问题具有重要的意义。另外，对于公共安全科技的消费投入来讲，政府和企业应以安全发展和安全生产为基本原则，加大对公共安全科技的消费比例。在投入主体确定条件下，我们应加强公共安全科技人才、资金、管理等方面的投入，要从数量和质量两个方面优化投入比例。

提高部门协同创新力。首先，充分发挥国家安全委员会的功能，协调国家安全、食品安全、生产安全、政治安全等方面的任务。其次，公共安全管理部门利益冲突产生的根源是权利与责任的冲突。由于很多管理部门重视自己的权利，而忽视自己应承担的监管责任、评价责任、标准修订责任。对于公共安全管理部门责任落实情况缺乏第三方的评价。我们需充分发挥非政府组织和专业协会的作用。第三，根据企业性质进行协同创新。企业利益冲突产生的根源在于公共安全科技的特征及其功能。对于混合性的公共安全科技，目前发达国家通过保护公共安全科技知识产权并促其民间化、企业参与机制与风险投资解决企业与政府对公共安全科技研发与转化的利益冲突。对于服务于企业安全生产和安全发展的科技产品，政府可以通过制度或行业标准，引导和加强企业对公共安全科技产品的投入。

提高国际合作水平。目前，我国公共安全科技国际合作路径比较单一，会议、相互参观学习比较多，而实质性的科学和技术层次的合作比较少。我们需要积极引进国外先进技术与经验，加强与国外技术交流与合作，及时跟踪了解世界公共安全技术及装备发展动向，努力实现我国公共安全科技发展与世界先进水平同步发展。

总之，通过对公共安全科技发展广义语境路径评估可以看出，公共安全科技发展广义语境路径是否畅通可以通过指标体系来衡量，并能发现问题和解决问题，对解决目前我国公共安全问题具有重要的理论意义和现实价值。

第七章 生态环境科技发展的广义语境路径

生态是指一切生物的生存状态，环境是客观存在的物质、能量和信息的总和。生态和环境危机是生物本身及其环境质量下降、生态系统结构与功能受到损害，甚至生命维持系统受到破坏从而危及人类的福利和生存发展。1972 年 6 月，我国派代表团参加联合国在瑞典召开的第一次人类环境会议，这次会议使我国认识到自己存在着严重的生态环境问题，自此拉开了我国应对生态和环境危机的序幕。随着我国经济建设和改革开放的不断推进，我国生态环境问题越来越突出，生态环境科技作为解决环保问题的重要支撑，它的发展路径不断得到扩展，对生态环境问题的解决水平也不断提高。

第一节 新中国成立以来我国应对生态和环境危机的路径及其特征

由于生态环境危机的复杂性，新中国成立以来我国逐步形成应对生态和环境危机的创新系统，包括战略、管理、科技、制度、民众参与和国际合作等创新子系统，每个子系统分别承担着不同的功能，子系统之间协同发展，共同应对我国生态和环境危机。正是我国应对生态和环境危机创新系统的不断发展与完善，使我国的生态和环境危机逐步得到控制。

一、新中国成立以来我国应对生态和环境危机的路径

新中国成立以来，我国应对生态和环境危机的路径经过了长期的探索，形成了包括战略创新、管理、科技、制度、民众参与和国际合作等创新子系统，为从宏观、微观、制度、科技、国际合作等路径协同解决我国生态环境问题提供了丰富的经验。

1. 战略子系统创新是我国应对生态和环境危机的宏观指导性原则

20 世纪 70 年代以来，生态和环境危机越来越成为全球性问题。为了人类共同的未来，应对生态和环境危机逐步上升到我国战略层面。

从指导战略看，我国应对生态和环境危机经过了从 20 世纪 80 年代的基本国策到 20 世纪 90 年代的可持续发展战略再上升到 21 世纪的科学发展战略。1982

年，"国民经济计划"改名为"国民经济和社会发展计划"，应对生态和环境危机成为"六五"计划的独立篇章。1983年12月，国务院召开第二次应对生态和环境危机会议，会议提出应对生态和环境危机是我国的一项基本国策，从国家战略层次上重视应对生态和环境危机。1996年3月，第八届全国人民代表大会第四次会议审议通过的《中华人民共和国国民经济和社会发展"九五"计划和2010年远景目标纲要》，把实现可持续发展作为现代化建设的一项重大战略，要求要实现环境、经济与社会的可持续发展。21世纪，为了实现科学发展，应对生态和环境危机被摆在更加重要的战略位置。"十一五"时期，党中央、国务院把加快实现"三个转变"作为我国应对生态和环境危机道路的新指路航标。"十二五"期间，节能环保成为大力培育和发展的战略性新兴产业。

从治理战略看，我国应对生态和环境危机经过了五次转向。新中国成立至20世纪70年代环境污染以末端治理为主，重点对工业"三废"进行治理。20世纪70年代末80年代初，我国应对生态和环境危机从末端治理转向预防为主，防治结合。1993年10月全国第二次工业污染防治工作会议，提出工业生产必须实行清洁生产，实现工业污染末端治理向生产全过程控制转变，由浓度控制向浓度与总量控制相结合转变，由分散治理向分散与集中控制相结合转变。1996年7月，国务院召开第四次全国应对生态和环境危机会议，将以污染防治为中心的战略转变为污染防治与生态保护并重的生态与环境危机战略。21世纪，在科学发展观指导下我国环境问题从污染防治走向产业结构升级、节能减排和发展循环经济，并将应对生态和环境危机与解决民生问题结合在一起。

从目标战略看，我国应对生态和环境危机战略走向阶段化。1974~1976年，国务院应对生态和环境危机领导小组提出"5年控制，10年解决"的规划目标。1975年，该小组要求各地区、各部门把应对生态和环境危机纳入长远规划和年度计划。1976年，《关于编制应对生态和环境危机长远规划的通知》要求把应对生态和环境危机纳入国民经济的长远规划和年度计划，成为环保规划的依据。2000年2月，国家发布了《全国应对生态和环境危机纲要》，指出我国应对生态和环境危机的目标战略是到2010年基本遏制生态环境破坏趋势，到2030年全面遏制生态环境恶化的趋势，到2050年力争生态环境得到全面改善。

2. 管理子系统创新是我国应对生态和环境危机的实践基础

生态和环境危机的产生某种程度上是私人利益与公共利益矛盾运动的结果。管理子系统创新的过程就是调整公私利益的过程。我国应对生态和环境危机管理子系统创新主要侧重管理要素、管理手段、管理机构等方面的创新。

从管理要素看，我国应对生态和环境危机管理要素越来越走向综合化。"20世纪70~80年代，污染防治以企业治理'三废'为主，进入90年代后，在加强企业污染防治的同时，大规模开展农村面源污染防治和重点城市、流域、区域环境治理。"① 20 世纪 90 年代以来，随着环境问题的复杂化，环境保护必须同生态保护、产业升级等因素协同发展。生态保护从物种保护到自然保护区建设。

从管理手段看，管理子系统创新为我国应对生态和环境危机效能的提高提供了各种手段，呈现行政管理、经济管理等多元性特征。行政管理成为我国环境管理最初阶段的重要手段。1973 年，国家经济计划委员会提出：对污染严重的城镇、工矿企业、江河湖泊和海湾，要一个一个地提出具体措施，限期治理好。限期治理是行政管理手段的重要体现。20 世纪 90 年代以来我国应对生态和环境危机管理手段从主要用行政办法转变为综合运用法律、经济和必要的行政办法。我国应对生态和环境危机的经济手段包括污染防治的经济优惠政策、资源与生态补偿政策、污染税及绿色税收、环境收费、绿色资本市场、生态补偿、排污权交易、绿色贸易和绿色保险等。

从管理机构看，应对生态和环境危机管理机构逐步走向协同化。我国应对生态和环境危机工作最初由环保部门一家负责。随着生态和环境危机的复杂化，环保部门还要与财政部门、工商部门、公安部门、市政等部门密切协调，才能形成应对生态和环境危机的合力。例如，"十一五"期间，我国污染治理的投资总需求高达 1.4 万亿元。2006 年，财政部正式把应对生态和环境危机纳入政府预算支出科目。

从管理思路看，通过试点，应对生态和环境危机。我国实施了可持续发展实验区、生态省建设、循环经济试点、生态文明试点城市和低碳城市试点，通过可持续发展、循环经济和低碳等措施解决目前我国的生态和环境危机。

3. 科技子系统创新是我国应对生态和环境危机的科技保障

生态和环境危机的发展过程一方面与我国的生产方式和生活方式紧密相关，另一方面与我国生态与环境科技体系建设紧密联系在一起。"科学技术是第一生产力，这使它成为当今社会结构变化的有力杠杆。"② 为应对生态和环境危机，我国生态和环境科学学科建设、发展层次等走向全面化、深入化。

从学科建设看，我国生态和环境科技经过了从无到有，从技术层面到自然科学、技术、社会科学和人文科学融合的学科体系。新中国成立后到改革开放前，我国科技子系统创新主要服务于生产建设和增强国防力量，生态环境科技子系统创新处于起步阶段，主要从环境技术层次对末端污染进行治理。改革开放到 21 世纪初，在可持续发展观指导下，我国生态环境科技子系统创新实现生态环境科学、生态环境技术、生态环境管理和生态人文科学等层次上的不断创新，形成了

---

① 赵智勇：《改革开放三十年我国环保事业发展及启示》，《佳木斯大学社会科学学报》2009 年第 1 期，第 18-22 页。

② 李新灵：《科学技术与社会结构变化》，《理论探索》2011 年第 1 期，第 49-53 页。

多层次的生态环境科学体系。

从发展层次看，我国生态和环境科技包括科学、技术、产业化等方面的发展。20世纪70年代，我国生态环境科技集中于"三废"治理，重点发展了无汞仪表、无氰电镀、皮革酶法脱毛、亚铵法制浆造纸、油田污水处理回注、粉煤灰综合利用等无害少害新工艺、新技术。20世纪80年代，环境科学成为国民经济计划的重要领域，成为一个新兴的综合性的重要科学领域。1990年10月23日，国务院应对生态和环境危机委员会出台了《关于积极发展应对生态和环境危机产业的若干意见》，大力发展环保产业，重点进行环保机械设备制造、自然保护开发经营、环境工程建设、防治污染和其他公害的生态环境科技研发。2002年，《国家产业技术政策》中明确指出用先进适用技术改造和提升能源与环保等传统产业。《国家"十二五"科学和技术规划》中生态环境科技被列为重点发展领域。生态与生态环境科技越来越走向产业化，成为实现我国科学发展的重要支撑。

4. 制度子系统创新是我国应对生态和环境危机的客观依据

20世纪70年代初，我国还没有应对生态和环境危机的概念，只是在技术规范方面有所规定。1973年，第一次全国应对生态和环境危机会议确定了"全面规划、合理布局、综合利用、化害为利、依靠群众、大家动手、保护环境、造福人民"的应对生态和环境危机"32字"方针。改革开放后，随着经济建设的加速，生态和环境成为促进经济发展获取原料的场所，同时成为污染物排放的场所。一方面，由于生态环境法律与制度建设落后，造成应对生态和环境危机无依据可循。另一方面，由于违法成本低，执行力不强，使很多企业宁愿违法，也不愿守法。再者，制度设置存在问题。责权利不统一，争权不断，推责有余。因此，我国应对生态和环境危机制度子系统创新应主要着眼于环保法律和政策等层次，以最大限度地解决"部门职责交叉、权责脱节和效率不高"的问题。

从法律体系看，我国应对生态和环境危机法律体系不断完善。"我国环境法律体系是以《宪法》《环境基本法》《应对生态和环境危机单行法》《环境行政法法规与规章》《地方环境法规与规章》《环境标准》、其他部门中关于应对生态和环境危机的规定以及我国缔结或参加的与应对生态和环境危机有关的国际条约中的环境法规等共同组成的有机联系的统一整体。"[①] 1989年12月，第七届人大常委会第十一次会议通过并颁布了《应对生态和环境危机法》，为我国应对生态和环境危机制度子系统创新提供了法律依据。"到2005年我国颁布了800余项国家标准和30余项地方标准。"[②] 目前，我国参加和缔结的国际环境公约50多项，树立了负责

---

① 耿世刚：《大国策：通向大国之路的我国应对生态和环境危机发展战略》，北京：人民日报出版社2009年版，第337页。
② 耿世刚：《大国策：通向大国之路的我国应对生态和环境危机发展战略》，北京：人民日报出版社2009年版，第256页。

任的大国形象。

从制度体系看，我国应对生态和环境危机走向系统化。第一，环境污染与防治制度的系统化。1984 年 5 月，国务院发布《关于应对生态和环境危机工作的决定》，形成了"预防为主、防治结合、综合治理""谁污染、谁治理"和"强化管理"的应对生态和环境危机基本政策体系，为环保事业的发展奠定了较为坚实的基础。1989 年 5 月，国务院召开了第三次全国应对生态和环境危机会议，重点进行了环境制度子系统创新，制定了"环境影响评价""三同时"等八项制度。其后"在国务院批准的一系列文件和决定中，又增加了污染限期淘汰、危险废物处置、生产者环境责任延伸等制度，形成了较为完善的应对生态和环境危机制度"①。第二，环境教育制度的系统化。1973 年，国务院批转《关于保护和改善环境的若干规定》明确规定："有关大专院校要设定应对生态和环境危机的专业和课程，培养技术人才。"1980 年，国务院应对生态和环境危机领导小组与有关部门研究制定《环境教育发展规划（草案）》，将应对生态和环境危机纳入国家教育计划。1981年，国务院应对生态和环境危机办公室在秦皇岛成立环境管理干部学校，将环境教育作为培训干部的一项内容。1991 年，国家教育委员会讨论把环境科学列入一级学科。1992 年，国家环保局与国家教育委员会联合召开第一次全国环境教育工作会议，明确提出"应对生态和环境危机，教育为本"。目前，"我国环境教育覆盖基础教育、专业教育、成人教育和社会教育，基本形成了具有我国特色的环境教育体系"②。第三，绿色考核指标的体系化。自 2005 年国务院颁发《关于落实科学发展观加强应对生态和环境危机的决定》以来，很多省市已经将生态和环境指标纳入干部考核评价体系中。2006 年，国家环保总局和监察部发布《应对生态和环境危机违法违纪行为处分暂行规定》，强化国家各级行政机关和相关企业的环境责任。

5. 民众参与子系统创新是我国应对生态和环境危机的群众性基础

生态环境作为公共资源，是民众生产与生活依赖的源泉。1973 年，第一次全国环境保护会议将依靠群众、大家动手作为民众参与生态和环境保护的指导方针。由于民众参与渠道的不畅通和受局部利益的影响，使民众参与生态环境管理受到很大的局限。只有充分扩展民众的参与渠道，生态和环境危机才可能从根本上得到控制。在全球化迅猛发展、政府职能加速转换、公民社会开始发育的背景下，民众正在成为环保的重要力量，民众参与应对生态和环境危机的主体形式、渠道与动力处于创新之中。

① 耿世刚：《大国策：通向大国之路的我国应对生态和环境危机发展战略》，北京：人民日报出版社 2009 年版，第 269 页。
② 周宏春，季曦：《改革开放三十年我国应对生态和环境危机政策演变》，南京大学学报 2009 年第 1 期，第 47 页。

从参与主体看，1973~1978 年由于没有相关的环保组织，民众主要通过个体形式参与应对生态和环境危机监督。1978 年环境科学学会的成立，拉开了我国非政府组织参与生态和环境危机应对的序幕，使民众参与生态和环境危机应对从个体走向群体，形成了由政府、企业、民众等共同参与的生态与环保危机应对体系。

从参与渠道看，民众参与生态和环境危机应对从单向走向双向，从垂直状走向网络状。1989 年颁布的《应对生态和环境危机法》中规定"一切单位和个人都有保护环境的义务，并有权对污染和破坏环境的单位和个人进行检举和控告"。民众主要通过单向渠道参与应对生态和环境危机。国家环保总局制定的《环境影响评价民众参与暂行办法》（自 2006 年 3 月 18 日起施行）中，规定了民众参与规划评价和跟踪评价方式，实现了民众参与应对生态和环境危机的双向渠道。一方面，民众参与应对生态和环境危机越来越受到政府的重视；另一方面，生态和环境规划的实施需要得到民众的参与和监督。

从参与动力看，民众参与应对生态和环境危机从被动型走向自觉型。最初民众参与应对生态和环境危机是为了维护自身经济利益。随着民众生态和环保意识的增强，民众参与应对生态和环境危机自觉性越来越高，这对推动环境法治进程、维护公共利益、推进决策民主化和科学化具有重要意义。

6. 国际合作子系统创新是我国应对生态和环境危机的国际视野

我国应对生态和环境危机一开始就同国际进程联系在一起。我国应对生态和环境危机国际合作子系统创新表现为三个方面。

从责任和义务看，我国积极参与国际应对生态和环境危机事务，履行与我国发展水平相适应的责任和义务。1972 年，在周恩来的支持下，我国派代表参加了联合国召开的人类历史上第一次有关应对生态和环境危机的全球会议，并先后签署了《气候变化框架条约》《生物多样性公约》等一系列国际环境公约和议定书。1992 年以来，我国先后签署了《气候变化框架条约》《生物多样性公约》等一系列国际环境公约和议定书，不断推进环境与生态领域的合作交流。

从合作要素看，积极推进环保技术、资金和管理经验的引进与合作，提高我国生态和环境的技术与管理水平。通过引进国外技术、资金和管理经验，加快了我国生态环境科技国产化的步伐；通过引资扩宽了我国环保资金来源的渠道；管理经验的引进加快了我国环保与生态制度、法律建设的步伐，使我国应对生态和环境危机工作更加深入发展。

从国际贸易看，积极参与国际生态与环境的国际贸易活动，应对绿色贸易壁垒，有效防范污染物和废物非法进口、有害外来物种入侵和遗传资源流失。生态和环境标准已成为国际贸易的重要壁垒之一。我国正在不断完善对外贸易产品的环境标准，为产品出口做好准备；建立生态与环境风险评估机制和进口货物的有害物质监控体系，防止国外污染物和废物及有害物种侵入我国领域，为我国应对生态和环境危机战略的实施提供保障。

总之，我国应对生态和环境危机创新系统不仅在纵向上其子系统取得长足的发展，而且在横向上其子系统之间得到协同发展。我们相信在创新系统不断发展的过程中我们的生态与环境会变得越来越好。

二、新中国成立以来中国应对生态和环境危机路径的特征

新中国成立以来，中国环境保护创新系统经过了不断变革和演化，体现了系统的整体性、层次性、动态性、开放性和实践性特征。

（一）从发展趋势看

从发展趋势看，中国环境保护创新系统具有视野的国际化、过程的自觉化、功能的融合化和目标的多元化等特征。

1. 整体性

中国环境保护创新系统整体性的凸显关键要坚持中国共产党的领导。经验证明，没有领导特别是"一把手"的重视，再好的环保措施也难以落实。新中国成立以来，正是在中国共产党的领导下，为服务于国家环境保护目标，中国环境保护创新系统实现了整体发展。思维创新为中国环境保护提供可能空间；战略创新为中国环境保护确定发展方向；组织创新为中国环境保护解决人才问题；制度创新为中国环境保护提供制度依据；管理创新服务于中国环境保护实践；科技创新解决中国环境保护过程中的科技需求。虽然各子系统功能不同，但它们之间不是彼此分离的，而是相互协同的，凸显了系统的整体性。

2. 层次性

中国环境保护创新系统是由思维创新、战略创新、组织创新、制度创新、管理创新和科技创新等子系统组成的。每一个子系统又由多个层次组成，体现了系统的层次性特征。思维创新子系统由中国环境问题、国际环保趋向、国内发展水平等组成。中国环境问题为思维创新提供实践基础，国际环保趋向为思维创新提供国际视野，国内发展水平为思维创新提供实践可能。战略创新子系统由国家和企业环境保护战略创新组成，国家宏观环境保护战略创新为企业微观战略创新指明方向，企业微观环境保护战略创新为国家战略创新实施提供现实基础。组织创新子系统由政府、企业和民众构成三位一体的组织结构。制度创新子系统包括环保法律和各种环保制度的创新，形成国际与国内、法律与制度相融合的制度体系。

管理创新子系统包括管理要素、管理手段和管理目标等的创新，形成动态的一体化管理体系。科技创新包括生态环境科技的研发、转化、应用与服务等环节的创新，实现生态环境科技产业化、商品化与高科技化。中国环境保护创新系统的层次性反映了中国环境问题的复杂性与解决路径的多层次性。

3. 动态性

中国环境保护创新系统的动态性体现在三个方面。其一，中国环境问题的动态发展决定了中国环境保护创新系统的动态性。中国环境问题由工业领域扩展到农业和服务业，由点源扩展到区域，使中国环境保护创新系统的规模不断扩大，组织机构越来越复杂。其二，子系统的动态性决定了系统的动态性。随着管理科学、法学、制度经济学、生态环境科技等学科的不断发展，中国环境保护子系统创新处于动态发展之中，进而使中国环境保护创新系统处于动态之中。其三，环保目标的动态性也使中国环境保护系统处于动态之中。随着中国从基本小康向全面小康与和谐社会转型，中国环境保护目标从污染源的控制上升到生态环境的全面改善，这促使中国环境保护系统向高级化和协同化方向发展。

4. 开放性

开放性是系统进化的必要条件。中国环境保护创新系统的开放性与国际环境保护进程、中国环境问题、自然科学与社会科学发展等紧密相关。随着环境问题的国际化，中国环境保护创新系统需要吸收国际经验。中国环境与发展国际合作委员会于1992年成立，这是国务院的一个国际性高级咨询机构，主要就环境与发展的综合决策向中国政府提出建议。中国环境问题的动态演化，使中国环境保护创新系统必须处于开放状态，不断扩展对新污染源的管理。正是开放性使中国环境保护创新系统能够积极吸收自然科学与社会科学的成果，促进中国环境保护创新系统的进化。

5. 实践性

中国环境保护创新系统直接来源于解决中国环境问题的现实需要。实践性是它的根本属性。一方面，环境保护过程中出现的当前与长远、局部与全局的观念冲突、利益冲突、责任冲突等，为中国环境保护创新系统的构建提供了实践来源。这有助于企业在实践层次上开展物质的循环利用，形成废物的循环利用生态产业链。另一方面，中国经济社会发展水平为中国环境保护创新系统的构建提供实践可能。世界银行研究报告显示，当治污投入占 GDP 的 1.5%~2%时才能控制污染，占 GDP 的 2%~3%时才能改善环境质量。随着中国经济的快速增长，环保投入总量与比例也呈快速上升趋势。"六五"期间，环保投入为 GDP 的 0.5%；"七五"

期间，环保投入提高到 GDP 的 0.8%；"十一五"期间，环保投入为 2.16 万亿元，约占 GDP 的 1.41%；"十二五"期间，环保投入要比"十一五"期间至少增加 1.5 倍，即 5.4 万亿元。

（二）从总趋势看

从总趋势看，中国环境保护创新系统处于演化之中，演化动力来源于创新子系统的相互作用和外部环境的变化。中国环境保护创新系统越来越走向视野的国际化、过程的自觉化、功能的融合化和目标的多元化。

1. 视野的国际化

环境问题已成为世界关注的热点问题之一，中国同很多国家的政府、国际机构以及非政府组织开展环境领域的技术、资金和管理合作。"十二五"期间，中国的环保产业投资将达到 4500 亿元。受限于中国环保技术的不成熟，中国需要大量引进外商的先进技术与管理方法。荷兰、美国等国家都已经与中国政府协商，创造合作机会。行政、经济、法律、监督等越来越成为国际环境管理的通用手段。国际立法是一种强制性手段，无论哪一个国家加入国际环境保护公约，都要在法律上承担相关的义务与责任。视野的国际化有助于中国环境保护保持与时俱进。

2. 过程的自觉化

中国环境保护创新系统越来越得到政府、企业和民众的认可，环境保护事业越来越走向自觉化。这主要是由以下原因所决定。其一，政府作为维护公共利益的执行者，越来越关注与民生紧密相关的环境问题。其二，环境保护认证体系的国际化，使企业越来越认识到环境保护已成为自身生存与发展的重要责任。其三，随着中国现代化进程的加速，民众越来越关心自己生存的环境。这样一来，随着创新主体自觉性的提高，中国环境保护创新整个过程越来越走向自觉化。

3. 功能的融合化

中国环境保护越来越同人口、经济、资源和生态的可持续发展融合在一起。早在 1996 年，江泽民就提出："经济发展，必须与人口、环境、资源统筹考虑，不仅要安排好当前的发展，还要为子孙后代着想，为未来的发展创造更好的条件，绝不能走浪费资源、走先污染后治理的路子，更不能吃祖宗饭、断子孙路。"[①] 环境资源的综合利用，不仅可以解决环境问题，而且有利于缓解资源问题，减轻生态压力，为经济发展提供新型资源。与此同时，计划生育、生态修复、新型能源

---

① 唐筱清：《浅析我国人口、资源、环境与可持续发展的关系》，《学术交流》1997 年第 3 期，第 22-25 页。

开发和经济的生态化，也有利于减轻环境压力，促进环境保护。因此，中国环境保护的功能体现了环境与人口、经济、资源和生态等的融合发展。

4. 目标的多元化

环境保护是一项复杂的系统工程。1972 年以来中国环境保护创新目标从最初的单一环境保护走向与经济、政治、社会、文化和生态建设的多元化。环境污染从经济负担转化为经济资源，为经济建设提供了新的资源维度。环境保护的行政化对促进政治建设具有重要的推动作用。环境问题作为民生问题，是社会建设的重要内容。环境问题解决好了，民众能更好地安居乐业。环境保护涉及物质、制度和观念三个层次的文化建设。环境保护作为一种产业，体现了它的物质文化性；环境保护作为政府、企业和民众等不同主体的行为规范，上升为一种制度文化；节能、环保、低碳等文化的建设形成观念文化。环境保护客观上要求按照生态学的原理设计产业，实现循环发展，为生态文明建设提供产业基础。

总之，新中国成立以来，在中国共产党的领导下中国环境保护创新系统为实现污染控制与综合利用、环境保护与生态修复及生态文明建设提供了现实基础。在正视中国环境保护取得成就的同时，我们必须清醒地认识到中国环境保护工作面临严峻的挑战："先温饱、后环保"的思想十分普遍；环境管理手段过于依靠行政管理；环保投资水平仍然偏低。这就需要我们进一步加大环境保护创新系统建设，其中生态环境科技是解决环保问题的重要科技支撑。它对制度、文化、社会等方面具有重要的变革力。

第二节　生态环境科技发展广义语境路径的模型

生态环境科技是为解决生态环境问题开展的科学研究、产品开发、成果转化和科技服务等一系列活动的总称。作为解决生态环境问题的重要支撑，生态环境科技已成为生态环境科技发展的重要领域。2011 年 7 月，科技部出台的《关于加快发展民生科技的意见》将生态环境科技作为民生科技发展的热点难点领域之一。恩格斯指出："相互作用是事物的真正的终极原因。"[①] 语境是事物的关联体，反映事物与关联要素的相互作用。从 STS 视域看，生态环境科技作为解决生态环境问题的重要手段，作为科学共同体、政府、企业和民众认知的关键对象，作为科学技术发展的重点领域，作为社会变革的重要支撑，它的发展路径体现为生态环境科技在历史语境、认知语境、科学语境、社会语境和支撑语境中不断变换的过程。

---

① 　恩格斯：《自然辩证法》，北京：人民出版社1971年版，第162页。

一、生态环境科技发展路径的广义语境性

生态环境科技作为解决生态环境问题的重要科技支撑，从 STS 视域看，它的发展路径是生态环境科技在历史、认知、科学、社会和支撑语境中不断发展的过程。

生态环境科技是一个历史产物，它的发展离不开历史语境。生态环境科技发展与历史语境中的生态环境问题、生态环境科技水平、社会发展阶段等密切相关。"发达国家上百年工业化过程中分阶段出现的环境问题，在我国近 20 多年来集中出现，呈现结构型、复合型、压缩型的特点。"[①] 正是我国生态环境问题的复杂性，决定了我国生态环境科技发展的多元性。从历史语境看，生态环境科技发展还与一定的社会发展阶段紧密相关。一方面，生态环境问题是社会一定的阶段发展的产物；另一方面，社会发展阶段反映社会是否有能力解决相应的生态环境问题。

生态环境科技发展离不开人们对生态环境的认知语境。新中国成立以来，我国生态环境科技发展与科学共同体、政府、企业、民众等不同群体的认知水平紧密联系在一起。科学共同体是由遵守普遍性、公有性、无私利性和有条理的怀疑性等科学规范的科学家组成的群体。科学共同体的认知能力决定了生态环境科技发展的可能空间。政府作为生态环境的公共产品的监管者，它的认知能力决定了生态环境科技规划与投入水平。企业作为产生生态环境问题的主体之一，它的认知能力决定了生态环境科技在企业层面转化的水平。民众作为生态环境的主人，在推动生态环境科技转化与应用过程中发挥着监督、使用、维权等作用。因此，生态环境科技发展离不开科学共同体、政府、企业、民众等不同群体的认知语境。

生态环境科技既是一个科学问题和技术问题，又是一个社会问题和价值问题。科学语境反映了人类对客观事物科学认识的过程。生态环境科技发展是生态环境自然科学、社会科学和人文科学相互作用的结果。从知识论看，生态环境科技作为系统化的知识体系，科技进步推动了生态环境科技的发展；从科学技术分类看，生态环境科技作为民生科技发展的一个分支，它的发展离不开民生科技其他学科的支撑；从功能看，生态环境科技作为解决生态环境问题的重要支撑，它的发展离不开社会科学对生态环境问题的研究；从价值论看，人文科学的发展引领科技从经济维度走向生态维度，为生态环境科技发展提供价值支撑。

生态环境科技作为解决生态环境问题的科技支撑，对社会语境中产品结构、产业结构、制度体系和文化等具有重要的变革功能。生态环境科技已成为政府、企业投入的重要科技要素；节能环保产业不仅成为我国新兴的战略性产业，而且对传统产业和高科技产业具有重要的变革力；生态环境科技产品正在引领民

---

① 吴鹏举，孔正红，郭光普：《产业生态学：传统环境保护的选项还是对其颠覆？》，《生态经济》2007 年第 2 期，第 50-53 页。

众消费理念、消费方式和消费选择的变革。生态环境科技对制度和文化的变革反过来又会促进生态环境科技的发展。社会语境已成为生态环境科技发展的实践性判据。

生态环境科技发展离不开科技规划、传播机构建设、部门协同创新、要素体系及国际合作等语境因素的支撑，这些因素构成生态环境科技发展的支撑语境。

二、生态环境科技发展广义语境路径的模型

设生态环境科技发展广义语境路径为 Q，主语境路径为 X，支撑语境路径为 Y，那么 $Q=W_0(X, Y)$。生态环境科技发展广义语境模型表征了生态环境科技在主语境和支撑语境之间交叉融合的过程。而对于主语境和支撑语境来讲，又具有自己的语境因素和结构。

生态环境科技发展主语境路径为 X，历史语境为 $A=(a_1, a_2, a_3, \cdots, a_n)$，认知语境 $B=(b_1, b_2, b_3, \cdots, b_n)$，科学语境为 $C=(c_1, c_2, c_3, \cdots, c_n)$，社会语境为 $D=(d_1, d_2, d_3, \cdots, d_n)$，那么 $X=W_1(A, B, C, D)$，其中 a_1, a_2, a_3 等构成历史语境的相关要素，如民生问题、生态环境科技发展水平等；b_1, b_2, b_3 等构成认知语境的相关要素，如科学共同体认知、政府认知、企业认知、民众认知等；c_1, c_2, c_3 等构成科学语境的相关要素，如与生态环境科技相关的自然科学、技术科学和人文社会科学等学科建设和知识创新水平；d_1, d_2, d_3 等构成社会语境的相关因素，如生态环境科技对要素结构、产品结构、产业结构、制度和文化的变革等。

生态环境科技支撑语境路径为 Y，科技规划为 $E=(e_1, e_2, e_3, \cdots, e_n)$，部门协同创新为 $F=(f_1, f_2, f_3, \cdots, f_n)$，传播机构建设为 $G=(g_1, g_2, g_3, \cdots, g_n)$，要素体系为 $H=(h_1, h_2, h_3, \cdots, h_n)$，国际合作为 $I=(i_1, i_2, i_3, \cdots, i_n)$，评估体系为 $J=(j_1, j_2, j_3, \cdots, j_n)$，那么 $Y=W_2(E, F, G, H, I, J)$，其中 e_1, e_2, e_3 等构成科技规划的相关要素，如国家科技发展规划、科学基金、星火计划、生态环境科技专项计划等；f_1, f_2, f_3 等构成部门协同的要素，如企业、大学、科研院所、政府、创新基地和平台、产业化基地等；g_1, g_2, g_3 等构成传播的相关要素，如生态环境科技杂志、网络、发展协会、产业协会、企业协会、人才协会等；h_1, h_2, h_3 等构成人才、资金、市场等相关因素；i_1, i_2, i_3 等构成国际合作的相关因素，如生态环境科技国际合作组织建设、要素合作和信息共享等。从STS视域看，生态环境科技发展广义语境路径可简化为历史语境→认知语境→科学语境→社会语境→新的历史语境……（图7-1）

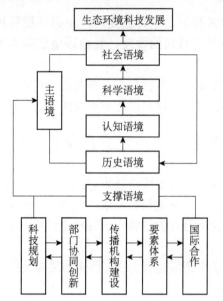

图 7-1　生态环境科技发展广义语境路径的模型图

第三节　生态环境科技发展广义语境路径的实证分析

　　生态环境科技发展广义语境路径的水平需要评估，生态环境科技作为民生科技发展的重要领域之一，我们应用民生科技发展广义语境路径的评估体系评估生态环境科技发展路径的水平。

一、生态环境科技发展广义语境路径的评估体系

　　构建生态环境科技发展广义语境路径的评估指标体系，以客观评估生态环境科技发展广义语境路径。

1. 评估指标体系

　　生态环境科技发展广义语境路径是生态环境科技在不同语境实践的过程。因此，生态环境科技发展广义语境路径评估指标体系不仅包括生态环境科技在历史语境、认知语境、科学语境和社会语境不断发展的指标，还包括科技规划、传播机构建设、要素体系、部门协同创新、国际合作等语境对生态环境科技发展广义语境路径支撑的评估指标（图 7-2）。

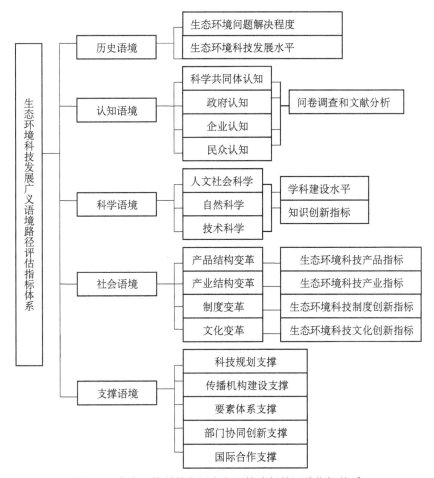

图 7-2　生态环境科技发展广义语境路径的评估指标体系

2. 若干评估指标的说明

（1）关于历史语境指标的说明。《1978—1985 年全国科学技术发展规划纲要》中，生态环境科技第一次作为我国科学技术发展的领域被列入。历史语境指新中国成立以来生态环境科技发展的历程，包括生态环境科技本身发展水平及生态环境问题解决程度。生态环境问题解决程度来源于政府公开发布的相关信息。生态环境科技发展指标主要包括该时期其投入与产出指标。

（2）关于认知语境指标的说明。认知语境是不同群体在精神层次与生态环境科技相互作用的过程。科学共同体、政府、企业和民众对生态环境科技的认知度可以通过问卷调查法和历史文献法进行分析。问卷应包括不同群体对生态环境科技发展领域、发展水平、需求等认知水平的调查。

（3）关于科学语境指标的说明。生态环境科技发展涉及人文社会科学、自然科学和技术科学。学科建设水平是生态环境科技在科学语境发展的重要衡量指标，包括学科等级和学科门类的建设。知识创新指标体现了生态环境科技自主创新的水平，我们可以用发明专利数及 SCI、EI、ISTP 系统收录我国生态环境科技论文数等作为衡量生态环境科技知识创新与应用的重要指标。

（4）关于社会语境指标的说明。20 世纪初，一些发达国家科技进步对经济增长贡献率只占 5%~10%，而在 20 世纪末已达到 60%~80%。科技进步成为经济社会发展的主要驱动力，促进产品结构和产业结构等不断变革。生态环境科技产品结构分析生态环境科技产品的种类、所占比重等。生态环境科技产业结构主要分析生态环境科技产业的构成及比例关系。制度变革和文化变革主要分析生态环境科技发展中促进环保制度、财税制度、管理制度及环保文化等方面的变革。

（5）关于支撑语境指标的说明。新中国成立以来，我国政府先后制定了《1963—1972 年科学技术规划纲要》《1978—1985 年全国科学技术发展规划》等十个中长期科技规划，科技规划已成为生态环境科技发展的重要支撑，我们需要对科技规划的支撑作用进行系统分析。生态环境科技传播机构建设对提高不同群体认知水平具有重要的支撑作用，主要对涉及生态环境科技专业杂志、网站、协会等支撑作用进行分析。要素体系主要包括对生态环境科技人才、经费等支撑作用进行分析。部门协同创新为生态环境科技实现"政产学研用"一体化提供支撑。国际合作主要分析生态环境科技发展领域、经费、人员等方面的国际合作情况。

3. 评估指标等级和权重的设计方法

对于每个语境的一级指标来讲，我们首先在定性和定量分析基础上，将每个语境一级指标发展情况通过高、较高、一般、差和无五个等级并分别赋予 1、0.75、0.50、0.25、0 不同值来衡量，将绝对指标转换为相对指标，以评估生态环境科技发展广义语境路径畅通程度。

在指标体系中，我们不仅应反映生态环境科技在不同语境的发展水平，还应反映其所占的权重。各指标对目标的重要程度是不同的，确定指标权重可以使评估工作实现主次有别。用不同方法确定的指标权重可能会有一定的差异，这是由不同方法的出发点不同造成的。由于生态环境科技发展广义语境路径各种因素具有层次关系，并形成有序层。我们采用组合权重法，将不同方法确定的权重，通过一定的统计方法进行综合得到指标的权重。

根据生态环境科技发展广义语境路径并征求有关专家和决策者的意见基础上确定生态环境科技在不同语境发展路径的权重。历史语境作为基础性因素，权重比较低，设为 0.1；认知语境为生态环境科技发展提供可能空间，所占权重比较高，设为 0.2；生态环境科技作为科学技术发展的重要领域，科学语境所占权重设为 0.2；生态环境科技主要用于解决民生问题，社会语境所占权重最高，设为 0.3；

大科学时代，生态环境科技发展成为社会的事业，需要科技规划、传播机构建设、要素体系、部门协同创新及国际合作等支撑，支撑语境所占权重比较高，设为 0.2（表 7-1）。

这样一来，生态环境科技发展广义语境路径程度是发展等级和权重的统一。设生态环境科技发展广义语境路径为 Y，一级指标评估等级为 M_i，权重为 N_i，则 $Y = \sum_{i=1}^{17} M_i N_i$，$0 \leqslant Y \leqslant 1$。生态环境科技发展广义语境路径评估指标值越高，说明生态环境科技发展广义语境路径越畅通，指标值越低说明生态环境科技发展广义语境路径障碍越多。

表 7-1 生态环境科技发展广义语境路径评估主要指标参考权重

评估方面	一级指标	参考权重	1
历史语境	生态环境问题解决水平	0.05	0.1
	生态环境科技水平	0.05	
认知语境	科学共同体认知	0.05	0.2
	政府认知	0.05	
	企业认知	0.05	
	民众认知	0.05	
科学语境	生态环境科技学科建设水平	0.1	0.2
	生态环境科技知识创新与应用	0.1	
社会语境	生态环境科技产品结构	0.1	0.3
	生态环境科技产业结构	0.1	
	制度变革	0.05	
	文化变革	0.05	
支撑语境	科技规划	0.04	0.2
	传播机构建设	0.04	
	要素体系	0.04	
	部门协同创新	0.04	
	国际合作	0.04	

二、生态环境科技发展广义语境路径的实证分析

随着工业化的发展，生态环境问题不仅成为发达国家面临的民生问题，更成为发展中国家重要的民生问题。新中国成立以来，我国的生态环境问题越来越突出，生态环境科技是解决我国生态环境问题的重要科技支撑。我们根据生态环境科技发展的路径和评估体系看，对我国生态环境科技发展水平做实证分析。

（一）历史语境

1. 生态环境问题是生态环境科技发展的直接依据

从来源看，新中国成立以来粗放型的发展方式是环境污染和生态破坏产生的主要来源。从空间看，我国生态环境污染物在液相、气相、固相中相互转化扩散，形成覆盖地下、大气层、太空的区域性、流域性和全球性的生态环境问题。从影响看，我国生态环境问题不仅仅是一个发展问题，而且是一个重大的民生问题。

第一，土地沙漠化严重。中国的沙漠及沙漠化土地面积约为 160.7 万平方千米，占国土面积的 16.7%。有关专家研究表明，20 世纪 50 年代初至 70 年代中期，我国沙漠化土地面积年均扩大 1560 平方千米，年均增长率为 1.01%；20 世纪 70 年代中期到 80 年代中期，年均扩大面积 2100 平方千米，年均增长率为 1.47%，而目前我国沙漠化土地面积正以每年 2460 平方千米的速度扩展，而且还有加速扩大的趋势。[1]

第二，水土流失严重。我国已成为世界上水土流失最严重的国家。中国工程院调查显示，截至 2004 年已有 4200 万公顷的耕地出现不同程度的水土流失，约占中国耕地总面积的 43%；每年约有 50 亿吨泥沙流入江河湖海，其中 62%左右来自耕地表层。[2]

第三，大气污染比较严重。我国大气污染属于煤烟型污染，且北方重于南方；中小城市污染势头甚于大城市；产煤区重于非产煤区；冬季重于夏季；早晚重于中午。近年来，被称为"空中死神"的酸雨不断蔓延，影响面积不断扩大。

第四，森林资源锐减，物物种加速灭绝。植物种类有 15%~20%处于濒危状态，有 4000~5000 种高等植物处于濒危边缘。属于我国特有的珍贵、濒危野生动物达 300 多种。[3]

第五，地下水位下降，湖泊面积缩小，水质污染加重。华北地区地下水位每年下降 12 厘米；湖泊自 1949 年以来已减少 500 多个，面积减少 1.86 万平方米，占现有面积的 26.3%，蓄水量减少 513 亿立方米；42%的城市饮用水源地受到严重污染，80%的河流受到不同程度的污染。

第六，农业环境污染。土质退化严重，我国酸雨影响面积已占国土面积的 40%以上；重金属污染面积至少 2000 万公顷，农药污染面积 1300 万~1600 万公顷；我国因固体废弃物堆放而被占用和毁损的农田面积已达 200 万亩以上，农田退化

---

① 刘中奎：《环境教育——新时期地理教学的重要任务》，2016-12-30，http://www.pep.com.cn/czdl/jszx/jxyd/jcyj/201008/t20100825_740709.htm[2010-12-20]。

② 刘中奎：《环境教育——新时期地理教学的重要任务》，2016-12-30，http://www.pep.com.cn/czdl/jszx/jxyd/jcyj/201008/t20100825_740709.htm[2010-12-20]。

③ 刘中奎：《环境教育——新时期地理教学的重要任务》，2016-12-30，http://www.pep.com.cn/czdl/jszx/jxyd/jcyj/201008/t20100825_740709.htm[2010-12-20]。

面积占农业总面积的 20%。

第七，近年来，转基因生物环境释放面积和商品化品种的扩大，对我国生物多样性、生态环境和人体健康构成潜在威胁与风险也随之增加。[①] 我国生态环境问题解决力度在不断增大，但是，污染情况也在不断增加。

第八，从经济损失看，据环保总局统计，截止到 2009 年，因为环境污染造成的经济损失已经占到了 GDP 的 8%~13%，经济增长几乎被环境污染完全抵消。为了解决当前我国面临的环境难题，必须要重视环境保护，而加强环境保护，就必须不断提高科学技术对环境保护的支撑能力。《国家环境保护"十一五"科技发展规划》指出，我国的环境保护面临着三大矛盾：我国环境问题日益严重与增长方式转变缓慢的矛盾突出，协调经济与环境关系的难度越来越大；人民群众改善环境的迫切性与环境治理长期性的矛盾突出，环境问题成为引发社会矛盾的"焦点"问题，并提出我国当时面临的十个方面的科技需求。

从生态环境问题看，目前我国生态环境问题研究主要侧重水、空气、噪声、工业、化肥、农药等要素污染的治理，而对生态环境问题可能产生的健康问题、安全问题研究不足，对我国生态环境变迁的规律、影响评估等研究不足。从社会发展水平看，重视公共性生态环境问题，忽视区域性生态环境问题。近年来，由于区域生态环境评价所涉及的地域复杂性、因素多元性、方法的差异性以及信息采集的不确定性，造成对区域生态环境认识不足，这直接影响区域生态环境发展战略的制定。从以上分析可以看出，我国生态环境问题解决水平比较低，等级值为 0.25，权重为 0.05，生态环境问题解决的指标值为 0.25×0.05＝0.0125。

2. 生态环境科技发展的历史水平

《国家中长期科学和技术发展规划纲要（2006－2020 年）》将"环境"列为 11 个"亟待科技提供支撑"的国民经济、社会发展和国防安全重点领域之一。"目前，我国尚未形成适合国情、适应发展的生态与环境科技体系。""生态建设、环境保护与循环经济科技问题研究"专题组组长孙鸿烈院士指出，我国生态环境科研基本处于被动跟踪状态，缺乏针对重大生态环境问题的系统研究和关键技术开发，对新的环境问题和突发环境事件缺乏理论和技术储备，对国家决策的支撑力明显不足。从中我们可以得出，我国生态环境科技虽然从学科建设、机构建设、解决生态环境问题等方面取得了很多成绩，但是，由于生态环境的不断发展，又会不断产生新的生态环境问题。目前，生态环境科技侧重传统工业带来的生态环境问题，对高新技术带来的生态环境问题研究不足。现时流行的基因技术，生产出了富含抗癌蛋白的大豆、高赖氨酸玉米、能降低胆固醇的植物黄油，这些作物对环

---

① 刘中奎：《环境教育——新时期地理教学的重要任务》，2016-12-30，http://www.pep.com.cn/czdl/jszx/jxyd/jcyj/201008t20100825_740709.htm[2010-12-20]。

境和人体健康是否有危险，现代科技还不能确定。高新技术发展可能带来的生态环境风险，是生态环境科技发展的重要维度，但是目前这方面的研究比较欠缺。因此，从历史语境看，其等级值为 0.25，权重为 0.05，生态环境科技发展水平的指标值为 $0.25×0.05＝0.0125$。

总之，新中国成立以来，我国社会发展经过了基本温饱、总体小康和全面小康建设三个阶段。与发展阶段相适应，我国的生态环境问题的发展也经过了三个阶段，即局部发展阶段、全面发展阶段与全面控制阶段。新中国成立初期，为解决温饱问题，我国主要发展农业科技、工业科技，生态环境问题处于局部发展阶段，并没有引起人们的重视，因而对生态环境科技财力、人力、物力等方面的投入比较低。改革开放后，经济建设成为中心，在经济利益的驱动下生态环境问题从局部走向全局。20 世纪末，我国已进入总体小康水平，正在向全面小康建设迈进。生态环境问题成为制约我国进入全面小康社会的重要瓶颈之一。因此，生态环境问题进入全面控制阶段，为生态环境科技发展提供了历史机遇。从历史语境看，生态环境科技发展广义语境路径的评估指标值为 $0.0125＋0.0125＝0.025$。

（二）认知语境

（1）生态环境科技的发展首先来源于科学共同体的关注。1962 年，美国生物学家卡逊出版了《寂静的春天》，引起了美国政府及全世界民众对生态环境污染的关注。1972 年，罗马俱乐部公开发表《增长的极限》，为传统发展模式敲响了第一声警钟。20 世纪 70 年代，生态环境问题得到我国科学共同体的认可。1973 年，国务院批转《关于保护和改善环境的若干规定》中明确规定：有关大专院校要设定环境保护的专业和课程，培养技术人才。北京大学最先设立环境保护专业，其后很多大专院校也设立了环境保护专业。从共同体认知看，其等级值为 0.5，权重为 0.05，指标值为 $0.5×0.05＝0.025$。

（2）新中国成立以来，为促进生态环境科技的发展，我国政府的认知经过了三次历史性飞跃。首先，20 世纪 50~70 年代我国政府开始重视生态环境问题。1972 年 6 月，我国派出代表团参加联合国在瑞典首都召开的第一次人类环境会议，这次会议使政府认识到我国也存在着严重的环境问题。其次，20 世纪 80~90 年代环境保护不仅成为我国的一项基本国策，而且成为实现可持续发展的重要内容。该时期，环境科学被我国列为优先发展领域之一，并积极推动环保产业的发展。第三，21 世纪科学发展观和生态文明建设成为政府发展生态生态环境科技的认知基础。节能环保产业作为战略性新兴产业成为推进产业结构升级、加快经济发展方式转变的重要支撑。我国政府已经认识到解决生态环境问题的重要性和必要性。从认知语境看，政府认知等级值为 0.5，权重为 0.05，指标值为 $0.5×0.05＝0.025$。

（3）企业作为生态环境问题产生的重要来源，也是生态环境问题解决的重要主体。"是企业而不是政府来选择、开发、实施和认知技术。因此，负责任的企业将成为全球从不可持续向可持续发展转变的中坚力量。"[①]新中国成立以来，我国企业生态环境科技认知经过了三个发展阶段。第一，20世纪50~70年代以末端治理为特征，发展生态环境末端治理技术。第二，20世纪80~90年代以防治和"三废"综合利用为特征，大力发展综合治理科技。第三，21世纪以来以支撑循环经济和生态修复为特征，大力发展产业共性技术和关键技术，转变发展方式，提高资源综合利用效率。从认知语境看，企业认知等级值为0.5，权重为0.05，指标值为$0.5 \times 0.05 = 0.025$。

（4）民众认知是生态环境科技发展的群众基础。新中国成立以来，一方面，民众作为监督和参与公共决策的主体，捍卫自己的合法权益，促进生态环境科技的转化。另一方面，民众也是生态环境科技的应用主体。一些与民众生产与生活紧密相关的生态环境科技也可以成为民众的必需品。从认知语境看，民众认知等级值为0.5，权重为0.05，指标值为$0.5 \times 0.05 = 0.025$。生态环境科技发展广义语境路径的认知语境评估指标值为$0.025 + 0.025 + 0.025 + 0.025 = 0.1$。

从认知语境看，随着小康社会建设的不断推进，科学共同体、政府、企业和民众等越来越认识到发展生态环境科技、解决生态环境问题的重要性。但是，问题比较明显。一方面，工业革命不仅极大地丰富了民众的物质财富，而且产生了功利主义的认识论。在功利主义认知论的指引下，科学共同体主要集中于具有经济价值的科技创新；政府的认知强调对国民生产总值的追逐；企业作为科技创新的主体，侧重科技短期经济效益，忽视所使用技术的环保和健康影响；追求财富成为民众人生的最高意义。正是由于不同群体认知的物质性、短期性和私利性，导致生态环境科技转化率低，生态环境问题越来越复杂。另一方面，不同群体对生态环境科技的认知水平差距比较大。生态环境科技共同体、生态环境科技相应的政府管理部门和企业对生态环境科技具有一定的知识水平。而对于其他科学共同体、政府管理部门、企业和民众来讲，对生态环境科技认知水平比较低。

（三）科学语境

1. 学科建设水平

生态环境科技以解决生态环境问题为己任，围绕环境污染和生态破坏等环境问题而展开对农业、能源、水资源、土壤与土地、大气与大气圈、自然资源、生物资源、噪声及电磁辐射等污染防治而发展起来的涉及自然科学（包括技术科学）、社会科学和人文科学等广泛的学科体系。生态环境自然科学是生态环境与相关自

---

① 吴鹏举，孔正红，郭光普：《产业生态学：传统环境保护的选项还是对其颠覆？》，《生态经济》2007年第2期，第26-29页。

然科学相交叉的学科，包括生态环境地学、生态环境化学、生态环境生物学、生态环境医学、生态环境容量控制技术、生态环境标准体系等。生态环境社会科学是生态环境科技与社会科学相交叉的学科，包括生态环境法学、生态环境经济学、生态环境管理学、生态环境规划学等。生态环境人文科学是生态环境科技与人文科学相交叉的学科，包括生态环境伦理学、生态环境美学、生态环境哲学等。我国生态环境科技已形成包括基础科学研究和应用科学研究，覆盖自然科学、社会科学与人文科学的综合交叉学科体系。

目前，我国生态环境科技虽然已形成包括自然科学、社会科学和人文科学组成的交叉学科体系，但是存在比较突出的五个问题。其一，生态环境科技与传统科技及高新技术缺乏有机的融合。传统科技和高科技应用产生的生态环境问题仍然比较突出。其二，生态环境自然科学、社会科学和人文科学内部缺乏有机的融合。例如，大气污染问题的产生不仅与工业生产相关，而且与水问题、能源问题紧密联系在一起。这样一来，解决大气污染问题不仅是大气环境学的责任，而且与工业环境学、水环境学和能源环境学密切相关。其三，生态环境自然科学、社会科学与人文科学之间缺乏有机的融合。例如，大气污染问题的解决还需要环境管理学、环境法学和环保文化的支撑。其四，生态环境科技与其他生态环境科技缺乏有机的融合。生态环境科技、公共安全科技、人口健康科技、防灾减灾科技等已成为"十二五"期间我国重点发展的民生科技科技。只有生态环境科技与其他民生科技走向融合，才能从根本上解决民生问题。从学科建设水平看，我国生态环境科技从学科布局看越来越完善。但是，整体生态环境科技发展不能满足目前我国解决生态环境问题的需求。从科学语境看，学科建设水平等级值为 0.5，权重为 0.1，指标值为 $0.5 \times 0.1 = 0.05$。

2. 生态环境科技知识创新水平

我们可以用发明专利数及 SCI、EI、ISTP 系统收录等作为衡量的重要指标。我国《专利法》规定，可以获得专利保护的发明创造有发明、实用新型和外专利法书籍观设计三种，其中发明专利是最主要的一种。目前，生态环境科技专业申请数虽然增长比较快，但是与其他学科相比还比较慢。根据王彦、张小云、关勇等撰写论文的《生态学及其相关学科 SCI 收录期刊介绍》（发表于《生态环境》2006 年第 2 期），他们将 SCI、SCI-E 收录的 76 种及中国进入 SCI 和 SCI-E 的生态学类目核心期刊进行了全面的揭示，包括英文刊名、汉译刊名、出版周期、原版刊号、最新影响因子、国际标准刊号、出版地、出版者、联系地址、最新期刊网址、期刊描述等全方位的期刊信息。其中，中国进入的期刊有《细胞研究》《真菌多样性》《生物医学与环境科学》《科学通报》《大气科学进展》《中国植物学通报》《自然科学进展》《中国科学（生命科学）》《植物学报》《中国海洋工程》《环境科学学报》。只有前三种杂志影响因子超过 1，而美国有近 20 种与生态学相关的杂志进入 SCI、SCI-E，而且影响因子比较高。这反映了我国生态环境科技的知识创新水平在不断提升，但是从国际情况看，水平有待提高。从研究内容看，生态环境科技研究热点向危害人体健康的各类环境风险转变。根据中国知网专利检索，1978~2012 年生态方面的专利数为 11 228 项，环境方面的专利数为 283 736 项。2012 年，环境专利达 34 560 项，而 2011 年环境专利数仅 3827 项。这充分说明我国生态环境科技知识创新水平比较高。从国际视野和国内其他学科相比，生态环境科技知识应用水平比较低，有待进一步提高。从科学语境看，学科建设水平等级值为 0.5，权重为 0.1，指标值为 0.5×0.1＝0.05。

这样一来，生态环境科技发展广义语境路径的科学语境评估指标值为 0.05＋0.05＝0.1。

（四）社会语境

1. 生态环境科技的产品结构逐步走向多元化

中国环境环保产品认证的前身为环保部实施的环保产品认定。1996 年，根据国务院赋予国家环境保护总局负责建立环境保护资质认可制度的职能，开创了我国环保产品认定制度；2000 年，国家环境保护总局下发《关于调整环保产品认定工作有关事项的通知》（环发[2000]130 号），将环保产品认定工作委托中国环境保护产业协会组织进行；2005 年，为适应国家新的认证制度的需要，在国家环境保护总局和国家认证认可监督管理委员会的大力支持下，中国环境保护产业协会组建了中环协（北京）认证中心，承担环保产品认证工作。"中国环保产品认证（认定）事业开创 10 多年来，在政府有关部门的正确领导和支持下，行业协会稳步推进，环保企业积极参与，各方通力协作，使认证事业取得了长足发展。截止到 2007 年年底，通过环保产品认定和认证的产品共 2105 项。从通过认定或认证的产品分布看，空气污染治理产品（各类电除尘器、布袋除尘器、中小型锅炉除尘脱硫设备、饮食业油烟净化设备等）和监测仪器产品（主要包括 CEMS、COD 等在线监测仪器等）份额比较大；从地域分布看，北京、江苏、辽宁、浙江、上海、广东、山东等环保产业发达地区的认证企业比较集中。"[①] 中环协（北京）认证中心 2009 年发出《关于开展数据采集仪环保产品认证的通知》《关于开展隔声罩、隔声间环保产品认证的通知》，决定于近期开展对数据采集仪、隔声罩、隔声间的环保产品认证工作。"目前，环保设备（产品）品种达到了 3000 多种。特别是城市污水处理设备、城市垃圾焚烧设备、汽车尾气处理设备、工业高浓度有机废水处理设备、高效布袋除尘设备、高精密度在线环境监测仪器（仪表）、一些性能优良的特殊环

---

① 中国环保产品认证. http://baike.baidu.com/view/4939098.htm[2011-10-15]。

保材料等近几年得到较快发展。"①根据中商情报网发布的《2008—2009 年中国环保及社会公共安全专用设备行业评估及财务分析报告》，目前我国年销售收入 500 万元以上从事环保及社会公共安全专用设备行业非公有企业数达 1936 家。资源节约型产品和环境保护型产品也被列为"十一五"期间中国名牌产品的七大重点培育和发展方向之一。"十二五"规划所提出的环保目标也极大地拓宽了环保制造业的利润空间。据统计，我国现有环保企业 1 万多家，但 90%以上是乡镇企业，企业规模普遍偏小，80%以上的企业固定资产总值不超过 1500 万元。大部分环保企业还没有形成固定的生产能力，不能提供成套有效服务；企业从业人员文化水平较低；企业技术装备落后，技术力量薄弱；管理水平低，经济效益不稳定；科技含量低。环保产业占国民生产总值的比例小，不足 1%，就业人数少，仅占全国就业人数的 0.85%；环保产业的人均产值不高，为全国就业人员人均产值的 1~2 倍，与发达国家还有较大的差距。从环保产品目前发展看，我国环保产品发展势头比较好。但是，产品质量和品牌建设比较低，根据 2007 年我国名牌产品列表，共有 1967 种产品，其中环保产品只有 11 种，产品结构不合理，有些环保产品比较多，有些比较空缺，发展不平衡等。因此，生态环保产品结构发展等级值为 0.5，权重为 0.1，指标值为 0.5×0.1＝0.05。

2. 产业结构升级是由先导产业的变革力决定的

"先导产业具有三大特性：一是该产业必须是牵动全局的龙头产业，二是属于全覆盖的普适技术，三是构成经济发展的基础产业。"②截至 2004 年年底，中国环境产业从业单位 11 623 个，从业人员 159.5 万人，全国环境产业收入总额 4572.1 亿元，实现利润 393.9 亿元，应交税金总额 343.6 亿元，进出口合同总额 62.3 亿美元。与 10 年前相比，中国从事环境产业的企事业单位增长 1.34 倍，年收入总额增长 14.7 倍，出口额增长 193 倍。近年来，中国环境产业年增长率达 15%~20%，部分年份甚至超过 50%，大大高于同期国民经济增长的速度。"十二五"期间，我国在环保产业的投资金额将达 3.1 万亿元，是"十一五"期间 1.6 万亿元的近 2 倍，环保产业总产值将突破 2 万亿元。环保部网站近日公布了《国家环境保护"十二五"科技发展规划》，该规划称"十二五"期间重点领域科研业务费需要 210 亿元，重点实验室、工程技术中心和野外观测研究站等能力建设经费需要 10 亿元。环保产业作为"十二五"期间的战略性新兴产业，对我国传统产业及高技术产业具有改造功能，对加快经济发展方式转变和改善我国民生具有重要的现实意义。但是，从总体水平看，"我国近些年在环保产业的发展方面取得了不小的进步，但

---

① 朱丽娟，尚杰：《中国环境产业的 SWOT 分析》，《世界农业》2008 年第 11 期，第 20-24 页。
② 张孝德：《金融危机背后的"新经济革命"与我国应对战略》，《国家行政学院学报》2009 年第 5 期，第 46-49 页。

是依然存在问题：首先，市场结构不合理；产品差异化程度不足；环保服务业发展受到制约；技术开发能力弱，产品技术含量低，国际竞争力弱；融资渠道狭窄、投资供给不足；促进环保产业发展的制度、政策机制不健全等"[①]。有专家和学者认为，"我国环保产业技术创新力不够，融资渠道单一，环保企业规模不合理，数量多，规模小，地区分布不合理，东部和中部发达地区发展快，环保产品结构不合理。第一，注重水污染和空气污染治理设备。2004 年两类产品销售产值之和占当年环境保护产品销售总产值的 69.0%，而固体废弃物处理处置设备与噪声振动控制设备的销售产值仅占当年环境保护产品销售总产值的 9.4%，难以满足市场需求。第二，市场发育不完善"[②]，我国生态环境科技产业规模比较小。多数企业仍处于"小而散、大而全"的状态，专业化程度低，自给性生产仍很普遍。据统计，我国现有环保企业 1 万多家，但 90% 以上是乡镇企业，企业规模普遍偏小，80%以上的企业固定资产总值不超过 1500 万元。另外，环保服务业所占比重比较低。发达国家环保服务业占环保产业比重都在 50%~60%，而我国环境服务业所占比重比较低。第三，缺乏有效的宏观调控和指导。质量标准、技术规范和质量监督等政策体系需要进一步完善，技术和市场信息传递渠道有待提升。根据以上分析，生态环境科技产业结构已取得一定的发展，但也存在很多问题，等级值为 0.5，权重为 0.1，指标值为 $0.5 \times 0.1 = 0.05$。

3. 生态环境科技发展不断促进环保管理制度创新

环保管理制度创新进一步促进了生态环境科技的发展，二者处于相互关联和相互作用之中。生态环境科技是主导方面，没有生态环境科技，就不会有相应的生态环境管理制度。因此，将环保管理制度放于生态环境科技对社会变革之中分析。生态环境科技发展在制度层次上主要促进了管理制度的创新。从管理范围看，我国已形成包括资源、区域、部门等在内的环保管理体系；按环境管理对象看，我国已形成对水、大气、固体废弃物、噪声、辐射等在内的管理体系；从管理性质看，我国已形成环境计划、环境质量、环境技术等在内的管理体系；从管理手段看，我国已形成包括行政、法律、经济、科技与教育等多种手段。中国环境管理主要由国务院环境保护委员会、环保部，以及中国各级政府的综合部门、资源管理部门和工业部门负责。环境保护已成为我国的一项基本国策。中国多数中型企业也设有环境保护机构。从管理制度看，我国已形成国家与地区、政府与企业等不同主体构成的环保管理体系。我国环境保护标准工作已有 30 多年的历史，已初步形成了以国家环境质量标准、国家污染物排放（控制）标准为主体，与国家环境监测方法标准、国家环境标准样品标准、国家环境基础标准和国家环境保护

① 武普照，刘萍：《促进环保产业发展的政策选择》，《山东财政学院学报》2008 年第 2 期，第 64-71 页。
② 朱丽娟，尚杰：《中国环境产业的 SWOT 分析》，《世界农业》2008 年第 11 期，第 20-24 页。

行业标准相配套的国家环境保护标准体系。从环保标准制度看，截至目前，国家环境保护标准已经达到 1085 项，包括环境质量标准、污染物排放标准、监测方法标准、标准样品、环境影响评价技术导则、清洁生产标准、循环经济标准等 20 余类。现行的国家污染物排放（控制）标准有 103 项，污染防治技术政策有 15 项。2006 年，国家环境保护总局出台了《关于增强环境科技创新能力的若干意见》，为加快生态环境科技发展提供了一些政策性的指导。目前，我国环境管理制度建立已取得一定的成绩，但是由于制度执行力比较低，很多政府管理部门、企业和民众对环保管理制度缺乏深入的学习，导致管理制度落实比较困难。因此，生态环境科技对制度变革主要侧重管理制度，管理制度执行力比较低，等级值为 0.5，权重为 0.05，指标值为 $0.5 \times 0.05 = 0.025$。

4. 生态环境科技发展会促进环保文化的发展

环保文化不仅强调企业污染的控制和企业员工的环保意识，更强调环保系统在企业中的具体应用，即强调节约，强调资源的循环再利用。它的作用通过潜移默化的方式发挥出来，作用于人的思想，使管理无形化，使"环保"意识深入人心，并转为自觉的行动。"生态文明"由当代人学家张荣寰于 2007 年 4 月首次提出，他认为中华民族生态文明发展模式是一个必然实现的中国梦，必须以提升人格文明、生态文明、产业文明为发展方向，走生态文明发展的国家发展道路。十八大报告指出：建设生态文明，是关系人民福祉、关乎民族未来的长远大计。面对资源约束趋紧、环境污染严重、生态系统退化的严峻形势，必须树立尊重自然、顺应自然、保护自然的生态文明理念，把生态文明建设放在突出地位，融入经济建设、政治建设、文化建设、社会建设各方面和全过程，努力建设美丽中国，实现中华民族永续发展。生态文明作为一种文化形态，是推动生态环境科技发展的重要理念。中国传统环保文化、企业环保文化、行业环保文化等也是推动生态环境科技发展的重要力量。从目前研究情况看，涉及环保文化的论文仅有 56 篇。可见，人们对环保文化研究明显不足，环保文化还没有内化为政府、企业、民众等自觉意识。因此，等级值为 0.25，权重为 0.05，指标值为 $0.25 \times 0.05 = 0.0125$。这样，生态环境科技发展广义语境路径的社会语境指标值为 $0.05 + 0.05 + 0.025 + 0.0125 = 0.1375$。

（五）支撑语境

1. 科技规划

国家科技规划作为政府部门配置科技资源、组织科技活动的主要方式，能够客观反映我国生态环境科技的发展水平。我国支撑生态环境科技发展的规划包括国家科学技术规划、区域科技规划和生态环境科技专项规划。目前，环保科研项目主要包括重大专项、公益性行业专项科技支撑计划、863 计划、973 计划、国际科技合作项目、基础性工作专项等几种。其中，重大专项是体现国家战略目标由政府支持并组织实施的重大战略产品开发关键共性技术攻关或重大工程建设，通过重大专项的实施在若干重点领域集中突破，实现科技创新的局部跨越式发展。

从总规划看，《1963—1972 年科学技术规划纲要》中提出"科学技术现代化是实现农业、工业、国防和科学技术现代化的关键"，科技主要服务于农业、工业和国防建设。1986 年 9 月 3 日，国务院发布十二个领域的科学技术，其中包括能源和环境保护技术，这是我国科技价值从服务于经济建设向兼顾社会建设转向的伟大开始。2006 年 2 月 9 日，国务院颁布了《国家中长期科学和技术发展规划纲要（2006—2020 年)》，将与"民生"紧密相关的能源、环境、人口与健康、城镇化与城市发展、公共安全等作为未来 15 年我国科技发展的重点，体现了我国科技服务于经济建设和社会建设的政策范式。《国家"十二五"科学和技术发展规划》中生态环境科技被列为国家重大专项，节能环保被列为国家战略性新兴产业，能源资源环境技术被列为重点领域核心技术。从总规划看，我国生态环境科技发展经过了从无到有、从边缘到重点的发展历程，包括环境污染和食品卫生防治技术、城乡环保技术及产业化、污染控制、环境科学及产业化、生态环境科技、对其他产业升级、生态环境科技、对其他产业改造、环保技术、对传统产业改造、示范工程等，涉及生态环境科技基础研究、重大专项技术、产业和示范工程等。

从专项规划看，20 世纪 90 年代，随着可持续发展战略的不断深入，我国开始制定解决生态环境问题的专项规划。国家"八五"计划中列入 3 个环保指标，同时还有国家环保专项计划。《中国跨世纪绿色工程规划第一期（1996—2000 年)》包括对重点水域、重点区域大气环境保护、固体废物污染控制、环境保护项目及全国环境保护监测能力建设等方面。《国家环境保护"九五"计划和 2010 年远景目标》坚持环境保护基本国策，推行可持续发展战略，贯彻经济建设、城乡建设、环境建设同步规划、同步实施、同步发展的方针，积极促进经济体制和经济增长方式的转变，实现经济效益、社会效益和环境效益的统一；实施预防为主、防治结合的政策；污染者负担的政策，强化环境管理的政策；确定 21 项计划指标，主要针对工业污染、城市、生态、海洋、重点河流和重点区域、全球环境保护及环境管理能力建设等方面进行规划，并确定 7 项主要解决措施。《国家环境科技发展"十五"计划纲要（2001—2005 年)》分析了我国当时在大气污染、水污染、危险废物、危险化学品、城市生活垃圾、生态环境恶化、核安全等方面面临的重大生态环境科技需求，确定到 2005 年环境科技在综合决策、污染控制、环境质量改善、生态保护、环保产业发展方面的贡献率达到 60% 以上，有自主知识产权的环保产品在市场占有率方面达到 60%以上，使我国的环境保护国际地位进一步加强和提高。《国家环境科技发展"十一五"计划纲要（2006—2010 年）》分析了该时期我国在十个方面的科技需求及需要重点发展的领域，创新环境立法，开展环境立法评估和环境立法及配套立法研究；完善环境管理制度，进一步深入研究污染物排放总量核定技术、环境监管与应急预警体系、环境监测与信息管理、环境基准与标准、环境区划与规划、环境政策与法规等。建立健全"十二五"环保规划实施的保障机制，是保障"十二五"环境保护规划顺利实施的关键。这些机制包括强化政府主导作用、突出环保事权、加强环保政策和措施保障；各级政府要按时足额落实环境规划项目建设资金，督促规划项目按时完成；地方环保组织要加大环保队伍的建设；大力发展科学技术，以科技发展促进规划实施；完善规划实施评估考核机制，建立环保规划实施的年度评估和结果奖罚制度等。

从国家排放标准体系建设看，现行和正在制修订排放标准的控制范围已经涵盖了第一、二、三产业的各重点和特殊污染行业，包括钢铁、有色金属、化工、轻工、造纸、食品、饮料、纺织、制药、农药、矿山、餐饮服务业等。控制的有害物质和有害因素包括常规和有毒污染物、噪声污染、放射性污染等。

从生态环境科技发展规划看，我国已制定关于生态环境科技的总规划和专项规划，对生态环境科技需求、发展现状、发展领域、政策措施、保障机制等进行了中长期规划，对促进我国生态环境科技发展起到了重要的支撑作用。目前问题在于我国每年投资于生态环境方面的资金呈上升趋势，我们需要加强对生态环境科技项目及规划执行情况的评估，这既是对纳税人的负责，也是对提高我国生态环境预防和治理水平的客观要求。所以，我国生态环境科技发展规划等级值为 0.75，权重为 0.04，指标值为 0.75×0.04＝0.03。

2. 传播机构建设

生态环境科技作为解决生态环境问题的重要支撑，需要政府、企业、科学共同体和民众广泛参与和支撑，但是由于知识背景不同、信息的不对称性等原因使生态环境科技在不同群体之间的认知度是不同的，我们需要通过传播机构建设提高不同群体对生态环境科技的认知度。根据传播手段的不同，我们可以将传播机构建设划分为期刊、网络、学校、科普组织等。目前，我国涉及生态环境科技的杂志包括《环境科技杂志》《环境科学学报》《生态环境学报》《环境保护》《人口、资源与环境》《环境》《环境与健康》《环境工程》《环境卫生学》《环境医学》和《环境教育》等。有关生态环境科技的专业网站有中国环境网、中国环境新闻网、中国环境影响评价网、中国环境标准网、中国环境信息网及各地方环保网站等。目前，环保知识已成为小学、中学教育的重要内容。另外，一些综合性大学设有环境保护学院，具有专业的研究团队，并招收相应生态环境科技、管理等方面的本科生、研究生，为生态环境科技传播提供了人才和传播保障。科普专家、专业科普机构、科普基地和科普社区等的建设为生态环境科技进入百姓生活提供了直接的服务。但是目前还存在很多问题：其一，由于传播机构建设的有限性，很多生态环境科技知识并没有进入百姓生活，没有成为民众生产和生活首选的价值维度，如环保袋、环保电池、环保灯、环保家具、环保出行方式等的推广使用。其二，由于科普内容与形式太过于理论性或复杂性，使科普效果不太明显。其三，科普进社区非常必要和重要，但是目前形式仅限于讲座、产品的推销、报纸的张贴等。其四，传播机构建设有待进一步完善，如建立专门服务于民众的生态环境科技网。所以，我国生态环境科技发展传播机构建设等级值为 0.50，权重为 0.04，指标值为 $0.75 \times 0.04 = 0.02$。

3. 要素体系

投入要素结构的转变指由主要依靠增加物质资源消耗向主要依靠科技进步、劳动者素质提高、管理创新转变，我们主要衡量人才投入和资金投入等指标。投入要素结构决定经济结构和发展方式。从劳动者素质看，《国家环境保护"九五"计划和 2010 年远景目标》计划环保监理人员由 1995 年的 1.9 万人增加到 3 万人，装备 200 个国家环境监测网络站，建设国家环境应急中心和 6 个大区中心，建成国家级、省级和 100 个城市的环境信息中心。《国家环境科技发展"十五"计划纲要（2001—2005 年）》通过科技体制改革，引进或培养一批高素质的中青年学术带头人、科技企业家；加强国家环保总局直属科研院所的能力建设，对老、旧试验设备进行更新，力争装备一批重大关键设备，建设 8 个重点实验室、6 个工程技术中心、4~5 个区域环境研究中心。《国家环境科技发展"十一五"计划纲要（2006—2010 年）》指出，提高环境科技实验研究能力、基础观测能力等；重点加强对项目、人才、基地的统筹安排，优先支持国家环境科技创新基地、重点实验室、工程中心等承担国家环境科技项目，鼓励和支持年轻人才、复合型人才承担或参与国家科技计划项目；逐步完善以应用研究为主的科学研究体系，以企业为主体、产学研相结合的技术开发体系和以社会化服务为主的环境科技服务体系，促进"三个体系"的良性发展，形成新的环境科研创新的组织形式；"十二五"期间新建一批国家环境保护重点实验室、国家环境保护工程技术中心和国家环境保护野外观测研究站。

从投入资金看，"九五"期间，需要污染治理（不包括造林绿化等生态建设）投资 4500 亿元，约占同期 GNP 的 1.3%。其中，新扩改建项目环保投资 2000 亿元，老污染源治理需要投资 1050 亿元，城市环境基础设施建设需要投资 1450 亿元。污染治理资金主要从基建项目环保设施配套（即三同时）资金、企业技改资金、城市建设资金、排污费等渠道解决，尽可能利用部分外资。《国家环境科技发展"十五"计划纲要（2001—2005 年）》要求建立以政府投入为主导的多元化、社会化、国际化的环境科技发展投入体系，逐年增加政府对环境科技投入的比例，2005 年达到发展中国家的平均水平，2015 年达到中等发达国家的水平；引导和鼓励企业积极参加环境科研风险投资和对环保产品开发、生产和经营的资金投入；拓宽环境科技融资渠道，提高贷款支持力度；加强国际合作和交流，鼓励外商投入环境科学研究和环保产业，积极有效地利用外资。《国家环境科技发展"十一五"计划纲要（2006—2010 年）》要求积极争取国家财政对公益性国家环境科技研究的投入，注重中央环保部门投入，争取地方政府投入，鼓励企业技术创新投入，充分利用国际资金或基金等建立多元化科技投入机制；根据本纲要确定的 10 个优先领域 33 个重点主题的科技发展计划，在不包括本纲要中涉及的环境科技基础能力建设投入的情况下，预计"十一五"国家环境科技需要国家投入研究经费60 亿元（其中不包括地方配套、企业投入、国际合作资金）；截至"十一五"期末，环境保护系统内有中国工程院院士 7 人，涌现出一批学有专长的创新基地首席专家和中青年学术骨干。《国家环境保护"十二五"科技发展规划》指出，在重点领域投入科研业务费 210 亿元，在重点实验室、工程技术中心和野外观测研究站等能力建设领域投入经费 10 亿元；建设一批国家环境保护重点实验室、环境保护工程技术中心和野外观测研究站，预计需要国家在环境保护科技领域投入经费约 220 亿元（不包括地方配套、企业投入和国际合作资金）。其中，重点领域科研业务费 210 亿元，能力建设（重点实验室、工程技术中心和野外观测研究站建设）经费 10 亿元。虽然我国环保投入发展前景很可观，但与国际水平相比还有一定差距。

从人才和资金要素投入看，我国生态环境科技相关人才数量、结构逐步走向扩大化和合理化，资金投入呈不断上升趋势，但是与解决我国生态环境问题的需求差距比较大。目前问题在于：其一，民众对生态环境科技了解比较少，我们需要将生态环境科技作为民众基本科技素养的部分之一。其二，预防生态环境问题的投入比例有些低。其三，前瞻性人才建设人才比较欠缺等。所以，我国生态环境科技发展要素体系建设等级值为 0.50，权重为 0.04，指标值为 0.75×0.04＝0.02。

4. 部门协同创新

从生态环境科技政产学研用一体化看，部门协同包括政府、企业、民众和科研院所的协同创新。从解决健康、安全、环保等一体化看，部门协同包括健康、安全和环保等政府、企业、科研院所、民众之间的协同创新。从语境整体性看，生态环境科技发展不同语境之间存在协同力。

从解决健康、安全、环保等民生问题的协同性看，我国从"十五"时期开始加强对健康和生态环境保护的协同创新，加强生态环境机构和健康机构的协同创新。《国家环境科技发展"十五"计划纲要》指出，我们还未充分认识环境对民众健康的影响，更没有建立起其评价判定体系和以人体健康为核心的环境管理体系，与发达国家当前注重保护人体健康的环境科技和管理思想有很大差距。本纲要还指出，需要开展环境污染与健康的研究，建立以人为本的环境管理制度。为此，开展室内环境污染对人体健康的影响研究，建立室内空气质量评价标准，研究提出不同类型建筑装修材料的绿色产品标准，为建立以人为本的环境管理措施提供技术支持，实现解决环保和健康问题的协同创新。

从解决生态环境问题协同创新看，《国家环境科技发展"十一五"计划纲要》指出，依托国家环保总局"金环工程"总体框架，建设国家环境保护科技资源信息共享平台，形成包括环境科研成果、环境实验数据、环境监测数据、环境统计数据、环境管理数据、环境技术数据在内的共享机制和硬件支持环境；建立国家、省、市、县四级环境信息网络，形成环境信息基础、应用支撑体系、资源共享和信息服务平台，建成国家级、省级环境数据中心以及分布式环境数据共享机制；实现环保骨干、核心业务的电子化，全国纵向一体化办公、审批协同平台，为提高环境综合决策能力、环境监管能力、公共服务能力提供有力的信息化支撑与能力保障；建立安全的电子政务技术体系和管理机制。2006年，国家环境保护总局出台了《关于增强环境科技创新能力的若干意见》。2006年8月18日国家环境咨询委员会和环保总局科学技术委员会（简称两委）在北京成立。两委的成立标志着最广泛的环保统一战线构想开始实施，这必将对我国环保事业的发展带来长远影响。

从部门协同创新看，生态环境科技发展广义语境路径是多语境协同发展的过程。历史语境为生态环境科技发展提供基础，认知语境为生态环境科技发展提供可能空间，科学语境为生态环境科技发展提供科学保障，社会语境成为生态环境科技转化与环保产业发展的试验场，支撑语境为生态环境科技发展提供社会条件。目前，由于不同语境之间缺乏有效的信息沟通，造成条块分割和各自为政，加大了不同语境之间的耗费，严重影响了生态环境科技的发展。我国生态环境科技发展已实现了生态环境问题和健康问题解决的协同创新，同时生态环境科技发展相关部门也实现了信息共享。但是，由于部门之间利益冲突或者其他原因，部门协同创新在解决生态环境问题的权利与义务等方面协同力比较差。目前问题在于：其一，很多生态环境管理部门侧重本部门的利益，而不重视本部门应承担的责任，导致权利与义务的不对等，这无形中加剧了部门之间协同创新的难度。现实生活中，很多生态环境问题的产生与部门之间的扯皮，不利于部门之间的协同创新。其二，生态环境相应管理部门越来越多、越来越细，增加了部门之间协同创新的难度。所以，我国生态环境科技发展部门协同创新等级值为 0.50，权重为 0.04，指标值为 $0.75 \times 0.04 = 0.02$。

5. 国际合作

目前，我国生态环境科技主要侧重技术和资金等方面的合作。一方面，要提高我国履行国际公约的能力，突破应对全球环境变化和国际履约的关键技术，围绕全球环境变化和国际履约问题，形成一批具有自主知识产权的温室气体排放控制、生物多样性保护、生物安全管理、持久性有机污染物（POPs）污染风险控制等方面技术成果，提升我国履行国际环境公约的能力。另一方面，建立国际生态环境科技合作平台。"十二五"期间，充分发挥环境保护部门在国际环境科技交流与合作中的引导作用，培养专业化的国际科技合作管理队伍，建立对外科技合作与交流平台；支持环境保护科研院所与国外研究机构建立联合实验室或技术研发中心；鼓励开展环境保护领域双边、多边国际科技合作研究，加大对环境科技人才国外培训的支持力度，积极参与或组织国际学术会议及其他形式的科技交流活动；通过技术引进、革新和集成创新迅速提升我国环境科技的整体水平。目前，国际合作从资金、人才、平台建设等方面看有待进一步提高。所以，我国生态环境科技国际合作等级值为 0.25，权重为 0.04，指标值为 0.25×0.04＝0.01。生态环境科技发展广义语境路径的支撑语境指标值为 0.03＋0.02＋0.02＋0.02＋0.01＝0.1，总值为 0.463（表 7-2）。

表 7-2　生态环境科技发展广义语境路径评估指标对比表

评估方面	一级指标	参考权重	实际值	参考值	总值 0.463	比例（%） 46
历史语境	生态环境问题解决水平	0.05	0.0125	0.1	0.025	25
	生态环境科技水平	0.05	0.0125			
认知语境	科学共同体认知	0.05	0.025	0.2	0.1	50
	政府认知	0.05	0.025			
	企业认知	0.05	0.025			
	民众认知	0.05	0.025			
科学语境	生态环境科技学科建设水平	0.1	0.05	0.2	0.1	50
	生态环境科技知识创新水平	0.1	0.05			
社会语境	生态环境科技产品结构	0.1	0.05	0.3	0.138	46
	生态环境科技产业结构	0.1	0.05			
	制度变革	0.05	0.025			
	文化变革	0.05	0.0125			
支撑语境	科技规划	0.04	0.03	0.2	0.1	50
	传播机构建设	0.04	0.02			
	要素体系	0.04	0.02			
	部门协同创新	0.04	0.02			
	国际合作	0.04	0.01			

总之，从历史语境看，生态环境科技发展的历史语境研究明显欠缺，处于比较低的水平，说明我国生态环境问题还比较突出，不能满足人民日益增长的对生态环境改善的需求，生态环境科技发展对解决生态环境问题的能力水平比较低。我国生态环境科技在认知语境、科学语境和支撑语境中处于中等水平，说明生态环境科技基本得到不同群体的认知，学科建设和知识创新与应用水平在不断提升，科技规划、传播机构建设、要素体系和部门协同创新等支撑语境，对促进生态环境科技历史语境、认知语境、科学语境和社会语境变革提供了支撑。综上所述，我国生态环境科技对社会语境的变革有待提升，应将环保文化变为民众自觉应用生态环境科技的文化支撑。

第四节 完善生态环境科技发展广义语境路径的对策

为了促进我国生态环境科技的发展，提高生态环境科技对生态环境问题的支撑能力，我们需要做好以下几个方面。

一、从历史语境看，重视生态环境科技相关历史问题的研究

生态环境问题是从有形走向无形，从局部走向全局，从宏观走向微观，从自然界走向民众的日常生活。所以，新时期应加大对生态环境问题表现形式及其影响的研究。为此，我们应加强对不同区域、不同生态环境污染形式、生态环境问题影响、民众对生态环境改善的现实需求等方面的研究。同时，还要加快对高技术可能带来的生态环境问题的研究，预防高新技术走向污染—防治—再污染的怪圈，以加快生态环境科技对高科技的改造力，实现高技术向健康环保方向发展。通过对生态环境问题的全面、系统、深入的分析，为生态环境科技发展提供问题来源。

从历史语境看，我们还需要加快生态环境科技发展水平的研究，从横向和纵向、国内和国外不同视角分析我国生态环境科技发展水平。国际生态环境科技发展的动态、我国不同学科发展水平等都是分析我国生态环境科技发展的参照系，只有对我国生态环境科技发展水平进行历史的系统分析，找出差距，才可能为其进一步创新提供决策依据。

目前，我国环境监测已从传统的室内监测向在线监测、卫星监测、生态监测、预警监测等方面发展，逐步形成天地、城乡、区域污染生态监测一体化。但是，为了促进区域生态环境的改善，凸显区域生态环境问题的特殊性，我们必须不断创新区域生态环境评价方法，建立具有区域特色的生态环境评估体系，为区域生态环境科技创新提供历史依据。

二、从认知语境看，提高不同群体对生态环境科技的认知水平

第一，科学发展观是提高和协同不同群体生态环境认知水平的价值基础。以人为本要求科学共同体的科技创新体现人本价值。政府应将服务于民生作为第一要务，加大生态环境科技的投入。实现科学发展也是企业认知的重大变革，我们需要通过政产学研用一体化，加大企业对生态环境科技的研发与转化。民众生活方式与消费方式的认知变革，会通过倒逼机制促进科学共同体、政府与企业进一步的创新。

第二，丰富生态环境科技传播形式是提高不同群体认知水平的知识基础。我们要通过网络、板报、图书、新闻报道、公共场所宣传画等多种形式使不同群体对生态环境认知从生产环节扩展到流通、分配、消费和对外贸易等环节。只有不同群体认知达到协同发展，才可能实现生态环境科技的不断创新。

第三，创新传播内容是提高不同群体认知水平的实体性基础。生态环境科技作为科学技术发展的重要领域，它的语言体系是科学语言。生态环境科技在向普通民众传播时，需要将科学语境转换成群众语言，并且与民众生活联系紧密。

三、从科学语境看，提高生态环境科技的融合力和创新力

第一，以产业生态学原理为基础，促进高科技产业的生态化发展。产业生态学是研究如何把具有不同功能的产业组分进行合理组合，使之成为一个无废弃物或少废弃物排放的科学。要解决高科技与环境的关系，必须将高科技与环境看作一个完整的体系，有助于实现高科技与生态环境的和谐发展。

第二，充分发挥生态环境科技相关学会及民间组织在环境规划、技术决策、学术交流推广中的优势，实现生态环境科技不同学科之间的协同发展。"截至 2008年 10 月，全国共有环保民间组织 3539 家。其中，由政府发起成立的环保民间组织 1309 家，学校环保社团 1382 家，草根环保民间组织 508 家，国际环保组织驻中国机构 90 家，中国港澳台地区环保民间组织约 250 家。"①

第三，促进生态环境科技与民生科技其他学科之间的融合。由于生态环境问题越来越同健康问题、安全问题交织在一起。因此，我们需要建立包括技术指标、环境指标、安全指标、健康指标、经济指标、生产指标、市场指标、转化指标、辅助指标等构成的民生评估体系，实现生态环境科技与安全科技、人口健康科技等的和谐发展。

第四，生态环境科技的创新力提升需要发明专利数及 SCI、EI、ISTP 系统收录等重要指标的不断提高。我们要加大生态环境科技发明专利的申请数量，

---

① 施问超，邵荣，韩香云等：《环境保护通论》，北京：北京大学出版社 2011 年版，第 65 页。

通过机制创新提高专利的转化率，使生态环境科技真正服务于解决生态环境问题；加大生态环境科技的原始创新力，提高我国生态环境科技相关杂志的收录水平。

四、从社会语境看，提升我国生态环境科技产品、产业、制度和文化的创新水平

第一，实现生态环境科技企业资源的优化整合，提高生态环境科技产品和产业的创新水平。目前，多数生态环境科技企业规模小、重复投资比较突出。只有实现生态环境科技资源的整合，才能提高生态环境产业的规模化水平，以规模化实现生态环境产品的集约化、集团化和国际化。

第二，加强生态环境管理和制度创新。生态环境管理指为解决生态管理问题在社会语境中进行管理机制、管理制度和环境法的创新。环境管理机制包括市场机制、准入与退出机制、协调机制、多元化投入机制、社会监督机制、应急机制等。环境管理制度包括排污收费制度、污染限期治理制度、"三同时"制度、环境影响评价制度、环境标识及认证制度等。环境法包括宪法、基本法和单行法等。加强生态环境管理制度创新为我国生态环境科技产业化升级提供了机制、制度、法律等多方面的保证。

第三，不断创新生态文化，使其成为不同群体行为的指导思想。目前，我国生态文明建设、节能环保意识的培养、科学发展观的落实等为生态文化发展提供了精神上的支撑。我们还需要通过不断宣传使生态文化成为民众生活的习惯，而不能仅仅停留在观念层次上。

五、从支撑语境看，加大对科技规划、要素体系、部门协同和国际合作的管理

第一，提高我国科技评估的水平。我国已制定了关于生态环境科技发展的总规划、专项规划、国家规划和区域规划等，现在的问题是要落实规划，必须加强对规划的评估，提高资金、人才、管理等方面创新的绩效；加强科技规划评估体系的建设。我们要构建专业评估机构，实现评估领域、评估客体、评估方面的不断创新。①构建专业评估机构，实现评估机构的独立性、客观性和主体性运作，防止评估机构既是运动员又是裁判员。②从研究视域看，STS 视域创新地实现了生态环境科技发展路径历史语境、认知语境、科学语境和社会语境的系统整合。为建构民生科技发展广义语境路径的评估体系提供了新的思路。③从评估客体看，生态环境科技发展广义语境路径的评估体系不仅包括对不同语境点、面的评估，

同时还包括对不同语境整体的评估，实现了生态环境科技发展广义语境路径点、面、体评估的统一。

第二，进一步加大对生态环境科技资金和人才的投入比例。优化投入比例和结构，提高对生态环境科技原始创新、集成创新和引进消化吸收再创新的投入水平。根据生态环境问题发展现状，加强对生态环境科技资金投入的力度。人才是基础，所以我们要优化科技创新人才、转化人才、科普人才的结构，提高普通民众对生态环境科技的认知水平。

第三，提高对生态环境科技的传播力。《国家环境科技发展"十一五"计划纲要（2006—2010 年）》指出：①要依托具有环境保护科普功能的场、馆、园等社会公共活动场所，实现清洁生产、发展循环经济的环境友好型企业、"自然保护区""生态工业园区""生态示范区"，建立各级环境监测站点、监控中心、核设施及放射性废物处理处置设施、危险废物处理装置、城镇污水处理厂、垃圾无害化处理设施、城镇自来水生产企业、引种繁育中心等民众关注的环保热点单位和从事环境科学研究的科研院所、高等院校、重点实验室和工程技术中心等 50 个国家环境保护科普基地，促进环境保护工作走向民众。②把环境科技宣传、教育与普及列为各级环境科技管理的一项重要任务，充分利用现有的电视、广播、报刊、网站等民众媒体，宣传环境科技知识，介绍环境科研最新成果，充分发挥各地环境科学学会在环境科技普及与教育中的积极作用。③加强环境保护科学普及力度，提高全民环境保护意识，传播生态文明观念，营造有利于环境科技创新的人文环境。④加强环保科普资源集成与共享平台建设，充分利用广播、电视、报刊、网络等民众媒体，宣传当前环境形势，普及环境保护知识，介绍重大环境科技动态。⑤加强国家和地方环保科普基础设施建设，重点开展国家环保科普基地建设，发挥其引领、辐射和示范作用。⑥建立有效的环境保护科普宣传激励机制，鼓励科研人员将科研成果转化为科普作品，推动环境保护科普作品创作工作。⑦培养专业化的环保科普人才，表彰优秀环保科普工作者，充分发挥各地环境科学学会、科研机构、环境保护宣教中心、非政府组织和其他组织在环保科普中的积极作用。

第四，促进不同部门、不同语境之间的协同力。①提高生态环境科技不同语境内部的协同力。由于各语境内部不同语境承担着提高生态环境科技历史、认知、科学、社会和支撑等某一方面的职能，它们具有相通性。因此，不同语境内部的协同创新是提高生态环境科技在不同语境发展的组织基础。②提高不同语境之间的协同力。生态环境科技发展广义语境路径是生态环境科技在历史语境、认知语境、科学语境和社会语境中不断变革实现的。政产学研用一体化有助于实现不同语境之间的协同发展。政府在作出有关决策时，需要倾听各方面专家的意见。譬如在环境决策中，"地理学提供了一种关于人类与环境问题的有价值的思维方式，一种强调复杂系统中的联系和区位与安排的重要性的思维方式"[①]。大科学时代，科学共同体研发方向和课题的选择需要考虑国家科技规划和民众的需求。企业作为生态环境科技创新、转化与应用的主体，它的发展离不开国家科技政策的引导、民众监督能力和消费能力的提高。政产学研用一体化进程在科学共同体、政府、企业和民众之间，科学技术与生态环境之间搭建了有效的沟通桥梁，为信息在不同语境间流通提供了可行渠道。③提高解决健康、安全与生态环境等民生问题之间的协同力。目前，生态环境科技发展已经同人口健康科技加强了协同创新，但是，协同的领域、方式、水平等有待提高，还需要扩展健康、安全与生态环境科技之间的协同力。

第五，进一步扩展生态环境科技国际合作的途径。国际合作作为生态环境科技发展的重要支撑，需要通过科技、制度、文化、人才和资金投入等多方面实现我国生态环境科技发展的国际合作，提高我国生态环境科技发展的国际竞争力。①在国际合作的科技领域，为人才和资金合作提供方向。②要跟踪国际生态环境科技发展的前沿，使我国生态环境科技国际合作具有前瞻性。③通过制度、管理等创新，优化生态环境科技国际合作的途径。

总之，生态环境科技作为我国民生科技发展的重要领域，它的发展历史是比较长的，是伴随着生态环境问题而产生的，随着生态环境问题的变化而处于动态发展之中。只有不断创新生态环境科技发展的路径才能更好地解决生态环境问题。

---

① 美国国家研究院地学、环境与资源委员会，地球科学与资源重新发现地理学委员会编，黄润华译：《重新发现地理学与科学和社会的新关联》，北京：学苑出版社2002年版，第160页。

第八章 防灾减灾科技发展的广义语境路径

灾害是对能够给人类和人类赖以生存的环境造成破坏性影响的事物总称。灾害不表示程度，通常指局部，可以扩张和发展，演变成灾难。灾害指一切对自然生态环境、人类社会的物质和精神文明建设，尤其是人们的生命财产等造成危害的天然事件和社会事件。根据灾害的产生原因、发生部位和发生机理可划分为地质灾害、天气灾害和环境灾害、生化灾害和海洋灾害等。新中国成立以来，我国发生的重要灾害事件有 1950 年 7 月淮河大水、1954 年 7 月长江淮河大水、1959~1961 年三年自然灾害、1963 年 8 月海河大水、1966 年 3 月 8 日邢台地震、1970 年 1 月 5 日通海地震、1975 年 8 月河南大水、1976 年 7 月 28 日唐山地震、1978~1983 年北方连续大旱、1985 年 8 月辽河大水、1998 年 7 月下旬至 9 月中旬长江流域大洪水、2008 年南方雪灾和汶川大地震、2010 年玉树地震等。从世界范围看，2011 年，日本、智力和土耳其等发生地震、美国暴风雪和龙卷风灾害等。2010 年，全球因自然灾难死亡的人数已经超过了 20 万人，远远超出往年正常水平。随着我国构建小康社会的不断推进，灾害成为威胁我国实现科学发展、构建和谐社会的重要因素之一，我们必须大力发展防灾减灾科技，提高我们应对灾害的能力。

第一节 新中国成立以来我国应对防灾减灾问题的路径及其特征

新中国成立以来，由于灾害与民众的生存与经济损失等紧密联系在一起，所以从第一个五年计划开始，防灾减灾成为我国党和政府关注的重要领域。为了应对种种灾害，我国采取了从预防到应急等一系列措施，并体现了人本性、应急性、广义参与性等特征。

一、新中国成立以来我国应对防灾减灾问题的路径

由于灾害的复杂性，目前对于防灾减灾问题路径的研究主要从两个层次进行分析：一个层次是从宏观上对整体的灾害预防路径进行分析；另一个层次是从灾害发生的领域进行分析，如应对旱灾、地震、涝灾等。总体上，新中国成立以来我国应对防灾减灾问题路径表现为以下几个方面。

1. 思想上重视防灾减灾工作是我国应对防灾减灾问题的思想保障

新中国成立以来，防灾减灾工作一直受到党和政府的关注。自"一五"以来，防灾减灾工作一直我国规划的重要内容之一。特别是自进入 21 世纪，全球灾害的不断增加，我国灾害的频频发生，使应对灾害成为提高我国党和政府执政能力的重要体现。

2. 加强应急队伍建设和资金投入是我国应对防灾减灾问题的实质性保障

由于灾害的突发性特征，我们需要专业队伍提高应对的效率，减少经济和人身损失。我国已建立部队、企业、农村等多级应对防灾减灾的人才体系，不断提高不同领域应对灾害的人才队伍素质。灾害发生过程是社会资源被破坏的过程，我们需要社会力量加大资金投入解决灾害问题。

3. 灾害综合防御体系是我国应对防灾减灾问题的预防性措施

我国已建立气象、地震、海洋等综合防御体系。据中国气象局发布的《气象科学和技术发展规划》，"十一五"期间，中国气象局积极开展农业气象灾害监测、预警服务，为农业防灾减灾。我国的地震监测技术系统始建于 20 世纪 60~70 年代，目前，我国内地已有由 49 个数字化地震台组成的国家地震台网和 26 个区域数字台网在运行。国家海洋局海洋环境保护研究所创建于 1959 年，是国家海洋局直属的国家级业务中心，肩负我国海洋环境监测、海域使用动态监视监测的任务。近年来，随着业务领域的不断拓展，监测中心形成了海洋生态-海域使用-环境综合监测的能力。其他灾害的监测也在不断建设。

4. 防灾减灾科技的发展是我国应对防灾减灾问题的科技支撑

从国家科技规划发展历程看，我国防灾减灾科技发展经过了从地质灾害预防技术到农业领域气象灾害研究，从地质、农业领域扩展到气候和城市的防灾减灾技术，从对农业产业的升级改造到防灾减灾科技的产业化。特别是随着信息技术的发展，防灾减灾科技需要加强同信息技术的融合，提高防灾减灾的信息化水平和预测水平。

5. 加强制度创新是我国应对防灾减灾问题的制度保障

从法律层次看，我国出台了一系列关于预防灾害的法律条例和法规。现有的专门应对自然灾害类的法律主要有 1984 年 9 月 20 日颁布、1985 年 1 月 1 日起实施、1998 年 4 月 29 日修正的《中华人民共和国森林法》；1997 年 12 月 29 日颁布、1998 年 3 月 1 日起实施、2008 年 12 月 27 日修订的《中华人民共和国防震减灾法》；1997 年 8 月 29 日颁布、1998 年 1 月 1 日起实施的《中华人民共和国防洪法》；1999 年 10 月 31 日颁布、2000 年 1 月 1 日起实施的《中华人民共和国气象法》；2001 年 8 月 31 日颁布、2002 年 1 月 1 日起实施的《中华人民共和国防沙治沙法》；2007 年 8 月 30 日颁布、同年 11 月 1 日起实施的《中华人民共和国突发事件应对法》等。除此之外，一些法规和条例的颁布实施也有力地应对了自然灾害的发生。例如，2005 年 6 月 7 日颁布的《军队参加抢险救灾条例》、2003 年 11 月 24 日颁布的《地质灾害防治条例》、2002 年 3 月 19 日颁布的《人工影响天气管理条例》、2000 年 5 月 27 日颁布的《蓄滞洪区运用补偿暂行办法》、1995 年 2 月颁布的《破坏性地震应急条例》、1994 年 10 月 9 日颁布的《自然保护区条例》、1991 年 7 月 2 日颁布的《防汛条例》、1991 年 3 月 22 日颁布的《水库大坝安全管理条例》等。为了解决防灾减灾问题，首先需要落实灾害领导负责制。目前，应对灾害已成为地方政府主要责任之一，同时还应加强民众参与防灾减灾问题的制度建设等。总之，法律、制度和机制体系的建设为我国应对防灾减灾问题提供了制度保障。

6. 加强宣传培训和演练是我国应对防灾减灾问题的群众基础

由于灾害发生领域多、涉及面广，所以加强民众防灾减灾知识是非常重要的。目前，我国通过会议、宣传资料、广播、学校教育等多种形式宣传防灾知识，提高了民众的认知能力和自救能力。随着网络的发展，灾害宣传也可以通过网络进行，但目前这方面建设比较落后。

二、新中国成立以来我国应对防灾减灾问题路径的特征

应对我国防灾减灾问题需要思维创新、人才、管理、科技、制度等要素的整合。不同方面的创新水平直接决定了整合的效率。我国应对防灾减灾问题路径的特征体现为系统性、科学性、多元参与性、时效性等。

1. 系统性

防灾减灾问题的解决需要事前防御、事中积极救援、事后积极解决。自新中国成立以来，我国防灾减灾问题的解决正是通过思想创新，以及人才、管理、科技和制度等路径的系统化，以减少灾害的影响。从目前的实际来看，由于系统要素的不协调或者系统因素的缺失，会加剧防灾减灾工作的难度和效率。

2. 科学性

防灾减灾工作虽多数来源于自然灾害，但是我们需要加强对灾害的科学认识。

使人们对灾害的认识从被动接受转变为积极应对。科学性是解决防灾减灾问题的指导思想。目前，我国已建立起包括地震、海洋灾害、农业等方面的防灾减灾科学体系。

3. 多元参与性

防灾减灾问题涉及群众的根本利益，是政府、企业、民众等不同群体共同参与、不断解决的过程。政府对防灾减灾问题具有领导和组织责任。企业对防灾减灾设备的生产负有社会责任，与此同时，企业在生产过程中对企业负有防灾减灾的义务和责任。特别对一些从事煤炭、铁矿、地质等方面的企业来讲，防止灾害等是自己义不容辞的责任。民众作为灾害的直接受害者，参与积极救灾也是自己义不容辞的责任。正是多元参与性使防灾减灾问题成为整个社会的事情。同时，我们还要通过红十字会、民政部等相关部门进行捐款，群策群力，提高不同群体的参与力。

4. 时效性

防灾减灾问题与民众生命财产安全紧密相关，时效性成为解决防灾减灾问题的重要维度。在实践过程中，往往因为时效性差，扩大了灾害影响的范围。所以，我们解决防灾减灾问题要将时效性作为各种路径的客观要求。

总之，新中国成立以来，在党和政府的领导下，我国防灾减灾问题的解决路径体现为思维、人才、管理、科技、制度等要素的整合，其中防灾减灾科技是解决防灾减灾问题的根本支撑和保障。没有科技支撑，灾害防御体系就无法实现有效运作。制度的落实需要科技做最坚强的支撑。防灾减灾科技的发展同时也离不开思维创新、人才、管理和制度等方面的支撑。防灾减灾科技发展水平在一定程度上反映了我国应对防灾减灾问题的能力。

第二节　防灾减灾科技发展广义语境路径的模型

防灾减灾科技发展路径具有历史、认知、科学、社会和支撑等多语境性。20世纪70年代，随着地震荡灾害的不断发生，我国加大了对防灾减灾科技的支撑力度。1975年，我国成立了防灾科技学院，隶属于中国地震局，位于北京东燕郊国家高新技术产业开发区，是我国仅有的以防灾减灾高等教育为主，具有理、工、经、管、文等学科门类的综合性普通高等学校。2011年，防灾科技学院被教育部列为培养硕士专业学位研究生试点工作建设单位和第二批"卓越工程师教育培养计划"高校，实现了防灾减灾科技人才培养的专业化。

一、防灾减灾科技发展的过程

从我国科技规划发展历程看，我国防灾减灾科技经过了从技术到科学再到产业化的发展过程。具体地讲，是从地质灾害预防技术到农业领域气象灾害研究，从地质、农业领域扩展到气候和城市的防灾减灾技术，从对农业产业的升级改造到防灾减灾科技的产业化。

从组织机构看，我国成立防灾科技学院和减灾协会，并将 5 月 12 日定为防灾减灾日。促进防灾减灾科技传播的杂志有《灾害学》《干旱区资源与环境》《沙漠与绿洲气象》《国际地震动态》《贵州气象》《中国地震》《中国沙漠》《第四纪研究》《自然灾害学报》《热带地理》等。

从学科体系看，根据防灾科技学院学科设置看，我国防灾减灾科技学科体系包括自然科学、技术、人文社会科学。2012 年 5 月 24 日，科技部印发的《国家防灾减灾科技发展"十二五"专项规划》中包括国家战略需求、科技发展现状与趋势、发展思路和战略目标、重点任务、保障措施 5 部分。总体目标是全面提升重大自然灾害风险评估、工程防治、应急救援、决策指挥、恢复重建等各个环节的科技水平，推动高水平的国家防灾减灾科研和实验基地建设，培养高素质科技人才队伍，进一步增强公民防灾减灾意识，缩小防灾减灾科技与发达国家的差距，全面形成与"十二五"国家防灾减灾目标相适应的科技支撑能力。从社会实践层次看，防灾减灾科技已逐步成为各级政府应对防灾减灾问题投资和发展的重要科技领域之一。我国已建立了覆盖地震、海洋、水文森林、海洋的监测和观测网，并形成气象观测网络、水文监测网、400 多个地震观测台、地震监测预报系统、地质监测勘探防御体系、卫星资源勘查系统等。正是防灾减灾科技的不断转化与应用，较大程度地解决了我国防灾减灾问题。

二、防灾减灾科技发展广义语境路径的模型

防灾减灾科技发展广义语境路径既是防灾减灾科技从历史语境向认知语境、科学语境和社会语境转换的过程，同时也是解决防灾减灾科技发展风险的过程。从广义语境看，历史语境为防灾减灾科技发展提供研究基础，历史语境中防灾减灾问题为防灾减灾科技发展提供问题来源，历史语境中防灾减灾科技发展水平为防灾减灾科技发展提供进一步研究的基础。认知语境为防灾减灾科技发展提供可能空间。随着防灾减灾问题的不断凸显，科学共同体、政府、企业和民众越来越认识到发展防灾减灾科技的重要性。科学语境为防灾减灾科技发展提供学科建设和知识创新与转化等。社会语境为防灾减灾科技发展提供最终实验场。防灾减灾科技作为解决防灾减灾问题的科技支撑，它发展的关键是要回到社会语境解决防

灾减灾问题。支撑语境为防灾减灾科技发展提供保障。这样一来，防灾减灾科技发展广义语境路径是它在历史语境、认知语境、科学语境、社会语境和支撑语境等不断变换的过程。

设防灾减灾科技发展广义语境路径为 Q，主语境路径为 X，支撑语境路径为 Y，那么 $Q=W_0(X, Y)$。防灾减灾科技发展广义语境模型表征了防灾减灾科技在主语境和支撑语境之间交叉融合的过程（图 8-1）。

防灾减灾科技发展主语境路径为 X，历史语境为 $A=(a_1, a_2, a_3, \cdots, a_n)$，认知语境 $B=(b_1, b_2, b_3, \cdots, b_n)$，科学语境为 $C=(c_1, c_2, c_3, \cdots, c_n)$，社会语境为 $D=(d_1, d_2, d_3, \cdots, d_n)$，那么 $X=W_1(A, B, C, D)$，其中 a_1, a_2, a_3 等构成历史语境的相关要素，如防灾减灾问题、防灾减灾科技发展水平等；b_1, b_2, b_3 等构成认知语境的相关要素，如科学共同体认知、政府认知、企业认知、民众认知等；c_1, c_2, c_3 等构成科学语境的相关要素，如与防灾减灾科技相关的自然科学、技术科学和人文社会科学等学科建设和知识创新水平；d_1, d_2, d_3 等构成社会语境的相关因素，如防灾减灾科技对要素结构、产品结构和产业结构的变革等。

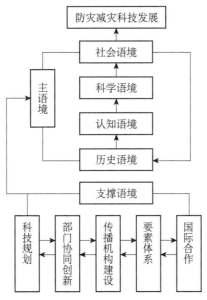

图 8-1　防灾减灾科技发展广义语境路径的模型

防灾减灾科技支撑语境路径为 Y，科技规划为 $E=(e_1, e_2, e_3, \cdots, e_n)$，部门协同创新为 $F=(f_1, f_2, f_3, \cdots, f_n)$，传播机构建设为 $G=(g_1, g_2, g_3, \cdots, g_n)$，要素体系为 $H=(h_1, h_2, h_3, \cdots, h_n)$，国际合作为 $I=(i_1, i_2, i_3, \cdots, i_n)$，评估体系为 $J=(j_1, j_2, j_3, \cdots, j_n)$，那么 $Y=W_2(E, F, G, H, I, J)$，其中

e_1，e_2，e_3 等构成科技规划的相关要素，如国家科技发展规划、科学基金、星火计划、防灾减灾科技专项计划等；f_1，f_2，f_3 等构成部门协同的要素，如企业、大学、科研院所、政府、创新基地和平台、产业化基地等；g_1，g_2，g_3 等构成传播的相关要素，如防灾减灾科技杂志、网络、发展协会、产业协会、企业协会、人才协会等；h_1，h_2，h_3 等构成人才、资金、市场等相关因素；i_1，i_2，i_3 等构成国际合作的相关因素，如防灾减灾科技国际合作组织建设、要素合作和信息共享等。

第三节　防灾减灾科技发展广义语境路径的实证分析

目前,我国防灾减灾科技发展广义语境路径是否畅通需要评估。我们需要根据防灾减灾科技发展的路径构建评估体系，发现问题，提出解决对策。

一、防灾减灾科技发展广义语境路径的评估体系

防灾减灾科技作为民生科技发展的重要领域之一，它的评估指标体系包括主语境和支撑语境。主语境由历史语境、认知语境、科学语境和社会语境等组成，支撑语境包括对防灾减灾科技规划、部门协同创新、传播机构建设、要素体系和国际合作等。

1. 评估指标体系

防灾减灾科技发展广义语境路径是防灾减灾科技在不同语境实践的过程。因此，防灾减灾科技发展广义语境路径评估指标体系不仅包括防灾减灾科技在历史语境、认知语境、科学语境和社会语境不断发展的指标，还包括科技规划、传播机构建设、要素体系、部门协同创新、国际合作等语境对防灾减灾科技发展广义语境路径支撑的评估指标（图 8-2）。

2. 若干评估指标的说明

（1）关于历史语境指标的说明。《1956—1967 年科学技术发展远景规划》将防灾减灾科技作为我国科学技术发展的领域被列入。历史语境指新中国成立以来防灾减灾科技发展的历程，包括防灾减灾科技本身发展水平及防灾减灾问题解决程度。防灾减灾问题解决程度来源于政府公开发布的相关信息。防灾减灾科技发展指标主要包括该时期其投入与产出指标。

（2）关于认知语境指标的说明。认知语境是不同群体在精神层次与防灾减灾科技相互作用的过程。科学共同体、政府、企业和民众对防灾减灾科技的认知度可以通过问卷调查和文献分析法进行分析。问卷应包括不同群体对防灾减灾科技

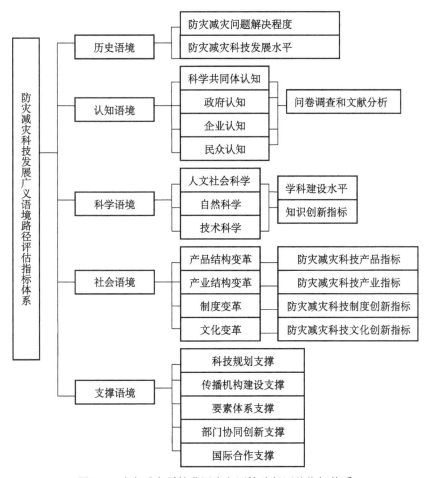

图8-2 防灾减灾科技发展广义语境路径评估指标体系

发展领域、发展水平、需求等认知水平的调查。

（3）关于科学语境指标的说明。防灾减灾科技发展涉及人文社会科学、自然科学和技术科学。学科建设水平是防灾减灾科技在科学语境发展的重要衡量指标，包括学科等级和分支体系建设。知识创新指标体现了防灾减灾科技自主创新的水平，我们可以用发明专利数及 SCI、EI、ISTP 系统收录我国防灾减灾科技论文数等作为衡量防灾减灾科技知识创新的重要指标。

（4）关于社会语境指标的说明。防灾减灾科技产品结构分析防灾减灾科技产品的种类、所占比重等。防灾减灾科技产业结构主要分析防灾减灾科技产业的构成及比例关系。制度变革和文化变革主要分析防灾减灾科技发展中促进防灾减灾经济制度、财税制度、管理制度及文化等方面的变革。

（5）关于支撑语境指标的说明。新中国成立以来，我国政府先后制定了

《1956—1967 年科学技术发展远景规划》《1963—1972 年科学技术规划纲要》《1978—1985 年全国科学技术发展规划》等十个中长期科技规划，科技规划已成为防灾减灾科技发展的重要支撑，我们需要对科技规划的支撑作用进行系统分析。防灾减灾科技传播机构建设对提高不同群体认知水平具有重要的支撑作用，主要对涉及防灾减灾科技专业杂志、网站、协会等支撑作用进行分析。要素体系主要包括对防灾减灾科技人才、经费等支撑作用进行分析。部门协同创新为防灾减灾科技实现"政产学研用"一体化提供支撑。国际合作主要分析防灾减灾科技发展领域、经费、人员等方面国际合作情况。

3. 评估指标等级和权重的设计方法

对于每个语境的一级指标来讲，我们首先在定性和定量分析基础上，将每个语境一级指标发展情况通过高、较高、一般、差和无五个等级并分别赋予 1、0.75、0.50、0.25、0 不同值来衡量，将绝对指标转换为相对指标以评估防灾减灾科技发展广义语境路径畅通程度。

指标体系中我们不仅应反映防灾减灾科技在不同语境的发展水平，还应反映其所占的权重。各指标对目标的重要程度是不同的，确定指标权重可以使评估工作实现主次有别。用不同方法确定的指标权重可能会有一定的差异，这是由不同方法的出发点不同造成的。由于防灾减灾科技发展广义语境路径各种因素具有层次关系，并形成有序层，所以我们采用组合权重法，将不同方法确定的权重，通过一定的统计方法进行综合得到指标的权重。

根据防灾减灾科技发展广义语境路径并征求有关专家和决策者的意见基础上确定防灾减灾科技在不同语境发展路径的权重。历史语境作为基础性因素，权重比较低，设为 0.1；认知语境为防灾减灾科技发展提供可能空间，所占权重比较高，设为 0.2；防灾减灾科技作为科学技术发展的重要领域，科学语境所占权重设为 0.2；防灾减灾科技主要用于解决民生问题，社会语境所占权重最高，设为 0.3；大科学时代，防灾减灾科技发展成为社会的事业，需要科技规划、传播机构建设、要素体系、部门协同创新及国际合作等支撑，支撑语境所占权重比较高，设为 0.2（表 8-1）。

这样一来，防灾减灾科技发展广义语境路径程度是发展等级和权重的统一。设防灾减灾科技发展广义语境路径为 Y，一级指标评估等级为 M_i，权重为 N_i，则 $Y = \sum_{i=1}^{17} M_i N_i$，$0 \leqslant Y \leqslant 1$。防灾减灾科技发展广义语境路径评估指标值越高，说明防灾减灾科技发展广义语境路径越畅通，指标值越低说明防灾减灾科技发展广义语境路径障碍越多。

表 8-1　防灾减灾科技发展广义语境路径评估主要指标的参考权重

评估方面	一级指标	参考权重	1
历史语境	防灾减灾问题解决水平	0.05	0.1
	防灾减灾科技水平	0.05	
认知语境	科学共同体认知	0.05	0.2
	政府认知	0.05	
	企业认知	0.05	
	民众认知	0.05	
科学语境	防灾减灾科技学科建设水平	0.1	0.2
	防灾减灾科技知识创新水平	0.1	
社会语境	防灾减灾科技产品结构	0.1	0.3
	防灾减灾科技产业结构	0.1	
	制度变革	0.05	
	文化变革	0.05	
支撑语境	科技规划	0.04	0.2
	传播机构建设	0.04	
	要素体系	0.04	
	部门协同创新	0.04	
	国际合作	0.04	

二、防灾减灾科技发展广义语境路径的实证分析

防灾减灾科技作为我国民生科技发展的重要领域之一，它发展路径的水平我们需要做实证分析，发现问题。根据防灾减灾科技发展广义语境路径的评估指标体系，我们需要对防灾减灾科技发展广义语境路径的水平做实证分析。

1. 历史语境

从解决灾害看，2012 年，全球共计 9300 人在 310 起灾害中失去了生命，超过 1 亿人受到灾害影响，共造成 1380 亿美元的损失。美国以 850.7 亿美元的经济损失排名全球第一，占 GDP 为 0.8%。2012 年，我国各类自然灾害共造成 2.9 亿人次受灾，1338 人死亡（包含森林火灾死亡 13 人），192 人失踪，1109.6 万人次紧急转移安置；农作物受灾面积 2496.2 万公顷，其中绝收 182.6 万公顷；房屋倒塌 90.6 万间，严重损坏 145.5 万间，一般损坏 282.4 万间；直接经济损失 4185.5 亿元，占 GDP 为 0.8%。2012 年各类灾害损失虽比 2010 年有所减少，但是从 2012 年统计数据看，受害面积大，涉及人次多，与我国构建和谐社会和小康社会还有一定的距离，解决空间比较大。这样，我国防灾减灾问题解决水平为中等，确实

取得一定的成绩，但是，目前防灾减灾还是我国重大的民生问题，民众对其解决水平期望值非常高，这种差距导致防灾减灾问题等级值为 0.25，权重为 0.05，防灾减灾问题解决的指标值为 0.25×0.05＝0.0125。

从防灾减灾科技发展水平看，我国已建立相应的人才培养学院，已建立地震科学系、防灾工程系、防灾仪器系、灾害信息工程系、人文社会系和综合防灾研究所等专业和研究机构。但是，防灾减灾科技还是处于边缘化的学科，具有相关专业的大学比较少，学科创新水平低。这样，从历史语境看，防灾减灾科技学科建设水平比较低，等级值为 0.25，权重为 0.05，则防灾减灾问题解决的指标值为 0.25×0.05＝0.0125。

从历史语境看，防灾减灾科技发展广义语境路径的历史语境评估指标值为 0.0125＋0.0125＝0.025。

2. 认知语境

由于灾害使民众生命和财产损失严重。所以，一开始政府就认识到防灾减灾问题的重要性，并积极发展防灾减灾科技。《1956—1967 年科学技术发展远景规划》将防灾减灾科技作为我国科学技术发展的领域被列入。由于防灾减灾和物质救济很多工作都是属于民政局管理，所以在新中国成立初期到 21 世纪的历程中防灾减灾科技多是由政府一方投资。科学共同体科研工作也是由政府出资完成。企业对防灾减灾科技的投入多是购买防灾减灾产品，保障企业具有应对灾害的能力。民众对于防灾减灾科技了解非常之少。从认知层次面，民众更多地依靠政府解决灾害，因而自身并不重视对防灾减灾科技的学习和应用。这样一来，政府对防灾减灾科技认知度较高，但是其重要性与工业科技、高技术科技相比来说，处于劣势，综合下来等级值为 0.5；防灾减灾科学共同体本身对防灾减灾科技认知度比较高，等级值为 0.75；企业和民众目前对防灾减灾科技认知处于比较低的水平，等级值均为 0.25。这样，防灾减灾科技发展广义语境路径的认知语境评估指标值为 0.5×0.05＋0.75×0.05＋0.25×0.05＋0.25×0.05＝0.088。

3. 科学语境

从学科建设水平看，《学科分类与代码》（GBT13745—2009）中固体地球物理学下有地震学，地球科学下有自然地理学、火山学、海洋地质学、海洋调查与监测，农学下有植物病虫害测报学等。从学科建设看，我国防灾减灾科技都是依附于地球科学、农学和物理学，只有一些大学设有防灾减灾相关专业。由于防灾减灾涉及地质、气象、海洋、农业、地质等自然领域，因而防灾减灾科技被分门别类地放入不同的一级学科，有其合理性。但是，从现实的灾害发生过程可以看出，地震、海啸、火山等灾害往往具有一定的相关性，农业灾害与气象等具有一定的相关性。因此，等级值为 0.25，评估值为 0.25×0.1＝0.025。

从知识创新水平看，通过对中国知网专利全文的检索，1991~2012 年涉及防灾专利 271 项，国内 146 项，国外 25 项，国内专利占 50%；与减灾相关的专利 110 项，其中国外 15 项，国内 105 项，国内专利占 95%。而 2012 年一年中申请专利数共 40 000 项，而防灾减灾科技 20 多年中才有几百项，防灾减灾科技申请的专利数虽然从国内外情况看，知识创新与应用水平比较高，但是在同期国内总专利数中可以忽略不计，这与防灾减灾本身处于边缘学科，科学共同体队伍比较弱，只是解决减轻民众受害损失，它的发展并不能从根本上改变或提高民众生活质量等有直接的关系。据 1990~1995 年对 109 个国家因自然灾害死亡人口的统计，中国年均死亡 6772 人，居世界第五位[①]，说明我国防灾减灾科技应用水平比较低。这样，其等级值为 0.5，评估值为 0.5×0.1＝0.05。从科学语境看，防灾减灾科技发展广义语境路径的科学语境评估指标为 0.025＋0.05＝0.075。

4. 社会语境

从防灾减灾产品看，我国目前采用《统计用产品分类目录》中大类和中类并没有防灾减灾相关产品的名目，这使得防灾减灾产品从统计和推广来讲，不利于防灾减灾产品的开发与利用。从中国知网上很难找到与防灾减灾相关的产品信息。由于统计分类、防灾减灾产品本身比较少等原因，使防灾减灾产品无法获得相关信息。但是，防灾减灾与应急产品目录中包括很多应急地震、海啸等设备。总体上，防灾减灾科技对防灾减灾产品变革力比较低，评估等级为 0.25，评估值为 0.25×0.1＝0.025。

2012 年，工信部颁布的《产业结构调整指导目录》中新增了"防灾减灾与应急产品"的产业类别。按类别划分，一是救援处置装备与技术，二是监测预警诊断设备与技术，三是预防防护产品与技术，四是应急教育培训咨询服务等。据国家相关部委预测，应急产业市场年容量约 5000 亿元，如果包括所带动的相关产业链，市场年容量约 10 000 亿元。应急产业具有多行业交叉和服务防灾减灾的属性，是新兴产业。发展应急产业，对提高国家的防灾减灾和防灾减灾、社会和谐稳定、市场拓展和利润增长、民众的安全和健康具有重要的意义。目前，我国应急产业发展水平低，关键应急装备产业发展滞后，特别是航空应急救援产业和应急通信产业发展比较滞后。我国目前在册的民用直升机总数只有 124 架，可真正可用于应急救援的仅为 64 架，不仅与世界先进水平相比差距显著，就是与每百万人口拥有 5 架直升机的世界平均水平比较，我们也存在很大差距。1998~2008 年，我国在应急通信方面的建设投资，基本上为零。根据不完全统计，到目前为止，大概

---

① 王伟中：《中国可持续发展态势分析》，北京：商务印书馆 1999 年版，第 253 页。

80%的应急通信的设备处于严重老化或淘汰的边缘。[①] 所以，我国防灾减灾产业水平比较低，评估等级值为 0.25，评估值为 $0.25 \times 0.1 = 0.025$。

防灾减灾科技的发展也在推动防灾减灾制度的创新，包括国家层次和地方层次的法律法规、制度建设和机制建设。目前，除了突发事件应对法这一基本应急法外，关于防灾减灾的法律还包括水法、防沙治沙法、防洪法、气象法、防震减灾法、森林法等 30 余部。国家级、省部级、市级、县级、镇、社区等要求建立防灾减灾工作制度。企业要求建立防灾减灾规章制度及防灾减灾应急机制。但是，对于防灾减灾救援的责任问题没有相应的评估体系，防灾减灾教育机制并不完善。这样，防灾减灾科技发展对制度变革的评估等级值为 0.25，评估值为 $0.25 \times 0.05 = 0.0125$。

防灾减灾文化主要从价值观、意识形态层次对不同群体进行变革。防灾减灾科技的发展客观上要求不同群体具有防灾减灾的意识和价值取向。国家减灾委专家委员会委员、中国地震局地质研究所研究员位梦华认为，"防灾减灾文化是一种道德文化"。我国将每年的 5 月 12 日成为防灾减灾日，也是希望从观念上加强民众对防灾减灾知识的认知能力，重视防灾减灾文化。2008 年汶川地震带给我们的不仅仅是痛，还有大灾之后的思想洗礼。2008 年汶川大地震可以说是一个分水岭。在此之前，虽然有国家法律、制度等出台，但是，不同群体并不重视公共设施防灾减灾问题，地震中倒塌最多的是与公共设施相关的学校、医院，学校和医院等公共设施防震能力比较低，有些是危房，仍在使用。民众缺乏防灾减灾知识，而且防灾减灾意识比较淡薄，大多数人存在侥幸心理。正是防灾减灾文化的缺失，使我国防灾减灾科技一直处于被动发展阶段。这样，防灾减灾科技发展对文化变革的评估等级值为 0.25，评估值为 $0.25 \times 0.05 = 0.0125$。所以，防灾减灾科技发展广义语境路径的社会语境评估指标为 $0.025 + 0.025 + 0.0125 + 0.0125 = 0.075$。

5. 支撑语境

从科技规划看，《国家"十二五"科学和技术发展规划》指出重点加强地震、滑坡、泥石流等重大自然灾害立体监测技术、预测预报、群测群防技术与装备研发；开发灾害应急救助技术装备；开展风险管理应用研究；开展防灾减灾科学技术普及，提高公民防灾减灾意识和技能；组织实施防灾减灾科技示范工程。科技部制定的《关于加快发展民生科技意见》指出，要实施防灾减灾科技工程，加快发展台风、洪涝、干旱等极端天气灾害的精细化预警预报技术，建立灾害预报预警体系；加快地震、滑坡、泥石流等重大地质灾害的预测监测和应急技术创新；加快发展应急救援技术与装备的研究与开发，加快防灾减灾技术装备产业化；建

---

① 郑胜利：《我国应急产业发展现状与展望》，《经济研究参考》2010 年第 28 期，第 46-55 页。

立完善防灾减灾应急管理网络，提高重大自然灾害风险管理能力，研究开发灾后恢复重建技术；研究开发全球气候变化减缓和适应技术，积极应对全球气候变化。2012 年 5 月 24 日，我国首次出台了关于《国家防灾减灾科技发展"十二五"专项规划》，该规划指出要全面提升重大自然灾害风险评估、工程防治、应急救援、决策指挥、恢复重建等各个环节的科技水平。另外，一些省市也出台了防灾减灾具体规划。科技规划对防灾减灾科技的支撑不仅在于规划的制定，关键在于规划的落实。目前，一些省市对防灾减灾科技规划的落实处于起步阶段，水平比较低，所以指标值为 $0.25 \times 0.04 = 0.01$。

目前，防灾减灾科技传播机构建设正处发展阶段，有大学、减灾协会、科学技术协会等。专业网站有国家防灾网、四川防震减灾信息网等。专业传播杂志有《防灾减灾工程学报》《灾害学》《干旱区资源与环境》《沙漠与绿洲气象》《国际地震动态》《中国减灾》《中国沙漠》《自然灾害学报》《中国地震》《热带地理》等。2009 年以来，5·12 防灾减灾日成为传播防灾减灾科技的重要途径。从传播机构建设看，重视对科学共同体防灾减灾科技的传播，民众接受防灾减灾科技渠道比较有限，主要通过报纸、电视等传媒机构，形式比较单一，多是一些报道。所以，防灾减灾科技传播机构建设支持度低，指标值为 $0.25 \times 0.04 = 0.01$。

从要素支撑体系看，我国防灾减灾领域的科技投入渠道比较单一，主要由国家来承担。从人才投入和人才结构看，应急培训基地建设和科普宣传专业人才比较少。人才结构方面多是防灾减灾科技方面的专业人才培训，涉及防灾减灾人文社会科学人才比较缺乏，影响防灾减灾文化、防灾减灾管理等方面工作。所以，要素支撑等级为低，指标值为 $0.25 \times 0.04 = 0.01$。

从部门协同看，防灾减灾科技工作是一项跨领域、跨部门、跨地区的复杂工作，必须切实加强领导，建立联动工作机制，形成合力、共同推进。部门协同关键是顶层推动。"十八大"以来，顶层推动已被提出。目前，从机构改革看，防灾减灾部门协同还没有实质性进展，多是理念层次的讨论。所以，部门协同支撑等级比较低，指标值为 $0.25 \times 0.04 = 0.01$。

我国在防灾减灾工作中参与一些国际公约和国际组织，但国际合作的步伐仍然缓慢，有效的合作项目不多。有些项目常常着眼于引进资金，忽视了技术的引进和人才的培训。[①]《国家防灾减灾科技发展"十二五"专项规划》对防灾减灾战略做出重大调整：由减轻灾害转向灾害风险管理，由单一减灾转向综合防灾减灾，由区域减灾转向全球联合减灾，大力提高民众对自然灾害风险的认识。我国参与防灾减灾领域的国际会议和国际科技合作计划相对较少，国际合作水平比较低，指标值为 $0.25 \times 0.04 = 0.01$。这样，防灾减灾科技发展广义语境路径的支撑语境评

① 刘颖：《我国的防灾减灾对策研究》，《法制与社会》2007 年第 7 期，第 6 页。

估指标为 0.01＋0.01＋0.01＋0.01＋0.01＝0.05。

所以，防灾减灾科技发展广义语境路径评估指标值为不同语境指标值的总和，即 0.025＋0.088＋0.075＋0.075＋0.05＝0.313，基本能够客观反映防灾减灾科技发展广义语境路径现状及存在问题（表 8-2）。

表 8-2　防灾减灾科技发展广义语境路径的评估指标对比表

评估方面	一级指标	等级值	参考权重		实际值	比例/%
			1		0.3	30
历史语境	防灾减灾问题解决水平	0.25	0.05	0.1	0.025	25
	防灾减灾科技水平	0.25	0.05			
认知语境	科学共同体认知	0.5	0.05	0.2	0.088	44
	政府认知	0.75	0.05			
	企业认知	0.25	0.05			
	民众认知	0.25	0.05			
科学语境	防灾减灾科技学科建设水平	0.25	0.1	0.2	0.075	37.5
	防灾减灾科技知识创新水平	0.5	0.1			
社会语境	防灾减灾科技产品结构	0.25	0.1	0.3	0.075	25
	防灾减灾科技产业结构	0.25	0.1			
	制度变革	0.25	0.05			
	文化变革	0.25	0.05			
支撑语境	科技规划	0.25	0.04	0.2	0.05	25
	传播机构建设	0.25	0.04			
	要素体系	0.25	0.04			
	部门协同创新	0.25	0.04			
	国际合作	0.25	0.04			

从指标体系看，我国防灾减灾科技发展广义语境路径指标值为 0.313，整体水平比较低，成为科学技术发展薄弱环节之一。认知语境指标值为 0.088，发展程度所占比例最高为 44%，说明不同群体对发展防灾减灾科技重要性和必要性认知程度高；科学语境指标值为 0.075，发展程度所占比例较高，为 37.5%，说明我国防灾减灾科技创造与应用水平较高；历史语境、社会语境和支撑语境指标值比较低，发展程度都为 25%，说明我国解决防灾减灾问题对社会的变革是缓慢的，支撑体系的建设也需要时间和精力。防灾减灾科技发展广义语境路径是纵向转化、横向支撑的过程，也就是说从纵向看防灾减灾科技实现了从历史语境向认知语境、科学语境、社会语境的转化，横向上科技规划、传播机构建设、要素体系、部门协同创新和国际合作对其主语境不同语境都有支撑作用。而目前，防灾减灾科技支撑语境多侧重对科学语境和社会语境的支撑，对于历史语境和认知语境的支撑有待提高。

第四节　完善防灾减灾科技发展广义语境路径的对策

通过以上分析可以看出，我国防灾减灾科技发展广义语境路径在历史语境、认知语境、科学语境、社会语境和支撑语境虽然取得了一定的发展，但是存在诸多问题。为了更好地促进我国防灾减灾科技的发展，以解决我国目前面临的防灾减灾问题，必须做好以下几方面。

一、从历史语境看，重视防灾减灾科技相关历史问题的研究

首先，加强对我国防灾减灾问题发生机理、经济损失、特征、投入效益等方面的分析，确定我国防灾减灾问题解决的科技需求，为防灾减灾科技发展提供需求基础。一方面，加大对防灾减灾问题研究的人才和资金的投入，建立相应的研究机构。另一方面，调研解决防灾减灾问题的科技需求，有些防灾减灾问题是应急水平，有些防灾减灾问题是管理问题，有些防灾减灾问题是制度问题，有些防灾减灾问题是科技问题，有些防灾减灾问题是理念问题，我们需要从防灾减灾科技不同方面进行历史分析。

其次，加强对我国防灾减灾科技目前发展水平的研究，主要从学科建设、知识创新与应用等方面分析，为防灾减灾科技进一步创新提供科技基础。一方面，加强对目前防灾减灾科技学科体系建设问题研究，为防灾减灾科技学科建设提供基础；另一方面，加强对防灾减灾科技知识创新与应用水平的研究，为提高防灾减灾科技知识创新水平提供基础。特别是对于防灾减灾科技专利转化问题的研究，目前多是由政府采购来完成，专利转化率也低，需要加快对相应转化问题的研究。只有对防灾减灾科技相关历史语境进行系统分析，才可能更好地实现其认知语境、科学语境和社会语境等方面的变革。

二、从认知语境看，提高不同群体对防灾减灾科技的认知水平

由于灾害发生具有突发性、偶然性、区域性等特征，所以对于不同群体来讲，认知水平差异很大。很多民众都存在侥幸心理，认为灾害不可能正好发生在自己身上，所以不重视防灾减灾相关知识的学习。为了促进防灾减灾科技的发展，提高防灾减灾科技的转化水平，必须首先提高不同民众对防灾减灾科技的认知度。从认知语境看，必须进一步提高科学共同体、政府、企业和民众对防灾减灾科技的认知水平。然而，不同群体更信任政府主导的传播机构，因此我们需要充分发挥政府主导的报纸、杂志、电视、网络等政府主导的多种传播途径的功能，进一

步提高不同群体对防灾减灾科技的认知水平。

由于防灾减灾科技的公共性特征，它的风险分析与强大的组织和相关的利益群体的认知紧密地联系在一起，特别是对于没有灾害的长期过程我国对防灾减灾科技的投入都是沉没资本，没有效果，当然我们宁愿没有效率，也不希望发生灾害，但这些都需要公共支出。在这种情况下，一些利益相关者如企业、政府会减少防灾减灾等公共开支。因此，我们需要通过交流、增强透明度和民众的监督力度以鼓励利益相关者的积极参与性，不断改变不同群体的认知模式。

通过增强透明度，鼓励利益相关者的积极参与性。防灾减灾科技与防灾减灾问题紧密相关。因此，公共管理部门对于相关的防灾减灾科技政策的制定，需要广泛的企业与民众的参与；增强透明度，鼓励企业和民众对防灾减灾科技的投入。透明度的增强，使公共管理部门、研发机构、企业和民众等多重角色积极确定并解决防灾减灾科技的潜在风险。

三、从科学语境看，提高防灾减灾科技学科建设和知识创新的水平

从科学语境看，目前，我国防灾减灾问题的解决主要是通过防灾减灾科技工程推动的，也就是说侧重技术层次的建设。防灾减灾科技作为解决灾害的科学技术，由于灾害涉及人员多，民众参与是非常必要的。我们需要防灾减灾文化的建设使民众重视灾害的预防，不能全部依赖政府。因此，防灾减灾科技学科体系需要进一步完善，形成包括防灾减灾人文社会科学在内的学科体系。加强防灾减灾科技学科建设，主要从学科体系设置，不同学科内部发展深度和广度进行布局。除此之外，还要不断完善防灾减灾管理学、经济学、文化学、法学、制度学等学科体系建设。

防灾减灾科技知识创新与应用水平有待进一步提升，以提高防灾减灾科技自主创新水平；实现防灾减灾科技研发与转化的预防性和动态性，提高防灾减灾科技的转化率。特别是我国应急产业的不断发展，将从实体上有助于防灾减灾科技的转化。

四、从社会语境看，提升我国应急产品和应急产业的变革力，加快防灾减灾制度和文化创新水平

认知语境和科学语境为防灾减灾科技解决防灾减灾问题提供了可能，防灾减灾科技能否解决目前我国面临的防灾减灾问题，关键在于防灾减灾科技在社会语境中的转化率。

第一，加快防灾减灾科技产品的研发与转化。为了促进防灾减灾科技产品的研发，我们需要制定相应的产品目录、产品标准、产品需求信息等。同时，提高防灾减灾科技对其他生产和生活产品的变革力，实现我国整体产品结构的优化升级，也是就说要将防灾减灾科技渗透到其他产品中，提高我国产品整体防灾减灾水平。

第二，提高防灾减灾科技相关产业的发展水平，特别是应急产业的发展水平，充分发挥防灾减灾科技对解决目前我国防灾减灾问题的能力；大力发展应急产业，使防灾减灾产品成为不同群体消费的重要维度；提高防灾减灾科技产业对农业、交通业等其他产业的改造和渗透力，实现我国产业结构的优化升级。

第三，不断完善防灾减灾科技制度法律体系。一方面，不断完善防灾减灾管理制度、经济制度、标准制度、民众参与制度等建设，提高政府和企业的责任和民众的监督力。另一方面，制定防灾减灾法等相关法律法规，使防灾减灾科技发展有法有依，加大对防灾减灾事件责任人的惩罚力度。

第四，加强防灾减灾文化的宣传力度。一方面，要建立和完善防灾减灾文化建设的核心内容和目标，完善防灾减灾文化建设模式，为防灾减灾文化传播和应用提供内容和形式。另一方面，通过报纸、杂志、专业机构、网络、电视等多种渠道宣传防灾减灾文化，使防灾减灾成为不同群体行为的指导思想和重要意识。再者，组织好我国防灾减灾日、气象日、地球日等宣传活动，通过活动使民众重视防灾减灾。

总之，社会语境是防灾减灾科技解决灾害问题的实践判据。防灾减灾科技产品、产业是防灾减灾制度和文化变革的条件，制度和文化的变革反过来会促进防灾减灾科技产品和产业的发展。从社会语境看，我们不仅需要实现防灾减灾科技产品、产业、制度和文化的变革，而且需要实现四个方面的协同创新，从整体上推动防灾减灾科技解决防灾减灾问题的能力。

五、从支撑语境看，加大对科技规划、要素体系、部门协同和国际合作的管理

从科技规划看，我们已出台了关于防灾减灾科技规划及专项规划，关键在于加大规划的落实力度。"十二五"期间，第一次出台关于防灾减灾科技发展的专项规划。我们只有提高对科技规划执行情况的评估水平，才能为进一步规划的制定提供比较好的决策依据，也为相关部门的责任是否到位提供判据。

从传播机构建设看，充分发挥杂志、电视、报纸、网络不同传播途径的功能，提高科学共同体、政府、企业、民众、小学生和中学生对防灾减灾科技知识、产品、制度、文化的认知水平。特别是要创新小企业、民营企业、民众对防灾减灾

科技认知的渠道，充分发挥电视、报纸、网络等大众传播的作用，充分发挥政府在防灾减灾科技传播中的领导与协同功能。同时，还应发挥专业人员、科普机构在提高不同群体认知水平中的作用，让防灾减灾科技进社区、进企业，进民众日常生活。传播机构建设非常重要，它们不仅应传播防灾减灾文化，而且还应传播防灾减灾科技知识、应急产品和制度法律，为防灾减灾科技在认知语境、科学语境和社会语境中变革提供支撑。

从投入主体看，防灾减灾科技涉及面广，对于纯公共性防灾减灾科技的共有性特征，它的投入主体应由政府投资来解决。对于混合性的共性技术，它既具有公共性特征，又具有市场性特征，因此它的投入主体是比较复杂的。对于防灾减灾科技的消费投入来讲，政府和企业应以安全发展和安全生产为基本原则，加大对防灾减灾科技的消费比例。在投入主体确定条件下，我们应加强防灾减灾科技人才、资金、管理等方面的投入，要从数量和质量两个方面优化投入比例。

提高部门协同创新力。防灾减灾管理部门利益冲突产生的根源是权利与责任的冲突。很多管理部门重视自己的权利，而忽视自己应承担的责任。显然，对于防灾减灾管理部门责任落实情况缺乏第三方的评价。为了解决防灾减灾管理部门的责任问题，以减少由于利益问题而产生的风险，我们需充分发挥非政府组织和专业协会的作用。非政府组织和专业协会作为政府管理社会的重要补充力量，它的价值取向也是以服务于民众或行业为己任，是联系政府与民众的桥梁与纽带。目前，西方国家的志愿者协会、社区组织、民间团体、专业学会等非政府组织和专业学会在防灾减灾活动中反应灵敏，是民众与政府联系的重要纽带。目前，我国非政府组织正悄然发展，专业协会的作用也开始逐步凸显出来。企业利益冲突产生的根源是由防灾减灾科技的特征及功能决定的，即它是纯公共性科技还是混合性科技，是服务于企业安全生产和安全发展的科技产品还是企业的研发产品。对于服务于企业安全生产和安全发展的应急产品，政府可以通过制度或行业标准，引导和加强企业对防灾减灾科技产品的投入。关键要通过部门协同，提高管理效率和责任意识。

提高防灾减灾科技国际合作水平。我国需要积极引进国外先进技术与经验，加强与国外技术交流与合作，及时跟踪了解世界防灾减灾技术及装备发展，努力实现我国防灾减灾科技发展与世界先进水平同步发展。

总之，通过对防灾减灾科技发展广义语境路径评估可以看出，防灾减灾科技发展广义语境路径是否畅通可以通过指标体系来衡量，对解决目前我国防灾减灾问题具有重要的理论和现实意义，对最大限度地减少人民群众生命和财产损失，切实保障经济社会全面协调可持续发展具有战略意义。

第九章 民生科技发展广义语境路径存在的问题与对策

"十二五"期间，我国重点发展的民生科技是人口健康科技、公共安全科技、生态环境科技和防灾减灾科技等。健康、安全、环保等民生问题既具有独立性，又彼此联系在一起，环保问题和安全问题影响民众的健康问题，解决健康问题又能够促进安全和环保问题的解决。民生科技作为解决民生问题的科技支撑，不同民生科技之间彼此联系在一起，不同学科发展路径水平不同，有些是共性，有些是个性，我们需要对作为人口健康科技、公共安全科技、生态环境科技和防灾减灾科技等总称的民生科技发展广义语境路径进行实证分析，发现问题，并提出对策。

第一节 维护公共利益是民生科技发展的价值基础

新中国成立以来，随着我国经济体制的不断变革，市场经济逐步成为我国社会资源合理配置的经济运动形态。由于个体倾向于追求个体利益，所以涉及公共的健康、安全和环保等问题越来越突出。民生问题发展过程正是个体利益与公共利益矛盾运动的结果。民生科技作为解决民生问题的科技支撑，也存在各种利益冲突，只有解决好各种利益冲突才能更好地解决民生科技的投入问题、人才问题等。目前，中国正处于经济和社会的转型期，公共保障相对薄弱。据统计，"'十五'期间，全国每年由于公共安全问题造成的损失达 6500 亿元人民币，约占 GDP 总量的 6%，严重影响了国民经济全面、协调、可持续的发展"[①]。其中，利益冲突成为制约我国公共活动和谐、健康发展的瓶颈。

一、公共活动中利益冲突的界定

"利益冲突（conflict of interest），顾名思义，是不同个人或团体，或个人与团体之间在利益分配或占有过程中出现的矛盾。"[②] 在公共活动中，由于存在利益冲突，影响不同主体做出正确的选择。20 世纪中期，日本首先开始解决自然灾害的公共安全问题。20 世纪 90 年代后，由于自然和人为的公共安全事件越来越多，

---

① 孙海鹰，冯波：《加强科技政策引导推动我国公共安全科技发展》，《科学学与科学技术管理》2005 年第 9 期，第 118-124 页。

② 魏屹东：《科学活动中的利益冲突及其控制》，《中国软科学》2006 年第 1 期，第 90-102 页。

日本内阁确定了包括自然灾害、事故灾害和事件安全的公共安全管理体系。中国工程院院士范维澄认为：公共安全涉及自然灾害、事故灾害（生产安全事故、环境生态问题等）、公共卫生事件和社会安全事件。《中华人民共和国国民经济和社会发展第十一个五年规划纲要》提出要加强公共安全建设，增强防灾减灾能力、提高安全生产水平、保障饮食和用药安全、维护国家安全和社会稳定、强化应急体系建设。

从利益主体看，公共活动涉及公共利益、企业利益（生产型企业和科研型企业）和管理部门利益。从参与主体看，公共活动包括自然因素、公共安全研究部门、企业、公共管理部门和民众。利益冲突不仅存在于参与主体之间，而且存在于参与主体内部，这与参与主体的利益选择紧密相关。自然灾害作为自然因素影响公共活动，它本身并不存在利益冲突，对于重大自然灾害的处理主要由代表公共利益的政府和社会来承担，因此并不存在利益冲突。公共研究部门以公共利益最大化为己任，因此，对于公共研究部门来讲，并不存在明显的利益冲突，而企业、公共管理部门、民众之间由于所选择的利益倾向的不同，而产生利益冲突。

在现代社会中，企业对相关利益的影响越来越大。根据与企业利益的关联度，我们可以将企业的影响力分为五个层次：民众、企业、相关企业或行业层次、公共管理部门。"当法律义务或广泛承认的职业标准可能被个人利益，特别是那些不公开的利益危及时，潜在或实际的利益冲突产生。"[①] 当企业与相关利益群体存在利益关系时，企业倾向于不同利益的选择，将在不同群体之间产生利益冲突。从"三鹿奶粉事件"可以看出，一个企业的利益选择涉及相关利益群体。首先是影响民众利益：多例婴幼儿患泌尿系统结石。卫生部于 2008 年 12 月 1 日通报指出，截至 2008 年 11 月 27 日 8 时，全国累计报告因食用三鹿牌奶粉和其他个别问题奶粉导致泌尿系统出现异常的患儿达 29 万余人。其次是影响企业利益。经自检发现三鹿奶粉企业 2008 年 8 月 6 日前出厂的部分批次婴幼儿奶粉受到三聚氰胺的污染，市场上大约有 700 吨。对于这些奶粉都需要召回，并停产整顿。再次，影响同行企业及相关利益群体的利益。全国检查发现 22 家企业 69 批次婴幼儿奶粉发现有质量问题，同时奶农的利益受到损失。最后凸显公共管理部门存在的问题。一些职能部门对事件的了解，不是通过自下而上汇报的渠道，而是从有关新闻报道中获得，反映他们监管不到位、管理缺失等问题。

公共管理部门作为服务于公共安全活动的职能部门，它的管理过程涉及部门利益和公共利益的冲突。在实际公共活动中，公共管理部门存在部门利益与公共利益的冲突，也就是存在行政效能与成本的矛盾。政府职能部门与企业的关系应

---

① Association of Academic Health Center: Conflicts of Interest in Academic Health Centers. A Report by the AHC Task Force on Science Policy，Washington，1990.

该是管理与被管理、监督与被监督的关系。政府是游戏规则的制定者，企业是游戏规则的执行者。公共管理部门将自己的监督职能转给企业时，就埋下了祸乱的种子。例如，中国免检产品的认定，在某种程度上节约了管理成本，提高了部门利益，但是加大了为民众提供不合格产品的风险。另外，管理部门之间存在利益冲突表现在中央和地方同一公共管理部门之间的利益冲突和在不同公共管理部门之间的利益冲突。从"三鹿奶粉事件"看，由于三鹿奶粉获得"国家免检产品""中国驰名商标"等称号，地方公共管理部门对于这种国家认可的名优企业自然不可能做出相反的结论。

　　民众作为公共活动的群众基础，是公共利益群体的代言人。民众与企业和公共管理部门之间的利益关系是建立在社会信任和道德责任基础上的。民众对企业和公共管理部门的信任，特别是对国家确认的免检产品的信任，这种信任通过民众影响同一行业不同企业的经济利益，最终在同一行业的不同企业之间、民众与企业之间产生了利益冲突。对于企业来讲，它不仅需要承担经济责任、法律责任和社会责任，而且需要承担道德责任。密尔顿·弗里德曼（Milton Friedman）承认企业应履行道德责任，他"主张企业在遵守基本的社会准则的前提下可以尽可能多地赚钱，并指出基本的社会准则既包括法律中的社会准则又包含伦理习惯中的社会准则"①。阿基·卡罗也认为，经济责任和法律责任是社会要求的，道德责任是社会期望的。它的底线首先应做到企业对公共利益负责，也就是不损人利己、不做虚假广告，它的生产过程、产品都是健康的、安全的，符合社会需要。民众与公共管理部门之间的利益关系也是建立在社会信任和道德责任基础上的。在公共利益受损的情况下，公共管理部门会受到舆论的谴责，甚至要承担相应的法律责任。从"三鹿奶粉事件"也可以看出，由于民众公共利益的受损，相应的公共管理部门不仅受到舆论的谴责，而且需承担相应的法律责任和行政责任。因此，当企业与公共管理部门社会信任和道德责任缺失时，民众与企业、公共管理部门之间存在利益冲突。

　　综上所述，公共活动中的利益冲突是指这样的境况：在这个境况中，企业、公共管理部门和民众之间有利益关系时，利益因素影响参与主体做出正确、客观和公正的判断。利益冲突既可能是个人的，也可能是群体的；既可能是实际的，也可能是潜在的；既可能是直接的，也可能是间接的。

二、公共活动中利益冲突的类型

　　公共活动的利益冲突涉及企业、公共管理部门和民众等不同主体，根据利益冲突产生的原因，可以将利益冲突划分为以下几类：

---

① 周祖城：《企业社会责任：视角、形式与内涵》，《理论学刊》2005 年第 2 期，第 35-40 页。

1. 权利与责任的冲突

对于公共活动来讲，政府具有监管的权利和责任，而一些公共管理部门将权利与责任处于分离状态。自己享有监管的权利，而将相应的责任推给企业和民众。权利与责任的分离将产生责任的缺失，导致利益冲突。

2. 经济利益与社会责任的冲突

在公共活动中，由于企业存在经济利益与社会责任的冲突问题，而引发公共事件。企业社会责任最早可追溯到古代社会商人在社区压力下追求社会利益的行为。随着工业化时代的到来，企业公司化改制的不断推进，有些人提出公司社会责任理论。公司社会责任主要指"公司在谋取股东利益最大化的同时，还应承担、维护和促进除股东外其他利害关系人的利益和社会公益的责任"[①]。在公共活动中，企业往往将它本身的经济利益放在第一位，忽视或弱化相应的社会责任。例如，企业对环保、产品的安全与健康等涉及社会利益的问题总是被动地在处理。从"三鹿奶粉事件"可以看出，企业为了自身的经济利益，对于早就发现的问题奶粉不是积极地应对，而是通过"公关"等手段来解决。最终由于社会责任的缺失，引发巨大的经济利益的损失。

3. 管理冲突

目前，中国对于公共活动存在管理方面的冲突，表现在管理部门众多，无法协同；质量安全标准众多，无法形成统一的标准体系；公共科技发展领域广泛，缺乏统一、协调的创新体系。由于管理冲突，使一些部门钻空子，强调部门利益，弱化社会责任。例如，对于食品安全性、企业生产安全性保障的安检技术存在发展主体不确定的问题。从"三鹿奶粉事件"也可以看出，由于管理缺位，中国检验奶粉所含蛋白质的方法明显落后于国际标准，仅停留在"凯氏测氮法"，进而无法对有毒有害化学物质进行有效的检测。

4. 信任冲突

公共活动某种程度上是由利益主体信托关系建立起来的。但是由于利益关系的存在，不同利益主体之间产生信任冲突，最终导致公共事件的发生。"信任可分为一般信任、具体信任和不知道结果的一种信任。"[②] 民众对政府和企业的信任可通过公信力表现出来。"政府公信力是政府依据自身信用所获得的社会民众的信任

---

① 吕玉玲：《从"三鹿奶粉"看企业社会责任承担》，《企业研究》2008 年第 10 期，第 15-20 页。
② Center for Risk Research: Stockholm school of economics, Attitudes toward technology and risk: Going beyond what is immediately given. Policy Sciences, 2002, 35: 379-400.

度。"① 政府的公信力要求政府做得更好。但是，一些公共管理部门过于强调部门利益，引起利益冲突而可能丧失公信力。对于企业来讲，公信力是支持企业发展的群众基础。企业一旦失去公信力，需要付出巨大的成本。但从"三鹿奶粉事件"看，由于民众与管理部门、企业之间的信任冲突，最终引发了公共事件。所以，2008 年 9 月 18 日，国家质检总局要求各省（自治区、直辖市）质量技术监督局切实落实国家质检总局下发的《关于停止实行食品类生产企业国家免检的公告》。这也说明由于信任危机的存在，必须重新调整管理方法。

三、公共活动中利益冲突产生的机制

当不同的利益因素渗入到利益主体的决策过程中时，由于利益冲突而影响利益主体做出正确判断。其中，经济利益是利益冲突产生的根源，管理缺位是利益冲突产生的工具。

1. 经济利益：利益冲突的根源

当利益因素渗入公共活动过程直接或间接影响利益主体做出科学、合理判断时，就产生了利益冲突。利益冲突的产生与利益主体的动机是紧密相连的。

在公共活动中，促使利益主体做出不同利益选择的动机表现为三种（图 9-1）：①公共利益；②公共利益和经济利益；③经济利益。经济利益包括企业和公共管理部门所获得的利润或绩效。

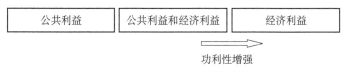

图 9-1　参与主体动机与利益的关系

动机①与参与主体的性质有很大的关系，动机②和动机③与公共管理部门和企业的利益紧密相关，而且从动机①到动机③，经济利益逐渐增强。它们与利益冲突的关系如下：

（1）公共利益与利益冲突无关。一些公共研究部门或类似机构或个人参与公共活动，是为了公共利益，而不是个人利益或部门利益。为公共利益而奋斗是社会发展努力的方向，是人们摆脱公共事件的渴望和要求。比如，法国微生物学家巴斯德，为了人类健康，解决了预防炭疽病、霍乱等疾病。每一项成果都足以使他成名致富，但他却放弃了一次又一次的奖励。因此，以服务于公共活动为己任的部门和个人，他们是不存在利益冲突的。

① 林雄弟：《公共安全问题的发展趋势和应对策略》，《铁道警官高等专科学校学报》2008 第 1 期，第 71-76 页。

（2）公共利益和经济利益与利益冲突的关系。"对自我利益的追求并不必然损害国家和社会的利益，但是，这种追求会带来巨大的负面效应，不可避免地出现个体利益、小团体利益与社会利益分离现象。"[①] 正是经济利益的追求可能产生公共利益与经济利益的冲突。对于公共管理部门来讲，承担着公共管理部门利益和公共利益双重责任。它们不仅需要有业绩，而且需要有效能。这就产生了两种潜在的利益冲突。对公共管理部门来讲，在注重公共利益的同时，兼顾部门利益将是一个理想的选择。企业承担着企业经济利益和公共利益双重责任，企业发展的动机兼顾企业利益和公共利益，将是解决利益冲突的最佳选择。由于公共管理部门和企业都承担着服务于公共的社会责任，因此公共利益和经济利益之间存在潜在的利益冲突。

（3）经济利益与利益冲突密切相关。"一旦有适当的利润，资本就大胆起来，如果有百分之十的利润，它就保证到处被使用；有百分之二十的利润，它就活跃起来；有百分之五十的利润，它就铤而走险；为了百分之一百的利润，它就敢践踏一切人间法律；有百分之三百的利润，它就敢犯任何罪行，甚至冒绞首的危险。"[②] 公共管理部门作为政府的职能部门，服务于公共是它的主要职责。但"过去，部门利益多体现为政治利益。市场经济发展，使部门不仅作为一个行政主体，而且还成为一个相对独立的经济利益主体"[③]。这样一来，一些公共管理部门将部门的权利和利益放于第一位，而忽视自己所应承担的社会责任，必然引起利益冲突。这种冲突将潜在的利益冲突转化为显在的利益冲突，最终影响它们做出正确、客观和合理的判断。企业将经济利益放在第一位，忽视公共利益，必然将潜在的利益冲突转化为现实的利益冲突。从"三鹿奶粉事件"，也可以看出由于监管部门将部门利益放在第一位，将监管责任转给企业，使潜在的利益冲突转变为现实的利益冲突。而企业忽视公共利益，将企业经济利益放在第一位，必然使潜在的利益冲突成为现实。

因此，由于参与主体动机的不同，产生了解决潜在利益冲突不同的选择。其中，公共管理部门和企业的经济利益是产生利益冲突的根源。

2. 管理缺位：利益冲突实现的工具

管理缺位为参与主体利益选择的动机的实现提供了可能。管理缺位引发的利益冲突表现为不同环节引发的利益冲突。

（1）原料采购管理。对于食品和药品生产单位来讲，原料的安全性是决定产品安全性的基础。目前，很多企业在采购渠道上存在缺乏对原材料的综合评价体

---

① 种焰：《论社会转型与公共安全》，《政法学刊》2002 年第 1 期，第 44-48 页。
② 马克思著，中共中央马克思恩格斯列宁斯大林著作编译局译：《资本论·第一卷》，北京：人民出版社 1975 年版，第 829 页。
③ 江涌：《中央政府机构中的部门利益问题值得警惕》，《廉政瞭望》2007 年第 3 期，第 68-71 页。

系，采购渠道单一，缺乏科学性等问题。另外，企业原料采购上缺乏对供应商的动态管理，主观因素过多，标准不全面、缺乏监督。从"三鹿奶粉事件"也可以看出，由于对牛奶采购环节监督的缺失，造成生产原料的不安全。

（2）生产管理。截止到目前，中国已制定 30 部关于安全生产的法律法规，既明确了生产经营单位在安全生产工作中的主体责任，也明确了政府及其有关部门特别是负有安全生产监管职责部门的责任，以及从业人员的权利及责任。但是，由于企业和监管部门存在利益冲突，导致管理缺位使生产事故不断发生。特别是对于煤矿等风险性比较高的企业来讲，生产管理显得特别重要。国家安全生产监督管理总局新闻发言人黄毅说，我国近几年来平均每年发生事故约 80 万起，事故死亡人数超过 13 万人，因事故导致的伤残人员约 70 万人。每年因安全生产事故造成的经济损失达 250 亿元，相当于我国 GDP 的 2%。因此，加强生产管理对于公共活动来讲非常重要。

（3）环境生态管理。对于公共活动来讲，不仅涉及微观企业方面的管理，而且涉及由企业生产可能给公共带来环境问题的管理。政府是环境生态的第一责任人，由于制度等方面的原因，使环境生态问题的管理存在很多问题。由于利益冲突，政府本身职能管理存在问题。中国当前针对各级地方政府的环境考核制度是 1990 年推行的"环境保护目标责任制"。但是这一制度存在两个缺陷：第一，管理模式以纵向管理为主，考核完全是在上下级之间进行的；第二，侧重环境事后治理管理，采用环境管理、污染控制、环境保护设施建设等有较大弹性的指标进行评价。这样就造成环境生态管理以治理管理为主，而不是以预防管理为主的问题。

（4）食品和药品管理。食品和药品行业人命关天。生产、流通、消费每个环节都需要内部管理和外部监管。由于企业与外部监管部门之间的利益冲突，一方面，中国食品和药品企业存在内部管理不完善、公共管理部门监管缺失的问题。另一方面，监测技术落后。由于管理缺失，使监测技术的创新明显落后于生产技术的创新。作为农业强国的加拿大具有世界上最安全的食品安全保障体系，达到系统整合各种资源的程度。而中国不仅存在食品和药品标准的不一致，而且检测技术和手段也存在不统一的问题。

四、利益冲突的控制

根据对公共活动中的利益分析，我们得出控制利益冲突的金字塔模式：处于金字塔最底部的是企业和公共管理部门的自我控制，中间部分是调整利益冲突的制度创新体系、社会监督管理机制和公共利益冲突的危机管理体系，最顶部是具有处罚的命令管制和公共科技创新体系。形成控制利益冲突的微观和宏观管理机制，"以确保企业和公共管理部门在管制过程中考虑更多的民众利益"①。

1. 增强自我控制的能力

利益冲突产生的过程是参与主体在经济利益面前失控的集中表现，而且是参与主体社会责任和道德责任缺失的具体表现。因此，自我控制是控制利益冲突和增强公信力的最基本方法。它要求不同参与主体自律。对于存在潜在利益关系的问题，要有自我约束意识。

一方面，自我控制，可以消除潜在的利益冲突。诚信的企业和公共管理部门，对潜在利益冲突，会主动监督自己的行为。它们可以通过内部的制度和职业标准来约束或引导本部门或企业的行为。另一方面，自我控制是企业和公共管理部门履行社会责任和道德信任的客观要求。"信任被认为是一种最主要的社会资本，可以减少市场经济中的交易费用，简化交易程序，从而提高经济效益，也可以成为政治制度运行的润滑剂，缓和政治派别之间的冲突，提高政府的绩效和治理水平。"②对于民众来讲，信任是民众与企业、公共管理部门利益冲突产生的基础。一个缺乏信任的社会，将会增加利益冲突的不确定性，增加社会风险。对于复杂的社会变化，企业和公共管理部门的自我控制显得尤其重要。

2. 建立制度创新体系

公共问题涉及国家、公共管理部门、企业、民众等方面的利益。为了更好地兼顾各方面的利益分配，我们需要建立公正、公平、合理的制度和法律，协调各方面的利益关系。

首先，应完善宏观层次公共利益冲突的制度和法律的建设，包括具体的规则、制度、处罚种类，如罚款、通报批评、免职、正式警告、记录在案等。规则包括加强各种标准的协调性与先进性。"在三鹿承认奶粉有问题之前，曾声称自己的产品符合国家的卫生标准。"③ 2008 年以前，中国乳制品饲料中农药残留量比较严重，而相关的国家标准明显低于欧美国家。"中国国家标准只有 40%左右等同或等效采用了国际标准。"④"三鹿奶粉事件"发生后，2008 年 9 月 23 日国家质检总局要求各地统一三聚氰胺检测方法和仪器，也说明了标准统一的重要性和必要性。

其次，应完善政府公共管理体系。"公共管理的深刻内涵和重要意义在于它的

① Marchant G E, Sylvester D J, Abbott K W: Risk management principles for anotechnology. Nanoethics, 2008, 2: 43-60.
② 马得勇:《信任的起源与信任的变迁》,《开放时代》2008 年第 4 期, 第 72-92 页。
③ 马晓玲:《"三鹿奶粉"事件与食品安全》,《中国人大》, 2008 年第 19 期, 第 8、9 页。
④ 唐泽瀛:《我国食品安全所面临的问题和对策》,《金卡工程》2008 年第 9 期, 第 63 页。

公共性、管理的服务性和公民社会的合作共治性。"① 公共管理的主体是以政府为核心的公共管理部门，它们应构建权利和责任相一致的政府自身的管理体系。例如，美国公共卫生局作为公共管理部门，它对控制冲突做出以下规定："接受性组织必须建立安全措施预防员、顾问或管理机构人员利用职务为个人利益或家庭利益或其他相关人谋利。每个得到经济支持的协会必须建立起关于利益的政策及其预防措施。"②

最后，企业作为安全生产的主要责任者，应结合国家安全制度和法律，建立企业微观利益冲突管理体系。对于企业来讲，在原料采购阶段、生产阶段、销售阶段都可能存在利益冲突，应通过企业制度建设，控制利益冲突。

3. 完善社会监督管理体系

政府作为公共的责任人，它对公共监督负有主要责任。从"三鹿奶粉事件"看，该事件发生后，国家有关部门几天内就检测出 20 多家企业生产的奶粉有问题。"这充分说明，质量监督不是不可为，而是不为。"③ 各级质检部门要认真落实有毒有害物质举报奖励制度、实行应急检测优先保障制度。各种媒体是推动企业采用先进的安全管理技术、建立企业安全发展长效机制的重要推动力。"三鹿奶粉事件"的揭露也体现了媒体作为社会监督的力量。

另外，扩展民众参与公共事务的渠道，鼓励民众参与监督管理。"强调透明度和民众及利益相关者的积极参与是发展和应用风险管理的要求。"④ "三鹿奶粉事件"有一个核心问题，就是社会的自救能力问题。在企业不能够负起社会责任，政府监管又很难到位的情况下，我们这个社会本身需要自救能力和发现问题的能力。公共利益倡导者试图通过解决可理解的问题和提供逐渐增加的对公共决策的仔细检查为民众提供一种公共服务，提高民众本身的认知水平及监督能力。

4. 加强利益冲突的危机管理

"危机是对生命、财产、环境、经济社会正常运行造成重大威胁与损害，超出政府常态管理方式和社会正常承受能力的紧急事件或紧急状态。"⑤ 现代社会由于利益冲突，公共危机事件呈增加的趋向。公共利益冲突的特征表现为：①突发性。由于社会发展过程中自然、人为的不确定性因素的增加，增加了利益冲突发生的

① 马晓玲：《试论顾客让渡价值对我国政府公共管理的启示》，《天府新论》2007 年第 12 期，第 155-157 页。
② 魏屹东：《科学活动中的利益冲突及其控制》，《中国软科学》2006 年第 1 期，第 90-99 页。
③ 吕玉玲：《从"三鹿奶粉"看企业社会责任承担》，《企业研究》2008 年第 10 期，第 66-71 页。
④ Marchant G E, Sylvester D J, Abbott K W: Risk management principles for anotechnology, Nanoethics, 2008, 2：43-60.
⑤ 苗婧：《浅谈政府公共危机管理》，《中国财经信息资料》2008 年第 18 期，第 55-59 页。

频率。②不确定性。公共利益冲突发生的时间、地点和后果难以准确预测。③破坏性。

目前，中国公共危机管理存在危机意识薄弱、部门分割、信息不对称等问题。为了更好地做好公共危机管理，我国需建立危机预警系统、危机应对系统、危机经济支持系统、危机信息管理系统、危机公共参与系统等。

5. 建立关于健康、公共安全、生态环境、防灾减灾等的公共科技创新体系

安全发展是一个复杂的系统工程，离不开科技支撑。公共问题是由自然因素和人为因素产生的。对于公共问题的事前预测、事中处理和事后管理都离不开科技手段。特别是对由于技术本身或其应用带来的不确定性、监测技术的不完善带来的利益冲突，客观上要求建立公共科技创新体系。从"三鹿奶粉事件"可以看出，由于监测技术的不合理性，使不法分子有机可乘。1992 年 11 月 1 日，国家标准《学科分类与代码》（GB/T13745-92）将安全科学技术列为一级学科。"安全科技研究体系包括基础理论研究、应用技术研究和开发研究。"[①] 中国工程院院士范维澄认为，公共科技体系的建立应包括研究突发事件本身、研究承灾载体、研究应急管理三条主线，改组当前分散、低效、低能的科研队伍，整合科技资源，加强科技管理，大力发展健康、公共安全、生态环境、防灾减灾等民生科技，为公共活动提供科技保障。

所以，只有解决好公共活动中的利益冲突，健康、公共安全、生态环境、防灾减灾等民生科技发展广义语境路径才可能实现。

第二节　民生科技发展广义语境路径的实证分析

我们根据民生科技发展的广义语境模型和评估体系，并采用历史考察法，对我国民生科技发展广义语境路径进行实证分析，发现问题，并运用广义语境模型解决相应问题。

一、民生科技发展广义语境路径的评估体系

根据民生科技发展广义语境路径的评估指标体系（图 9-2、表 9-1），对民生科技发展广义语境路径层次进行分析。

---

① 何平等：《中国公共安全科技问题分析与发展战略规划研究》，《中国工程科学》2007 年第 4 期，第 35-40 页。

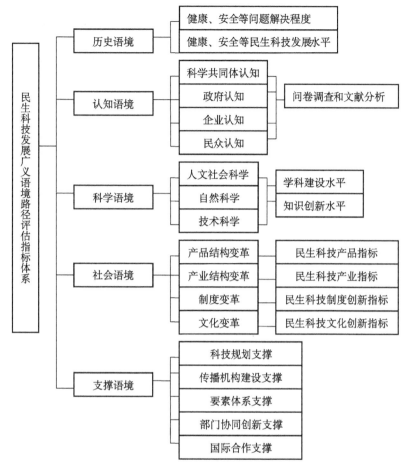

图 9-2　民生科技发展广义语境路径的评估指标体系

表 9-1　民生科技发展广义语境路径评估主要指标参考权重

评估方面	一级指标	参考权重	1
历史语境	民生问题解决程度	0.05	0.1
	民生科技水平	0.05	
认知语境	科学共同体认知	0.05	0.2
	政府认知	0.05	
	企业认知	0.05	
	民众认知	0.05	
科学语境	民生科技学科建设水平	0.1	0.2
	民生科技知识创新水平	0.1	

续表

评估方面	一级指标	参考权重	1
社会语境	民生科技产品结构	0.1	0.3
	民生科技产业结构	0.1	
	制度变革	0.05	
	文化变革	0.05	
支撑语境	科技规划	0.04	0.2
	传播机构建设	0.04	
	要素体系	0.04	
	部门协同创新	0.04	
	国际合作	0.04	

　　第一，民生科技发展广义语境路径的评估是对民生科技整体性进行分析，不具体分析人口健康科技、公共安全科技、生态环境科技和防灾减灾科技等，为民生科技学科体系及其转化提供整体性决策依据。第二，民生科技发展广义语境路径的评估资料来源于历史资料，为从整体性把握民生科技提供方法论指导。第三，民生科技发展广义语境路径的评估不仅评估民生科技层次，而且分析民生科技所属不同学科之间的关系问题和协同问题，从学科群角度进行分析。第四，民生科技发展广义语境路径的评估为民生科技认知体系、学科体系、社会体系和支撑体系建设提供实践指导。

　　所以，从整体上评估民生科技发展广义语境路径不仅有助于民生科技学科体系建设，而且有利于民生科技所属不同科学体系之间的协同发展，共同解决我国目前面临的健康、公共安全、环保等民生问题。

二、民生科技发展广义语境路径的实证分析

　　民生科技作为解决健康、安全和环保等民生问题的重要支撑，我们采用历史资料进行分析。

1. 历史语境

　　新中国成立以来，毛泽东同志提出我们党的根本宗旨是"全心全意为人民服务"。邓小平同志提出要以"人民群众拥护不拥护、赞成不赞成、高兴不高兴、满意不满意"作为评价一切工作的标准。江泽民同志提出"三个代表"重要思想，强调建设有中国特色的社会主义全部工作的出发点和落脚点，就是全心全意为人民谋利益。以胡锦涛同志为总书记的中央领导集体，提出以人为本，全面、协调、

可持续发展的科学发展观，大力倡导权为民所用、情为民所系、利为民所谋，体现了不同时期民生问题价值取向的不同。民生问题是不同时代社会价值观、社会制度、文化、科学技术和民众需要共同作用产生的与民众直接相关的问题，包括民众的衣、食、住、行、外在的自然环境、社会环境和人文环境等。共同点是立足民众生产、生活等根本利益。随着民众需求层次的提高，近些年公共安全问题的凸显，民众对生态环境质量要求的提升，使我国民生问题从对民生的基本需求向发展需求和安全需求方面发展。正是民生问题从温饱型向健康型、安全型和环保型转变，为民生科技发展提供了历史机遇。所以，目前解决民生问题水平比较低，等级值为 0.25，权重为 0.05，则民生问题解决的指标值为 $0.25×0.05＝0.0125$。

自 2007 年民生科技被学界关注以来，民生科技已成为我国"十二五"科技规划的重要内容之一，科技部并下发《关于加快发展民生科技的意见》，主要从民生科技工程、能力建设和营造良好环境等方面促进民生科技的发展。目前，民生科技主要领域是人口健康科技、公共安全科技、生态环境科技和防灾减灾科技等。民生科技作为人口健康科技、公共安全科技、生态环境科技和防灾减灾科技等的总称，它的发展水平不仅包括其所属领域发展水平，还包括不同领域之间协同发展水平。整体上看，民生科技所属学科发展水平差距比较大，学科发展不平衡，防灾减灾科技、人口健康科技成为"一五"以后我国科技计划的重要内容。改革开放后，随着经济建设的不断加速发展，生态环境问题这块"短板"越来越明显，成为改革开放以来我国科技规划的重要内容之一。进入 20 世纪 90 年代以来，公共安全问题越来越突出，公共安全科技发展领域最早出现在"九五"科技计划中"发展社会公共安全技术"。其次，不同学科之间缺乏内在的联系。虽然近些年来我国人口健康科技和生态环境科技有一些融合，公共安全科技发展也包括部分防灾减灾科技，但总体上并没有形成不同学科融合的机制和平台，民生科技在不同领域各自发展着，并没有统一到民生科技整体价值下，最后导致民生科技只是一个概念的创新。所以，民生科技水平低，等级值为 0.25，权重为 0.05，指标值为 $0.25×0.05＝0.0125$。民生科技发展广义语境路径的历史语境评估指标值为 $0.0125＋0.0125＝0.025$。

2. 认知语境

目前，民生科技的共同体无论是政府、企业、研发机构还是民众，都对民生科技缺乏足够的认知。

从认知层次看，我国各省份结合自己的特点出台了相应的加快发展民生科技的意见，但由于思维惯性，政府比较重视民生科技的发展，出台了一系列相应的规划。民生科技对多数企业来讲也处于认知阶段。原因在于企业作为技术创新的主体，侧重科技与经济一体化，民生科技的社会性价值客观要求企业生产过程与最终产品实现健康、安全、环保等价值，这必然需要企业加大投入，但很多企业在认知层次上不愿意承担社会责任，进而影响民生科技在企业层次的转化与应用。作为研发主体的高校和科研机构多年来主要从事基础科学和实用科技的研发，并不重视民生科技的研发。同样，科技服务机构多从事实用科技的转化和应用。民众作为民生问题解决的直接受益者，渴望民生科技的转化与应用。但是，由于知识与行业的不同，他们并不清楚哪些科技属于民生科技，显然，这不利于民生科技的转化与应用。所以，总体上不同群体对民生科技的认知程度存在差距，政府已认识到发展民生科技的重要性，企业、科研院所和民众处于转变期，他们认知到健康、安全、生态环境等的重要性，但是并没有完全认知到相应的民生科技发展的重要性。这样一来，民生科技发展广义语境路径的认知语境评估指标值为 $0.75 \times 0.05 + 0.5 \times 0.05 + 0.5 \times 0.05 + 0.25 \times 0.05 = 0.1$。

3. 科学语境

从科学语境看，民生科技自提出以来，发展水平比较低。

1）学科建设水平低

人口健康科技、生态环境科技、公共安全科技和防灾减灾科技发展水平存在差距，生态环境科技和安全科技已成为我国一级学科，并建立起包括人文科学、社会科学和自然科学与技术的科学体系，但是，人口健康科技和防灾减灾科技主要侧重科学技术层次，学科建设水平比较低。民生科技对社会语境变革力有待进一步提高。从我国《科学分类与代码》（GB/T13745—2009）中也可以看出，当代科学技术发展包括人文科学和社会科学。例如，安全科学技术包括安全哲学、安全社会学等人文科学和社会科学。从科学技术分类看，目前我国民生科技学科体系建设不完善表现在以下两个方面。

一是民生科技发展缺乏人文科学和社会科学的支撑。目前，《国家"十二五"科学和技术发展规划》和科技部发布的《关于加快发展民生科技的意见》主要从科学技术层次加快全民人口健康科技工程、公共科技工程、生态环境科技工程、防灾减灾科技工程的建设，忽视关于民生的人文科学和社会科学的研究，这容易造成民生科技发展脱离社会需要。目前，共同体对民生科技认知水平比较低，恰恰反映了我国人文科学和社会科学对民生价值、民生问题、民生评估等没有形成统一的认知，导致对民生科技的理解存在误区。因此，构建包括人文科学、社会科学和科学技术在内的民生科技体系是十分重要的。

二是民生科技所属的人口健康科技、防灾减灾科技体系建设不完善。目前，我国公共安全科技、生态环境科技已形成涵盖人文科学、社会科学、自然科学和技术的学科体系。但是，人口健康科技侧重全民人口健康科技工程建设，还没有形成包括健康哲学、健康社会学、健康经济学、健康文化等在内的人口健康科技学科体系。防灾减灾科技也是侧重于防灾减灾科技工程建设，其他方面的学科建设比较缓慢。民生科技内部不同学科发展的不平衡性，不利于民生科技整体发展水平的提升。

三是各学科之间缺乏融合。民生科技是由研究健康、安全、环保、防灾减灾等民生问题的人文科学、社会科学、自然科学和技术组成的学科群。目前，一方面，民生科技所属的人口健康科技、公共安全科技、生态环境科技等不同学科纵向上独立发展，但横向上缺乏融合。另一方面，涉及民生问题的人文科学、社会科学与科学技术缺乏融合。我国专业设置过于狭窄，分工过细，反映了科学纵向分化，这不利于民生科技不同学科横向融合。民生科技所属的学科各自独立或依附于其他学科发展，不能体现民生科技不同学科的共生关系。例如，人口健康科技侧重临床医疗、药物、医疗器械和体育科技等的发展。公共科技侧重食品安全技术、安全生产技术、防范和打击犯罪的技术装备等的研发。生态环境科技工程侧重空气、水、垃圾处理、绿色建筑和绿色社区的建设，这种学科设置模式不能反映健康、安全、环保等科技的内在关联性。

由于研究民生问题的人文科学、社会科学、科学技术分别属于不同的学科体系，研究的侧重点、话语体系都不同，最终导致人们对民生问题存在不同层次的理解，这不利于民生问题研究在人文科学、社会科学和自然科学与技术等不同层次的融合发展。例如，公共经济学和政治学侧重"学有所教、劳有所得、病有所医、老有所养、住有所居"等民生问题研究；历史学侧重民生问题的历史演变；社会学侧重民生问题发展路径研究；民生科技侧重健康、安全、环保、防灾减灾等民生问题的研究。

2）知识创新水平低

从民生科技的进步性看，它的工具性和价值性是比较确定和明显的，即解决民生问题，凸显民生科技共同体价值和民生科技社会价值。但是，它的整体性发展比较滞后。

从组织机构看，民生科技发展缺乏整体性组织创新。一方面，民生科技科研体系缺乏整体性建设，重复分散现象比较突出。目前，涉及民生问题的环保、安全与健康问题分别由环保部、国家安全生产监督管理总局、建设部、农业部和卫生和计划生育委员会等多部门管理，各部门都有涉及民生问题的科研机构，公益研究与面向市场的开发研究并存，真正需要支持的公益性科研投入支持强度和研究水平难以提高。另一方面，民生科技组织机构整体性建设滞后。目前有《民生科技研究》《民生科技论》等专著，但是，与民生科技有关的杂志、发展协会、产业协会、企业协会、人才协会等还处于起步建设阶段。再者，我国经费管理模式不利于民生科技发展。我国科研经费主要来源于政府自上而下地按现有的学科分类来划拨，不少交叉学科的课题在申请立项和申报奖励时处于无类可靠的尴尬境地。民生科技作为交叉科学，涉及卫生和计划生育委员会、环保部、建设部、农业部等多部门管理，既存在经费投入困难问题，又存在投入重复问题。

从共同体建设看，民生科技研发、转化和应用等建设缺乏整体性。《国家"十二五"科学和技术发展规划》和科技部发布的《关于加快发展民生科技的意见》指出，加快民生科技发展，要强调政府主导、企业主体、深入推进政产学研用相结合，着力加强民生科技基础研究和高新技术研究、开展民生科技应用推广和产业化示范、加强民生科技队伍建设和市场化服务体系建设。可以看出，民生科技发展的共同体包括政府、企业、研发机构、市场化服务机构。但是，目前政府对民生科技的主导作用还没有凸显；民生科技研发和转化共同体多是依附于健康、安全、环保等研发与转化机构；民生科技作为解决民生问题的科技支撑，应用主体包括企业和政府等，但是目前应用主体缺失。这种分散的依附性的共同体建设不利于民生科技整体发展。这样一来，民生科技发展广义语境路径的科学语境评估指标为 $0.25 \times 0.1 + 0.25 \times 0.1 = 0.05$。

4. 社会语境

1）民生产品

随着健康、公共安全、环保、防灾减灾等民生问题解决的不断深入，相应的健康、公共安全、环保、防灾减灾产品等取得了长足的发展。根据中国健康产品网统计，健康产品主要统计为保健食品、消毒产品、绿色食品、化妆品、医疗器械等。这些产品涉及保健、绿色食品、医疗器械等，对提高我们的健康水平、改变我们的消费观念等具有重要的引导作用。根据 2007 年我国名牌产品列表，共有 1967 种产品，其中安全产品只有 11 种，产品结构不合理，有些领域公共安全产品比较多，有些比较空缺、发展不平衡等。防灾减灾产品主要侧重装备水平，目前比较低。这样，民生科技对产品变革处于起步阶段，整体水平比较低，评估等级值为 0.25，评估值为 $0.25 \times 0.1 = 0.025$。

2）民生产业

目前，民生产业的提法还处于探索阶段。中国社会科学院经济研究所李成勋研究员最近提出：应确立"民生产业"这个新概念。相应地在政府有关部门制定的产业分类中也应确认这类产业。他指出，一切产业归根到底都直接或间接地同民生有关。因此，"民生产业"的概念需要加以界定。他认为界定的依据有二：一是民生产业应该是直接而不是间接地同人民生活有关的产业；二是民生产业必须是同人民的基本生活需要而不是非基本生活需要直接相关的产业。依据上述标准，李成勋提出下列产业应属于民生产业：①主、副食品的生产和供给；②饮用水的开发和供应；③市内公共交通业、通信业和长途客运业；④经济适用住房的建设和物业管理；⑤民用燃料的生产和供应；⑥书籍（包括教材）和报业；⑦医疗和普通药品的生产和供应等。由此可见，民生产业是分别从三次产业中划分出来的一种特殊产业。从人类发展史看，科学技术发展决定了产业演进的领域。农业革命时代产生了农业；近代科技革命产生了制造业、纺织业、化工业、电力业等；20世纪新技术革命诞生了高技术产业。民生科技发展的不断升级，有必要建立以健康、安全、环保、防灾减灾等与民众生产和生活紧密相关的民生产业。

民生科技涉及多个领域，民生科技促进了人口健康科技、公共安全科技、生态环境科技、防灾减灾科技等的发展。根据《关于加快发展民生科技的意见》，人口健康科技产品主要指药物、医疗器械、残障人群康复和生活用具研制并实现产业化，培育生物医药战略性新兴产业。公共安全科技产业主要指食品安全检测、预警、溯源、控制等技术支撑和保障、安全生产技术、重大突发事故应急技术装备、研究开发防范和打击犯罪的技术装备等产业。中国环保产业近几年以10%的速度迅速增长，从而成为我国国民经济新的增长点。防灾减灾技术装备要走向产业化。从目前发展水平看，民生科技产业发展水平整体比较低，发展水平不平衡，环保产业和健康产业发展水平比较快，而公共安全和防灾减灾相关产业发展处于起步阶段。我国应从基地、产品开发等方面促进民生产业的发展。由科技部、广东省人民政府和中山市人民政府于1994年4月联合创办的国家人口健康科技产业基地坐落在广东省中山市火炬开发区，是我国按照国际认可的GLP、GCP、GMP和GSP标准建设的一个集创新药物、医疗器械和健康产品的研究与开发、临床试验、生产和销售的综合性的健康产业园。公共安全科技产业处于起步发展阶段。天津、湖南等地已建立生态环境产业基地。应急产业是2007年11月13日原国务委员华建敏在全国贯彻实施突发事件应对法电视电话会议上的讲话中提出来的，在该讲话中，华建敏提出要进一步加快发展应急产业。根据中央关于"大力发展与民生相关的科学技术"精神，多部委首次宣布，在"十二五"联合推进民生科技产业。"十二五"期间，民生科技产业总产值超过1万亿元人民币。其中，被列为民生科技产业发展重点的生物医药和生态环境两大技术领域，总产值超过5000亿元人民币。目前，应急产业发展处于起步阶段，整体上民生科技产业水平比较低。评估等级值为0.25，评估值为$0.25 \times 0.1 = 0.025$。

3）制度变革

民生科技发展促进制度变革，同时制度变革又会反作用于民生科技，推动民生科技发展。制度包括总体社会制度、社会中不同领域的制度、具体行为模式和办事程序。从总体制度看，民生科技发展并没有引起社会制度的变革。从社会中不同领域的制度创新看，民生科技发展正在促进一些领域制度的变革，而这些制度变革反过来又促进民生科技的发展。

从目前看，相应制度建设不完善，机制难以落实。以环保制度为例，首先，环保产业发展存在体制障碍。在完成环境保护目标、保证环境质量方面，政府必须发挥主导作用。其次，环保产业的法律保障制度存在欠缺。中国已经初步建立了环境保护法律和政策体系，但仍欠完善。从根本上促进环保产业的发展，就是要从法律和政策方面明确需求和保证需求。最后，加快制定和完善环境信息公开的法律法规，为民众参与环境监督创造条件。总体上，我国促进民生科技发展的制度建设比较慢。制度的滞后使民生科技发展处于地位重要、落实难的困境。解决民生问题的过程也是我国实现科学发展的过程。

不同领域制度创新缺乏协同。虽然我国健康、公共安全、环保、防灾减灾制度建设取得一定的成果，但是作为解决民生问题的整体来讲，并没有形成协同推进的制度体系和机制。这样，民生科技发展对制度变革的评估等级值为 0.25，评估值为 $0.25 \times 0.05 = 0.0125$。

4）文化变革

民生文化是指执政者在治国中的一种行政理念，是以全民的福利为重心的执政思想，以民生为本，鼓励人们发扬各自的创造力，执政者与民平等，体现以人为本。从中国知网查到的资料看，现阶段民生文化的研究都是从宏观、公共方面谈民生文化。对民生文化的具体内涵、发展领域等研究比较欠缺。从民生科技发展领域看，民生文化包括人口健康文化、公共安全文化、环保文化等，这些价值取向已逐步成为政府、企业、科学共同体和民众行为规范的重要指导。但是，当前我国民生文化还显得比较薄弱，这种薄弱有客观的原因，民生问题的解决主要侧重科技、投入、制度创新等，民生文化建设处于起步阶段；另外，与一些传媒的责任缺失相关，虽然电视、网络等有很多宣传健康饮食、环保知识、健康之路，但是对于民生文化的宣传还是比较少的。这样，民生科技发展对文化变革的评估等级值为 0.25，评估值为 $0.25 \times 0.05 = 0.0125$。总之，民生科技对社会语境的变革评估值为 $0.025 + 0.025 + 0.0125 + 0.0125 = 0.075$。

5. 支撑语境

（1）民生科技相关的科技规划需要进一步落实。目前，民生科技已成为《国家"十二五"科学和规划》的重要内容之一，2011 年科技部出台了《关于加快发展民生科技的意见》，各个省（自治区、直辖市）分别制定了体现区域特征的"十二五"民生科技发展规划。所以，从规划制定看，民生科技已得到国家和各省（自治区、直辖市）的重视，但关键还在于规划的落实。目前，江苏、山西、山东、湖南、新疆等分别实施了数量不等的民生科技工程。这样一来，民生科技规划处于落实阶段，并且已有实质性进展。但是，由于其所属人口健康科技、公共安全科技、生态环境科技规划落实水平差距比较大，所以整体水平低，指标值为 $0.25 \times 0.04 = 0.01$。

（2）不同部门协同创新水平有待提高。一方面，民生科技研发、转化与应用协同力比较低。目前，我国民生科技发展由政府主导，重点在技术层面实施一批重大民生科技工程。科学共同体还是侧重民生科技的研发，企业和民众对民生科技了解比较少，使部门协同创新力比较低。另一方面，民生科技所属人口健康、公共安全、环保和防灾减灾等部门之间的协同力有待提高。整体水平低，指标值为 $0.25 \times 0.04 = 0.01$。

（3）民生科技发展传播机构建设处于起步阶段。目前，还没有专业的民生科技网、民生科技杂志、民生科技协会、民生科技传播机构建设，但是民生科技所属的人口健康科技、公共安全科技、生态环境科技等都有自己的专业传播机构。这样一来，从民生科技整体角度构建的民生科技传播机构几乎没有。这样，民生科技传播机构建设整体水平低，指标值为 $0.25 \times 0.04 = 0.01$。

（4）民生科技要素体系建设需要不断完善。人才队伍建设还没有实质性进展，研发队伍、传播队伍与转换队伍正在建设之中；民生科技金融、财税政策有待进一步完善；民生科技市场服务体系还处于建设之中，还没有形成适应民生科技交易、服务的市场体系。这样，民生科技要素体系建设整体水平低，指标值为 $0.25 \times 0.04 = 0.01$。

（5）国际合作水平低。我国民生科技发展国际合作侧重气候变化、能源环保、粮食安全、重大疾病防控等全球性问题，合作途径多采用"走出去，请进来"的引进消化吸收再创新形式，比较单一，合作的途径、方式、内容等还需要进一步深入和完善。这与国际竞争优势的转移具有重要的关联性。在开放的国际环境下，发达国家以安全标准为理由，以专利技术为盾牌，由简单的关税壁垒向复杂的技术壁垒转变。这种趋势必然造成各国对安全科技、人口健康科技等技术保密性增强，以提高本国产品的竞争力，这不利于民生科技的国际化发展。目前，我国民生科技国际合作主要侧重于科研院所和企业"走出去、请进来"，民生科技国际合作基地建设、情报交流及学术会议比较少，国际合作路径、要素及方式等有待进一步提高。因此，整体水平低，指标值为 $0.25 \times 0.04 = 0.01$。

所以，民生科技发展广义语境路径评估指标值为不同语境指标值的总和，即 $0.025 + 0.1 + 0.05 + 0.075 + 0.05 = 0.3$，基本能够客观反映民生科技发展广义语境路径现状及存在问题（表 9-2）。

表 9-2　民生科技发展广义语境路径评估指标值对比表

评估方面	一级指标	等级值	参考权重		实际值	比例/%
			1		0.3	30
历史语境	民生问题解决水平	0.25	0.05	0.1	0.025	25
	民生科技水平	0.25	0.05			
认知语境	科学共同体认知	0.5	0.05	0.2	0.1	44
	政府认知	0.75	0.05			

续表

评估方面	一级指标	等级值	参考权重	实际值	比例/%
			1	0.3	30
认知语境	企业认知	0.5	0.05		
	民众认知	0.25	0.05		
科学语境	民生科技学科建设水平	0.25	0.1	0.2	0.05	25
	民生科技知识创新水平	0.25	0.1			
社会语境	民生科技产品结构	0.25	0.1			
	民生科技产业结构	0.25	0.1	0.3	0.075	33
	制度变革	0.25	0.05			
	文化变革	0.25	0.05			
支撑语境	科技规划	0.25	0.04			
	传播机构建设	0.25	0.04			
	要素体系	0.25	0.04	0.2	0.05	35
	部门协同创新	0.25	0.04			
	国际合作	0.25	0.04			

从指标体系看，我国民生科技发展广义语境路径指标值为 0.3，整体水平比较低，成为科学技术发展薄弱环节之一。认知语境指标值为 0.1，发展程度所占比例最高，为 44%，说明不同群体对发展民生科技重要性和必要性认知程度高；科学语境指标值为 0.05，发展程度所占比例较高，为 25%，说明我国民生科技创新与应用水平较高；历史语境、社会语境和支撑语境指标值比较低，发展程度分别为 25%、33%、35%，说明我国解决民生问题的重要性、持久性、复杂性，它的发展对社会的变革是缓慢的，支撑体系的建设也需要时间和精力。民生科技发展广义语境路径是纵向转化、横向支撑的过程，也就是说，从纵向看民生科技实现了从历史语境向认知语境、科学语境、社会语境的转化，横向上科技规划、传播机构建设、要素体系、部门协同创新和国际合作对其主语境不同语境都有支撑作用。而目前，民生科技支撑语境多侧重对科学语境和社会语境的支撑，对于历史语境和认知语境的支撑有待提高。

第三节　完善民生科技发展广义语境路径的对策

为了更好地促进民生科技发展，我们提出如下对策。

一、从历史语境看，进一步加强对民生问题和民生科技发展水平的研究

首先，进一步加强对人口健康、公共安全、生态环境、民生等民生问题的研究，为民生科技发展提供研究和发展领域。目前，随着科技、经济和生态环境的复杂性越来越突出，人口健康、公共安全、生态环境、民生等民生问题处于动态演变过程中，我们需要调研不同区域、不同领域民生问题发展动态。

其次，加强对民生科技解决人口健康、公共安全、生态环境、民生等民生问题水平的研究，分析民生科技贡献率。民生科技解决过程需要科技、管理、制度等学科做支撑，我们不仅需要分析涉及民生的自然科学和技术对解决民生问题的贡献率，而且需要分析制度创新、管理创新、文化创新等人文社会科学发展对解决民生问题的贡献率。

最后，对民生科技发展领域、发展路径、发展水平等进行历史研究，寻找民生科技发展"短板"。民生科技作为一个学科群，涉及人口健康、公共安全、生态环境和民生等科学技术和人文社会科学。因此，我们需要从学科群视角研究民生科技发展的历史水平。

二、从认知语境看，不断完善民生科技传播渠道，提高不同群体认知水平

认知水平的提高不仅与我们的培训水平有很大的关系，而且与我们的思维创新能力提高有很大的关系。

1. 提高政府、企业、大学、科研院所、民众等不同群体对民生科技的认知水平

我们需要加大民生科技专业杂志、网络、电视等传播渠道的建设力度，大力发展各种学会、协会，充分发挥政府在民生科技传播过程的主体地位。通过培训与宣传，提高政府、科研院所、高校、科学技术社会团体、企业和民众对民生科技的认知水平。民生科技的社会性价值客观需要政府充分发挥引导作用，推动整个社会生产、流通、消费等环节实现健康、安全、环保发展。民生科技作为科学技术发展的新领域，我们需要加大培训与宣传力度，提高共同体对民生科技研发、转化和传播的认知水平。民生科技直接服务于解决民生问题，而企业生产方式、生产环境、产品水平直接与民众的健康、安全、环保等紧密相关。我们需要通过培训和宣传提高企业对民生科技的创新水平和转化能力。民生科技发展直接惠及民众，一些民生科技产品直接与民众生活紧密联系。我们需要通过培训与宣传提高民众对民生科技的认知水平，加大民众对民生科技转

化与应用的监督能力。

2. 提高不同群体思维创新水平

（1）突破经验思维模式。经验思维模式多是个人站在自己的立场上形成的观点和看法。改变这种思维模式，主观上站在对方的角度去考虑，以发现某个问题或观点的正确性，也就是让自己能站在他人的角度看问题，才能对事物作出一个准确的判断，并更好地处理事情。例如，药品说明书，不是按照患者的需要写说明书，而是从生产者的角度写一次几毫克，一日几次。

冲破自我，向非我、大我的思维方式转变。自我包括个人自我、团队自我、民族自我、人类自我的角度分析问题。

（2）破除从众型思维模式。树立逆向思维模式是一种与常人思维取向相反的思维形态，表现为人弃我取、人进我退、人动我静、人刚我柔，如司马光砸缸、循环经济发展等。又如，居里夫人曾说过："你发现的东西与传统的理论越远，那就与获得诺贝尔奖的距离越近。"

（3）加快思维创新与制度创新和实践创新的步伐。思维创新作为思维成果，具有时效性，如果思维创新不能很快转化为实践，它很可能就会过时，成为旧的东西。特别是知识经济时代，不是大鱼吃小鱼，而是快鱼吃慢鱼，创新的时效性更突出。思维创新也是存在风险的，思维创新只有坚持在社会实践基础上的创新才可能真正引领实践创新。

为了促进思维创新的转化力度，我们可选择的做法就是现在就去做。如果动作太慢，新就会变成旧，就失去了它本来应有的价值。民生科技作为科学技术发展的新领域，需要不同主体进行思维创新，提高对民生科技的认知水平。

三、从科学语境看，不断丰富民生科技学科体系，提高民生科技创造与应用水平

1. 在学科建设过程中应将民生科技放在与传统学科一样重要的位置

健康问题、民生问题等民生问题的解决超出了自然科学技术能力的范围，必须构建包括人文科学（哲学、伦理学、历史学等）、社会科学（政治学、管理学、社会学等）和自然科学与技术在内的民生科技学科体系。从学科设置上重视民生科技，逐步将人口健康科技和民生科技列入我国一级学科。

2. 创新教育体制，提高民生科技学科建设水平

"在科学部类结构中交叉科学并不具备'承上启下的特殊作用'，而应与同样

研究具体事物及其运动形式的自然科学、社会科学和思维科学处于同一层次。"[①]
民生科技作为高度交叉的科学技术体系，在学科建设过程中应将民生科技放在与
传统学科一样重要的位置上来。因此，我们需要在教育机构设置上凸显民生科技，
设立民生科技院系。

不断健全和完善民生科技学科体系。一方面，逐步完善民生科技的学科体系，
加强人文科学和社会科学对健康和民生等民生问题的研究，为民生科技的发展提
供理论指导；另一方面，逐步将民生科技列入国家学科分类，从国家学科建设层
次重视对它的发展。

3. 加强体制创新，提高民生科技不同学科融合水平

由于健康问题、环境问题、安全问题、灾害问题全面爆发，彼此之间存在一
定的联系。生态环境问题影响民众的健康，安全问题包括生态安全，灾害的发展
影响民众的健康和生态环境。因此，为解决健康、安全、环保、灾害等民生问题，
必须依托人口健康科技、公共安全科技、生态环境科技和防灾减灾科技的融合。

（1）构建涉及人口健康、公共安全、生态环境、民生等民生评估体系，以推
动健康、安全、环保、民生等民生科技的融合发展。由于健康、安全、环保、民
生等存在内在的统一性，即都是为了解决民众最直接相关的民生问题，因而对它
们的综合评估既有利于民生科技融合发展，同时又有利于民生科技的集成创新。

（2）构建涉及以健康、安全、环保、民生等民生问题为主体的人文科学、社
会科学和科学技术研究体系，充分发挥人文、社会科学的基础性作用，实现民生
科技在人文科学、社会科学和科学技术等层次的融合发展。

（3）构建以民众健康为本，包括健康、安全、环保等在内的综合管理部门，
实现疾病监测、安全监测和环境监测之间信息的共享、反馈和联动机制，以推进
人口健康科技、公共安全科技、生态环境科技等民生科技融合发展。

四、从社会语境看，加快民生科技产业化发展水平，提高民生科技对社会的变革力

民生科技解决民生问题决定民生科技对社会语境的变革是其发展的出发点和
最终目标。作为工具理性，我们需要提高民生科技对产品、产业等实体性因素的
变革。大力推广民生科技产品，扩展民生科技产品目录，使民生科技产品成为不
同群体消费的重要组成部分。以产业政策创新引领民生产业的发展，确定民生产
业发展的领域，实现民生科技对社会产品和产业的实质性变革。

民生科技作为制度变革的价值维度，我们需要创新民生科技的制度体系，不

[①]　严建新：《国内几种科学知识体系结构的评述》，《科学学研究》，2007 年第 1 期，第 19-25 页。

断完善民生文化建设的路径；建设民生科学发展评估体系，促进民生科技经济制度、管理制度等的变革；明确民生文化发展的领域，整合人口健康、公共安全、环保等民生文化，加强民生文化的研究和传播。

五、从支撑语境看，加大对科技规划的评估力度和要素体系投入力度、加强部门之间的协同、扩展国际合作空间

（1）不断加强民生科技评估力度，为民生科技发展建设提供决策基础。因此，我们应建立以民生科技历史语境为基点，包括民生科技认知语境、科学语境、社会语境及支撑语境在内的效果标准、效率标准和效应标准，"以确保企业和公共管理部门在管制过程中考虑更多的民众利益"[①]，为民生科技规划的制定及其发展标准提供更多的依据。

（2）不断建立政府、企业、大学、科研院所等协同创新网络，提高民生科技政产学研用一体化水平。一方面，建立部门协同创新机构。需要成立政府、企业、大学、科研院所共同参与的民生科技研发中心，确立政府主导，企业主体的研发体系，加强大学、科研院所与企业的联合。另一方面，解决部门之间的利益冲突。"企业、公共管理部门和民众之间有利益关系时，利益因素影响参与主体做出正确、客观和公正的判断。"[②] 利益冲突在某种程度上会成为部门协同的主要障碍，所以我们要修正以论文、基金等为标准的研发评估体系，确立以民生科技社会效益和经济效益作为科研评价的标准，推动政产学研用一体化，处理好中央与地方、科研院所与高校民生科技研究的关系问题。

（3）加大民生科技人才培养、引进和使用力度。一方面，构建民生科技研发团队，支持民生科技人才创新；扩展民生科技资金投入的渠道，提高政府、企业和社会投资的协同性，制定和落实民生科技金融和财税政策；不断完善民生科技咨询、评估、推介和交易等服务市场，使民生科技人才、资金、技术、管理及产品推广等实现市场化运作。另一方面，提高民生科技研发、转化、传播和应用人才队伍聚集力；引进和培养健康、安全、环保、民生等领域领军人才，提高民生科技自主创新人才聚集力；创新学术训练内容与形式，实现民生科技研发、转化、传播和应用共同体人才队伍可持续发展；民生科技的人文性、社会性和科学技术性客观要求民生科技学术训练内容应体现多学科性，形式上体现理论与实践的有机统一。

（4）提高民生科技组织创新力。首先，重组民生科技科研体系，优化民生科

---

① Marchant G E, Sylvester D J, Abbott K W: Risk management inciplesfor anotechnology. Nanoethics，2008，2：43-60.

② 苏玉娟，魏屹东：《公共安全活动中的利益冲突及其控制——"三鹿奶粉事件"的利益冲突分析》，《山东大学学报》2009 年第 5 期，第 134-140 页。

技科研资源，构建以民众健康为本，包括健康、安全、环保等在内的民生科技科研体系，建设民生科技发展重点领域和重点实验室。其次，创办民生科技专业杂志和网站，大力发展民生科技发展协会、产业协会、企业协会、人才协会等，为民生科技自主创新提供发展动态、产业趋向、企业需求、人才动向等方面的信息和交流平台。最后，创新经费管理模式，加大国家对交叉科学的投入比例，提高企业和民众对民生科技的消费能力，以改善整个社会健康、安全、环保等民生现状。

（5）扩展民生科技国际合作途径，提高民生科技国际化水平。从信息资源看，信息已成为一种生产力，为了更好地促进民生科技国际化，我们需要通过对信息技术、信息平台和信息传播形式等进行创新，以提高民生科技的传播水平，促进不同国家民生科技的发展。解决健康、安全、环保等问题已成为国际领域共同面临的任务。为了更好地促进民生科技的发展，我们需要加强民生科技组织、要素、信息等方面的国际合作。

从组织合作看，我们需要建立民生科技国际合作机构和协会，不定期组织召开国际民生科技发展交流会和交易会，组建民生科技国际性的学术杂志，为民生科技在政府和企业等不同层次合作搭建平台。通过组织创新实现科技、卫生、教育三下乡的有机结合，推动民生科技所属学科整体下乡领域和层次的协同性。

从要素合作看，我们需要从国际视野开发和引进民生科技人才、资金和技术，以优化我国要素结构，提高我国产品的安全性、健康性和环保性，以逐步消除我国产品的技术壁垒，提高我国产品的国际竞争力。

第三篇　走　向　篇

第十章　民生科技发展广义语境路径的未来趋向

从科学技术发展历程看，每一次科技革命都促进了社会转型，农业科技革命使人类社会从渔猎社会进入农业社会，近代蒸汽机革命和电力革命使人类社会从农业社会进入工业社会，20 世纪以来现代科技革命使人类从工业社会进入知识经济社会。民生科技发展是否会使人类进入一个新的发展阶段？从目前民生科技发展趋势看，有可能成为未来科技革命的重要维度，并正在促进社会转型，对实现"中国梦"具有重要的支撑功能。

第一节　民生科技将成为第六次科技革命的重要维度

关于科技革命，学界有三次说、四次说、五次说，比较能够达到共识的是五次说，即"第一次是近代物理学诞生，第二次是蒸汽机和机械革命，第三次是电力和运输革命，第四次是相对论和量子力学革命，第五次是电子和信息革命"[①]。2011 年以来《科学时报》《人民日报》《光明日报》《学习时报》《中国科学基金》《决策》等报纸和杂志发表了一系列关于第六次科技革命的论文、调查报告和人物专访。根据前五次科技革命发生的机理以及专家学者对第六次科技革命的猜测，笔者认为民生科技是第六次科技革命发生的重要维度。"十二五"期间，我国民生科技发展的重点领域为人口健康科技、公共安全科技、生态环境科技和防灾减灾科技等。与健康、环保、安全等民生问题紧密相关的能源科技、环境科技、人口健康科技、公共安全科技等民生科技也是我国中长期科学和技术发展规划的重点领域。为了迎接第六次科技革命，我们必须大力发展民生科技。

一、前五次科技革命发生的机理及其走向

前五次科技革命的发生过程具有一定的规律，把握科技革命发生的规律有助于预测第六次科技革命。

1. 科技革命发生的领域从单个学科走向学科群，从分化走向更高层次的综合

第一次科技革命发生于 16~17 世纪，是以日心说、牛顿力学等为代表的近代物理学革命，促进近代化学、生物学、地学等科学的发展，科学逐步从哲学中分

---

① 何传启：《科技革命与世界现代化》，《江海学刊》2012 年第 1 期，第 98-104 页。

化出来；第二次科技革命发生于 18 世纪中后期，是以蒸汽机为代表的蒸汽机和机械革命，促进了当时英国冶金业、纺织业等产业的发展；第三次科技革命发生于 19 世纪中后期，是以发电机、内燃机、电讯技术等为代表的电力技术革命，促进了汽车、无线电、航空等行业发展；第四次科技革命发生于 20 世纪上半叶，是以相对论和量子力学为代表的物理学革命，促进了天文学、地学等学科的发展。前四次科技革命表征为主体的科学技术在发生革命的过程中渗透或带动了与其相关科学或技术的发展，科学技术从综合走向分化。

第五次科技革命发生于 20 世纪中后期，是以信息技术为先导包括生物技术、新能源技术、新材料技术、空间技术、海洋技术在内的学科群革命。第五次科技革命不同于前四次科技革命，它是以某主体学科为先导形成相互联系、相互作用的学科群革命。从前五次科技革命发生的轨迹看，科技革命不仅体现了从某学科革命走向学科群革命，而且体现了科学技术从综合走向分化，再从分化走向更高层次的综合。

2. 科技革命发生的动力来源于科技内部发展需要和社会外部需求

科学革命主要来源于科学内部发展需要。技术革命更多来源于社会外部需求，"发达国家的科技需求与科技革命的关系更紧密"[①]。蒸汽机和机械革命来源于英国解决棉纺织品质量低劣、竞争力低，急需采用新技术变革，以对工具的需求而产生的；电力革命起源于欧洲，发生于美国，"原因在于当时美国人少地多，劳力不足，需要发展节约劳力的机械技术"[②]。第五次科技革命来源于解放脑力劳动和解决第二次、第三次科技革命引起的能源、生态、环境等危机的需求。美国在 20 世纪中后期具有人才、资金、技术等优势，成为第五次科技革命的发生地。因此，科技革命是否发生取决于科技内部发展需要和社会外部需求的推动。

3. 科技革命的发生促进人类生产与生活方式变革，并使世界科技中心不断发生转移

一般来讲，科学革命引起人类思维方式、思想观念变革，技术革命引起人类生产方式和生活方式的变革。两次科学革命产生了机械唯物观和辩证唯物观；三次技术革命实现了生产方式机械化、电气化和自动化，生活方式电气化和信息化，使人类逐步从体力劳动和脑力劳动中解放出来。与此同时，科技革命促进世界科技中心和经济中心的转移，科技中心与经济中心的转移路线基本是一致的，即意大利—英国—法国—德国—美国和日本。

---

① 何传启：《第 6 次科技革命的主要方向》，《中国科学基金》2011 年第 5 期，第 275-281 页。
② 何传启：《第 6 次科技革命的主要方向》，《中国科学基金》2011 年第 5 期，第 275-281 页。

4. 科技革命发生的趋势越来越走向科技革命与产业革命一体化

一方面，科学革命与技术革命发生间隔的时间越来越短，不断走向一体化。第一次科学革命发生于 16~17 世纪，第一次技术革命发生于 18 世纪中后期，相隔近 200 年；第二次科学革命发生于 20 世纪上半叶，第三次技术革命发生于 20 世纪中后期，相隔仅几十年。另一方面，科技革命与产业革命越来越走向一体化。第一次产业革命发生于 1763~1870 年，第一次技术与第一次产业革命几乎同时发生；第三次产业革命发生于 1946~1970 年，第三次技术革命与第三次产业革命几乎同时发生。所以，从发展趋势看，总体上科学革命、技术革命与产业革命走向一体化。

二、民生科技成为第六次科技革命的重要维度

第六次科技革命什么时候发生？一些专家认为可能发生于 2020~2050 年。中国科学院中国现代化研究中心主任何传启认为，"第六次科技革命（约 2020~2050 年）有可能以生命科学为基础，融合信息科技和纳米科技，提供解决和满足人类精神生活和生活质量需要的最新科技"[①]。他提出三个方面原因，每次科技革命发生周期约 70 年，第五次科技革命从 20 世纪中后期到 21 世纪 20~50 年代近 70 年，此后将会发生新的科技革命；分子生物学从 1953 年诞生到 2020 年近 70 年的积累，有从量变到质变的潜能；还有 2020 年有可能是经济增长周期的一个拐点。中国科学院通过对 300 多名专家研究形成的"面向 2050 年中国科学院发布科技发展路线图"指出，10~20 年很有可能发生一场新的科技革命。通过对科学技术发展趋势的把握及综合考虑专家学者的观点，笔者认为民生科技是第六次科技革命发生的重要维度，具有相应的动力机制，并对人类观念、生产方式、生活方式等产生重要的影响。这种讨论具有一定的"科学猜想"性质。

1. 民生科技成为第六次科技革命的可能领域

从目前世界科技发展视角看，"许多科学家认为 21 世纪是生物学的世纪，许多国家对生命科学的投入比较大"[②]。生物学发展对人口健康科技等民生科技发展具有变革力。从我国科技发展情况看，2011 年 5 月，中国科学院中国现代化研究中心曾收回 108 位院士关于迎接世界第六次科技革命看法与对策建议。从统计资料看，"信息和仿生工程的支持率最高，达到 72%；部分院士认为，第六次科技革命的主体部分应包括生命科学、生物医学、环境科学、民生科学等；有院士认为，

---

① 金振蓉：《我国面临第六次科技革命战略机遇》，《光明日报》2011-08-06（1）。
② 何传启：《科技革命与世界现代化》，《江海学刊》2012 年第 1 期，第 98-104 页。

21 世纪人类最重要的问题应该是绿色能源问题"①。从"面向 2050 年中国科学院发布科技发展路线图"来看,围绕民生的绿色、智能和可持续发展等有望成为第六次科技革命的重要维度。所以,第六次科技革命将以与民生直接相关的生物学为先导,包括人口健康科技、生态环境科技、公共安全科技等民生科技在内的学科群革命。民生科技成为第六次科技革命发生的可能领域。

2. 解决健康、环保、安全等民生问题成为第六次科技革命发生的重要动力

从科学内部发展需要看,学术界多认为"第六次科技革命有可能主要发生在生命科学领域或者以生命科学为基础的领域"②。

从社会需求看,21 世纪发达国家及发展中国家把解决民生问题、提高人类生活质量作为国家科技规划的重要选择。美国把"改善人民的生活和健康"作为重要维度之一;欧盟把"提高生活质量和生活资源的管理"作为四个主题计划之一;日本把建设"人民安居乐业且生活质量高的国家"作为科技发展三个目标之一;我国《国家"十二五"科学和技术发展规划》把科技惠及民生作为本质要求,大力发展惠及民生的人口健康科技、公共安全科技、绿色城镇关键技术等。《国家中长期科学和技术发展规划纲要(2006—2020 年)》中将与民众健康、环保、安全等民生问题紧密相关的能源科技、环境科技、人口健康科技、公共安全科技等作为我国科技发展的重点领域。"信息科技、生命科学、能源科技、纳米技术和新材料科技,以及与公共卫生、环境和可持续发展相关的领域多成为各国重点发展的领域。而这些重点领域往往是多学科交叉的、有广泛影响的领域。"③

所以,从科技发展内部发展需要和外部需求看,人口健康科技、公共安全科技、生态环境科技等民生科技将成为第六次科技革命发生的重要领域。

3. 民生科技引起人类生产与生活方式的变革并引起世界科技中心的转移

从观念变革看,第六次科技革命将体现以人为本的和谐观。18~20 世纪科技发展的重点是认识自然和改造自然,"21 世纪的科技重点将是人类认识自己、改变自己和适应太空环境,全面提高生活质量,提高人类可持续性和适应宇航时代的需要"④,体现为以人为本,人类与环境、人类与社会、人类自身的和谐发展。第六次科技革命将使人类生产方式走向人性化,生活方式走向休闲化和创新化,以实现人的全面自由发展。

第六次科技革命将使世界科技中心和经济中心转移到何处?从目前国际发展

① 叶青,何传启:《迎接世界第六次科技革命》,《决策》2011 年第 8 期,第 16-18 页。
② 何传启:《第六次科技革命的中国战略机遇》,《决策》2012 年第 6 期,第 46-47 页。
③ 李正风、邱惠丽:《若干典型国家科技规划共性特征分析》,《科学学与科学技术管理》2005 年第 3 期,第 109-113 页。
④ 何传启:《科技革命与世界现代化》,《江海学刊》2012 年第 1 期,第 98-104 页。

趋向看，谁抓住机遇，抢占第六次科技革命的有利位置和制高点，谁就有可能成为新的世界科技中心和经济中心。1700~1950 年，中国从世界强国降为半殖民地国家，从发达国家降为欠发达国家。1950 年以来，中国社会生产力（按购买力平价计算的人均 GDP）水平不断提升，1978 年中国 GDP 总值在世界排名第 15 位，1980 年排第 7 位，2011 年跃升为第 2 位。第六次科技革命使中国再次面临选择，我们是从第六次科技革命中抓住机遇获得巨大发展，还是付出高额代价，关键看我们的行动。我们只有主动解决民生问题，积极迎接第六次科技革命，才有可能创造新的辉煌。

4. 民生科技与产业的一体化将成为第六次科技革命发生的重要趋势

从前五次科技革命发生机理看，科学革命与技术革命是交替发生的，技术革命与产业革命几乎是同时发生的。第六次科技革命将实现科学革命、技术革命和产业革命的交叉融合，实现三者一体化革命。原因在于：①科学发现到技术发明再到产业化时间越来越短。电动机从发明到应用共用了 65 年，电话用了 56 年，而真空管只用了 5 年。科学与技术、产业的融合趋势，预示着科学革命与技术革命、产业革命将走向一体化。②第六次科技革命将围绕提高人类生活质量而展开，它从一开始就同社会需求紧密联系，一旦有科学或技术上的重大突破，必然会很快转化为现实生产力。

总之，第六次科技革命将是一场围绕解决人类自身健康、环保、安全、可持续发展等需求，以生物学为先导，包括环境科技、公共安全科技、人口健康科技等民生科技在内的学科群革命，并将引起人类观念、生产方式、生活方式、世界科技中心和经济中心等变革。

三、大力发展民生科技，积极迎接第六次科技革命的现实路径

从科技革命发展历程看，中国错过了前四次科技革命的机会，第五次科技革命收获不是特别多。所以，第六次科技革命备受我国学界关注。为了迎接第六次科技革命，我国必须创新民生科技发展广义语境路径。

1. 树立以人为本的科技发展观

科技观是引领科学技术发展的重要指示灯。蒸汽机革命和电力革命大大促进社会生产力的发展，不断改变人类的生产方式和生活方式，在此期间产生了以人类中心主义为特征的科技乐观主义，科技发展以满足人类需求为价值取向，不惜以生态和环境破坏为代价。20 世纪 50 年代，随着科技发展带来的生态环境破坏、资源危机、人口过剩等问题越来越突出，科技悲观主义越来越盛行，给世人以警

示，唤醒了人们的忧患意识。20 世纪 70 年代以来，环境保护运动不断掀起。20 世纪 80 年代，可持续发展观体现了人类与自然和谐相处的理念。

进入 21 世纪，树立以人为本的科技观成为科学技术发展应遵循的理念。首先，体现以人为本，即以解决民生问题为根本，以发展成果由民众共享理念来发展科学技术；其次，体现人与自然、人与社会及人自身的和谐发展。从世界范围看，目前生态环境危机、能源危机并没有从根本上得到解决，大力发展环境科技和新能源科技，实现人与自然之间和谐发展仍是未来第六次科技革命的主要内容之一；进入 21 世纪，公共安全事件呈上升趋势，大力发展公共安全科技，实现人与社会和谐发展也是未来第六次科技革命的主要内容之一；随着民众对健康需求的不断提升，实现人自身和谐发展也成为新时期科学技术发展的重要理念。总之，为了迎接第六次科技革命，我们必须树立以人为本的和谐科技观。

2. 加强民生科技内部发展需要与外部发展需求的耦合

从科技发展的内部需要看，近年来生物学得到了我国政府和学术界的高度重视。在《国家中长期科学和技术发展规划纲要（2006—2020 年）》中，生物技术被列入国家科技发展的五个战略重点之一。在国家"十一五""十二五"基础研究发展规划中也将生物学列入了重点支持领域。"2002~2012 年（截止到 11 月 1 日）10 年间，我国发表的国际论文中有 14 个学科的论文被引用次数进入世界前 10 位。其中，药学与毒物学居世界第 6 位，生物与生物化学居世界第 8 位，微生物学居世界第 10 位。此外，分子生物学与遗传学居世界第 12 位，神经科学与行为学居世界第 13 位，临床医学仍保持世界第 14 位，精神病学与心理学居世界第 16 位。"[①] 这些学科多是与解决民众健康等民生问题紧密相关的生物学与医学领域。

从民众需求看，解决健康、安全、环保等民生问题成为民生科技发展的重要外部需求。"十七大"以来以解决民生问题为己任的民生科技越来越得到政府的重视。《国家"十二五"科学和技术发展规划》和《关于加快发展民生科技的意见》对"十二五"期间我国重点发展的民生科技从资金、人才、管理等方面进行规划，体现了民生科技对解决民生问题的支撑功能。从目前看，科技发展内部发展需要与外部需求是一致的，都集中于解决民众健康、安全、环保等民生问题相关的生物学、环境科学、公共安全科技等，二者的耦合有助于加快民生科技的转化与应用。

3. 提高民生科技与相关产业的融合度

第六次科技革命将使科学革命、技术革命和产业革命走向一体化。我们应创造条件加快民生科技与其相关产业的融合。一方面，在机制上进一步深化政产学

---

① 白毅：《我国生物医药领域国际论文"表现不俗"》，《中国医药报》2012-12-19（3）。

研用一体化，充分建立起以政府主导，企业主体，科研院所、大学与民众参与的五位一体的管理机制，加强不同主体之间的协同性，充分发挥不同主体的功能；另一方面，在产业上加快环保、健康、医药卫生、安全等民生科技产业的布局，为民生科技产业发展提供资金、人才、制度等保障。目前，我国民生科技产业处于起步阶段，资金、人才和制度等支撑都比较缺乏，民生科技学科建设比较滞后，这些严重影响了民生科技产业化水平。再者，提高民生科技对传统农业、工业等改造力度，实现传统产业向健康化、安全化、生态化发展。农业、工业等传统产业存在能耗高、环境污染严重、安全系数低等问题，要实现传统产业健康、安全和环保发展，必须加快民生科技对传统产业的变革，实现传统产业的优化升级。

4. 加快民生科技对人类观念、生产方式、生活方式的变革

每一次科技革命都引起人类观念、生产方式、生活方式的变革，民生科技作为第六次科技革命的重要领域，它将使人类从观念上越来越重视健康、安全、环保，人类观念的变革反过来会成为民生科技发展的重要推动力；民生科技的发展也会使人类生产方式更加注重健康、环保、安全，生活方式越来越走向人性化和休闲化。人类生产方式和生活方式的变革往往反映了一个新时代的到来。所以，我们有理由相信，在未来随着民生科技发展的不断深入，人类的观念、生产方式和生活方式将越来越人性化，不断走向健康、安全和环保，引领人类走向更高层次的发展阶段。

总之，民生科技作为第六次科技革命的重要维度，我们必须树立以人为本的和谐科技观，加快解决健康、安全和环保等民生问题，大力发展健康、环保和安全等环保产业，实现人类观念、生产方式和生活方式的变革。只有积极发展民生科技，我们才可能抓住第六次科技革命的机遇。

第二节 民生科技发展将促进社会转型

2004 年，吕乃基教授出版了《科技革命与中国社会转型》一书，分析了科技革命与中国实际具体结合的历程及促进中国社会转型的实践。在他看来，科学技术从物质、体制到精神由下而上推动社会进步。目前，学术界对社会转型的研究主要在社会学和经济学领域。他认为大致可以把这些研究分为三类：①大多数学者研究由传统到现代的转型，这是研究转型的主流；②一部分学者研究社会结构转型，主要是调整经济、政治和文化三个子系统的关系；③是局部关系的调整，如消费结构、城乡关系等的调整。社会转型包括社会结构转型。社会转型的根本标志是经济基础转型，从农业、畜牧业到工业以及从工业到后工业的转型。社会结构转型的标志是：一方面经济基础基本上维持不变；另一方面整个社会确实发生了全方位的变化。中国的转型不仅涉及经济基础由传统农业向现代化及后现代化转型，同时涉及社会经济结构、就业结构、企业管理等方面的转型。中国就业、生态环境、人口健康、公共安全、民生等民生问题日益突出，《国家"十二五"科学和技术发展规划》将人口健康科技、公共安全科技、绿色城镇关键技术等作为民生科技发展的重点领域。民生科技不仅成为解决中国目前民生问题的重要支撑，也成为实现中国社会转型的内生变量和基础，民生科技促进社会转型主要是结构转型。

在社会历史发展过程中，科学革命通过技术革命促进社会变革，技术革命对社会转型具有直接的作用。第一、二次技术革命使发达资本主义国家从传统农业社会转型到工业社会，第三次技术革命使西方发达国家从工业社会转型到后现代社会，同时促进社会产业结构、就业结构、企业管理方式、分配方式等发生转变。并且科技革命是先导，社会转型是科技向社会各个方面渗透的宏观表现。科技革命促进社会转型，主要是通过知识、物质、制度和观念等方面来实现的。其中，科学革命通过知识间接促进社会转型。技术革命通过物质、制度和观念作用于社会来促进社会转型。

一、民生科技促进中国社会转型的作用

按照转型的状态，我们可以把社会转型划分为体制转型和结构转型。国际民生科技促进中国社会转型就是在市场经济体制下，实现技术结构、生产要素结构、市场结构、产业结构等的重大变革，实现中国经济发展方式和经济形态的转型。国际民生科技对促进中国社会转型的作用体现为以下几个方面。

1. 民生科技对中国技术结构转型具有统领作用

长期以来，中国经济建设依靠科学技术，科学技术面向经济建设，经济性原则是中国科学技术发展的轴心。30 多年来，科技在促进中国经济发展的同时，也带来了环保、生态、资源等一系列民生问题。一方面，国际重视民生产业的这种趋势对中国社会转型具有"倒逼效应"。另一方面，金融危机成为民生科技逼迫中国技术体系从经济原则向节能、环保、低碳、安全、健康原则转变的重要机遇，成为中国提高碳排放、环保、安全等技术标准，走技术升级之路的重要选择，体现了民生科技对中国技术结构的统领作用。

2. 民生科技对中国生产要素结构转型具有质改作用

根据生态学原理，事物的可持续发展必须遵照循环发展方式。长期以来，中国经济发展依靠是资本和劳动两个要素的再循环、不可再生资源要素的高投入、高消耗、低产出、低循环实现的。正是由于对不可再生资源的过度开采和非循环使用造成了环境问题、资源问题、生态问题和健康问题。民生科技对中国经济发展要素结构具有重要的质改作用。首先，《国家"十二五"科学和技术规划》中民生科技发展的领域中包括绿色建筑技术集成示范，绿色建筑客观要求通过循环经济能够使建筑垃圾转变为一种新的能源要素，提高能源利用效率。其次，《国家"十二五"科学和技术规划》中民生科技发展的领域还包括低碳与和谐社区等，而要实现低碳发展，我们需要大力发展聚变核能、水能、风能、太原能、地热能等新能源科技，替代传统的煤、石油、天然气等高碳能源，开辟新能源利用空间；最后，将节能、环保、低碳、安全与健康作为新的发展要素引入中国经济系统，对资本和劳动力的投入具有重要的质改作用。目前，中国对水利、环境和公共设施管理业资金和劳动力投入呈现快速增长趋势。

3. 民生科技对中国市场结构转型具有引导作用

市场结构是指某一市场中各种要素之间的内在联系及其特征，包括市场上现有的供给者、需求者与正在进入该市场的供给者、需求者之间的关系，它可以外化为体现供给者的产品结构和需求者的消费结构。由于出口的减少，中国经济发展主要靠扩内需、促增长。民生科技正在改变中国产品结构和消费结构。一方面，民生科技发展产生的环保产品、节能产品、健康产品、安全产品对解决民生问题，提高人民生活质量，扩大民众消费提供了新的产品支撑；另一方面，随着节能、环保、安全、低碳、健康成为中国社会发展的主导理念，民众渴求新的民生科技产品。所以，正是民生科技的发展引导中国市场结构的变革。

4. 民生科技对中国产业结构转型具有优化作用

产业结构优化升级既包括产业之间的升级，如在整个产业结构中由第一产业占优势比重逐级向第二、第三产业占优势比重演进；也包括产业内的升级，即某一产业内部的加工和再加工程度逐步向纵深化发展，实现技术集约化，不断提高生产效率。长期以来中国第一、第二、第三产业普遍存在能耗高、环保欠账多等问题。中国产业升级不是简单的"低级—高级"替代过程，而是沿着提升产业内部的竞争力路径推进。中国环保、节能、安全、医疗健康等民生科技产业不但得到国家的重视和扶持，提供了使环保、节能等弱势产业向强势产业发展的机会和空间；而且民生科技对第一、第二、第三产业具有很强的渗透力和改造力，使中国产业发展告别粗放、低价的竞争时代走向节能、环保、低碳的科学发展时代，促进中国产业结构的优化升级。民生科技对中国产业结构转型优化作用体现为支撑效应、引领效应、质改效应、反馈效应和竞争力效应。

（1）支撑效应。产业升级是产业结构升级和产业素质与效率提升的统一。产业结构升级是产业结构从低级形态向高级形态转变的过程或趋势。产业素质与效率提升是产业经济、环保、安全、节能等价值在产业发展过程的聚集化，是产业经济效率与社会效率的统一。科技创新是支撑产业升级的重要抓手。

目前，我国产业能耗高，单位 GDP 能耗高于发达国家若干倍；环境代价大，环境恶化耗费中国 9%的年度 GDP，经济效率和社会效率有待进一步的提升。据世界卫生组织估计，世界 25%的疾病和死亡是由环境因素造成的。全世界每年死亡的 4900 万人中有 3/4 是由环境恶化所致的。产业发展水平直接影响民众的健康水平。一方面，人口健康科技、公共安全科技、生态环境科技、民生科技、绿色城镇关键技术等民生科技发展有助于支撑不同产业整体技术升级，提高科技对经济、安全、环保和安全的贡献率，改变科技服务于经济的单一维度。另一方面，节能、环保、低碳、安全与健康作为新的发展要素引入产业投入系统，对资本和劳动力的投入结构也具有重要的支撑作用。

（2）引领效应。世界经济发展史表明，每一次科技革命引领相应的产业革命。19 世纪的电气技术革命，引领以电力技术为核心的汽车制造业、化工业、钢铁业等工业产业；20 世纪 40~70 年代以电子、空间和核能等技术为标志的技术革命，引领以信息技术为核心的高技术产业。21 世纪以来，以解决民生问题为己任的人口健康科技、公共安全科技、生态环境科技、民生科技、绿色城镇关键技术等民生科技发展正在引领和培育以健康、环保、安全等民生产业的崛起。

"十二五"期间，民生科技产业发展有助于满足我国城镇化进程的需要、人民整体生活水平和消费需求的提升，民生科技工程对促进民生科技产业的发展具有引领效应。民生科技不仅对我国传统农业、工业产业具有引领作用，而且对高科技产业和第三产业也具有引领作用，民生科技产业正在引领我国整体产业向经济、安全、环保和健康方向发展。

（3）质改效应。随着民生科技产业的发展，我国产业形态正在发生一场从量变到质改的过程。从产业发展趋势看，随着民众从温饱型向小康型转变，健康、环保、安全成为最重要的民生基础，产业作为国民经济发展的命脉，应体现民众的需求。因此，我国产业的发展越来越从经济形态走向民生形态。从产业布局看，通过大力发展民生科技，我国社会公共事业得到了长足发展，培育了新业态，呈现农业、工业、高技术产业、服务业、民生科技产业等多元布局。从产业要素投入看，我国产业对健康、环保、安全、民生等要素的投入越来越多，涉及健康、环保、安全等方面资金、人才、管理投入的增加。从产业创新看，随着民众对健康、环保、安全、绿色建筑等价值需求的增加，我国自主创新需要从服务于经济向服务于经济和社会发展转向，制度创新和管理创新要有助于产业升级的民生化。从产业评价看，随着民生问题解决的不断深入，产业评价体系需要增加越来越多的民生指标。

（4）反馈效应。产业升级是由科技推动和市场拉动共同实现的。民生科技产业通过引领市场结构变革对产业升级具有反馈效应。市场结构包括市场上现有的供给者、需求者与正在进入该市场的供给者、需求者之间的关系，它可以外化为体现供给者的产品结构和需求者的消费结构。民生科技通过促进节能、环保、安全、健康等产品的开发，改变产品结构；同时民生科技产品促进民众消费观念、消费结构的变革，消费反过来促进民生科技的转化与应用，推动我国产业升级。

（5）竞争力效应。波特认为，一个国家的产业是否有竞争力，主要是由技术革命和技术创新、经济发展阶段、产业资源、产业政策和市场规模五个因素决定的。碳排放标准、环境标准、安全标准和健康标准已成为国际贸易的技术壁垒。发达国家通过民生技术标准战略不仅提升产业发展水平，而且创造了新的经济增长点，开拓了新市场，提高产品国际竞争力。民生科技对我国产业的渗透与改造，有助于提升我国产业的技术标准，提高我国产业的国际竞争力水平。

二、民生科技促进中国社会转型的模型

中国经济发展依靠力量从出口拉动的外向型经济向依靠投资、消费拉动的内向型经济转变，民生科技通过促进中国科技结构、生产要素结构、市场结构和产业结构的变革，实现中国经济从粗放型的发展方式向节能、环保、低碳、安全和健康的发展方式转变，从工业经济形态向民生经济形态转变。

1. 民生科技促进中国社会转型的模型

民生科技促进中国社会转型正是在适应国际趋势、解决中国民生问题过程中形成对技术要素结构、生产要素结构、市场结构、产业结构等转变的路径模型。解决民生问题是民生科技促进中国社会转型的基础和源泉；转变科技结构是民生科技促进中国社会转型的技术保障；改变生产要素结构是民生科技促进中国社会转型的实践基础；引领市场结构是民生科技促进中国社会转型的重要环节；升级产业结构是民生科技促进中国社会转型的中观反映。

设民生科技促进中国社会转型为 T，解决民生问题为 $A=(a_1, a_2, a_3, \cdots, a_n)$，转变科技结构为 $B=(b_1, b_2, b_3, \cdots, b_n)$，改变生产要素结构为 $C=(c_1, c_2, c_3, \cdots, c_n)$，引领市场结构为 $D=(d_1, d_2, d_3, \cdots, d_n)$，升级产业结构为 $E=(e_1, e_2, e_3, \cdots, e_n)$，那么 $T=f(A, B, C, D, E)$，其中 a_1, a_2, a_3 等构成中国民生问题相关要素，如就业问题、环境问题、生态问题、健康问题和安全问题等；b_1, b_2, b_3 等构成民生科技改变中国技术体系的价值、规划、投入等要素；c_1, c_2, c_3 等构成民生科技改变中国生产过程中的相关要素，如资源、资本、人才等；d_1, d_2 等构成民生科技改变中国市场结构的相关因素，如产品结构、消费结构等；e_1，e_2 等构成民生科技改变中国产业结构的关联要素，如民生科技产业及民生科技对传统产业的改造。

因此，从发展历程看，民生科技促进中国社会转型的模型为：解决民生问题→转变科技结构→改变生产要素结构→引领市场结构→升级产业结构。民生科技促进中国社会转型体现了民生科技发展的社会性、技术性、市场性和产业性等特征（图 10-1）。

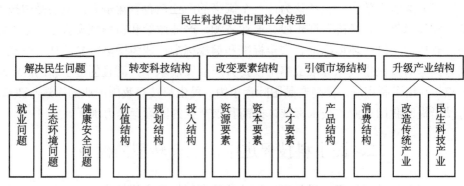

图 10-1　民生科技促进中国社会转型路径模型图

2. 民生科技促进中国社会转型的模型结构

1）解决民生问题

中国面临的民生问题体现在就业、生态、环境、健康和安全等方面，这是民生科技实现中国社会转型的基点。2008 年，一半以上行业的就业人数均比上年减少。30 个细分行业中有 18 个行业的城镇单位就业人数减少。中国 60%以上国土面临生态问题的威胁，中国每年因矿难、火灾、生产事故、交通事故等事件，致死人口达 20 万人。中国 70%以上的城市、50%以上的人口分布在气象、地震、地质、海洋等自然灾害较为严重的地区。民生科技正是基于解决民生问题的现实需要发展起来的。

2）转变科技结构

科技结构的变革水平是中国社会转型的技术保障。"倒逼效应"要求中国社会转型以科技创新驱动为先导，促进节能、环保、低碳、安全和健康的民生科技发展。中国政府通过改变科技发展价值观和科技规划结构，加大民生科技投入，变革中国科技结构。

3）改变生产要素结构

生产要素的变革水平成为中国社会转型的实践基础。民生科技作为经济社会发展的内生变量，它通过实现资源的可循环性利用，资本和劳动力投入的变革，从根本上实现中国经济生产要素向节能、环保、低碳、安全和健康等方向转变。

4）引领市场结构

市场结构的变革水平是民生科技促进中国社会转型的最终检验场。民生科技的发展通过民生科技改变产品结构，促进节能、环保、安全、健康等产品的开发；同时，民生科技产品促进民众消费观念、消费结构的变革，消费进一步促进民生科技的转化与应用。只有从根本上实现产品结构和消费结构的转型，民生科技才能从本质上实现中国社会转型。

5）升级产业结构

产业结构升级是由先导产业的变革力决定的。"衡量是否属于先导产业具有三大特性：一是该产业必须是牵动全局的龙头产业，二是属于全覆盖的普适技术，三是构成经济发展的基础产业。"[①] 民生科技产业通过改造第一、第二、第三产业，实现不同产业内部向节能、环保、安全、健康方向发展，具有牵动全局、全覆盖、基础性作用，因而民生科技产业具有先导作用，能够促进中国产业结构的不断升级。

三、民生科技促进中国社会转型的实证分析

民生科技在解决中国民生问题的同时，对中国社会转型过程中技术要素结构、生产要素结构、市场结构和产业结构等方面的转型，需要运用个量与总量、静态与动态、定性与定量等工具来分析。

1. 解决民生问题

其一，解决就业问题。国家通过实施"五缓四减三补两协商"的援企稳岗计划，"实行大规模投资拉动就业计划，结合 4 万亿元投资计划，两年共拉动 2416 万个就业岗位"[②]。4 万亿元投资用于解决民生工程、节能减排、环保保护、技术改造、灾后重建等民生问题，促进民生科技的发展，吸纳了大量的就业，呈现出"2008 年就业人数出现近 5 年来的首次减少，2009 年有所增加的局面"[③]。

其二，解决资源环境问题。2009 年 11 月，中国政府在哥本哈根会议上明确承诺到 2020 年，单位 GDP 的二氧化碳排放比 2005 年降低 40%~45%。一方面，节能降耗取得进展。"2009 年全年淘汰的炼钢、炼铁和水泥落后产能分别达到 1691 万吨、2113 万吨和 7416 万吨。"[④] 另一方面，提高资源利用效率。"2008 年工业固体废物综合利用量 123 482 万吨，综合利用率 64.3%；2009 年工业固体废物综

---

① 张孝德：《金融危机背后的"新经济革命"与中国应对战略》，《国家行政学院学报》2009 年第 5 期，第 22-26 页。

②③ 人力资源和社会保障部专题组：《中国就业应对国际金融危机方略系列研究报告》，《经济参考报》，2009-11-04（1）。

④ 李平，江飞涛：《十大产业调整与振兴规划评价》，《人民论坛》2010 年第 11 期：112-113 页。

合利用量 138 186 万吨，综合利用率 67%。"①

其三，解决健康安全问题。"十二五"期间，我国着力解决损害群众健康和安全的突出问题：继续强化饮用水源保护区管理措施，全面排查重金属等污染物排放企业及其周边区域环境隐患，集中开展沿江沿河沿湖化工企业综合整治；加大投入解决民众的饮用水、食品、生产和公共环境等方面存在的安全问题。

2. 转变科技结构

首先，转变科技发展的价值观。传统意义科技发展紧紧围绕实用科技、高科技和基础科技，真理性与经济性是科技发展的价值选择。民生科技发展要求企业、科研院所、科技服务群体、民众不仅应重视科技的真理性与经济性，更应重视科技的节能性、环保性、低碳性、安全性和健康性。目前，民生科技价值观已通过宣传、教育等手段渗入中国科技体系。

其次，转变科技规划结构。经济危机后发展民生科技解决民生问题成为中国政府工作的重要内容。《国家中长期科学和技术发展规划纲要（2006—2020 年）》已经将科技服务于民生作为重点领域和优先主题。2008 年 3 月，科技部出台了《新农村建设民生科技行动》，确定了农民就业创业科技、农民人口健康科技、农村康居工程科技等 10 个领域，作为民生科技促进新农村建设的重要支撑。2011 年 7 月 4 日科技部发布了《国家"十二五"科学和技术发展规划》，将人口健康科技、公共安全科技、绿色城镇关键技术作为民生科技发展的重点领域。2011 年 7 月 21 日，科技部发布了《关于加快发展民生科技的意见》，将民众健康、公共安全、生态环境改善、民生等民生科技确定为"十二五"科技工作的重中之重。民生科技分量之重在历次科技规划中是首次。

最后，转变科技投入结构。科技投入包括科技研发投入、转化投入、应用投入。为了应对金融危机，2009 年中央政府实施了 4 万亿元的投资计划，把重点锁定在关注民生、关注"三农"，着重搞好基础设施建设，加强生态环境保护，做好节能减排工作。在"十一五"期间，国家的科技计划向民生科技给予大量的倾斜。工业科技与民生科技的经费比例从"十五"期间的 7∶3 调整到"十一五"期间的 5∶5。有关农村、健康、环境、生态、安全、节能、民生方面的科技经费提高的幅度达到了 30%左右。

3. 改变生产要素结构

从资源要素看，通过发展节能、新能源等民生科技大大提高了可再生资源和新型能源的利用率。从回收量看，中国可再生资源利用率取得了长足发展。"2009

---

① 中国社会科学院工业经济研究所：《中国发展报告（2010）》，中国统计出版社 2010 年版，第 428，453 页。

年中国再生资源回收总量约 1.4 亿吨，与 2006 年相比增长 42%。"① 从能源利用结构看，"2008 年新型能源（水电、核电、风电）占中国能源生产总量 8.6%，2009年新型能源占中国能源生产总量 8.7%。"②

从资本要素看，中国对水利、环境、公共设施、卫生、社会福利等行业投资呈快速发展态势。"2009 年中国城镇固定资产投资水利、环境、公共设施管理业占总投资 9.2%，比上年增长 45.1%；2009 年中国城镇固定资产投资卫生、社会保障和社会福利业占总投资 0.9%，比上年增长 58.5%。"③

从劳动力要素看，新兴民生产业成为解决中国就业的重要吸纳器。其中可再生能源企业和公共行业就业人数增长迅速。"2009 年各类回收企业 10 万多家，从业人员约 1800 万人。"④ "2008 年水利、环境和公共设施管理业就业人数 197.3万人，比 2006 年增长 5.3%；卫生、社会保障和社会福利业 2008 年就业人数 563.6万人，比 2006 年增长 7.4%。"⑤

4. 引领市场结构

经济危机是对市场的重新洗牌，以节能、环保、低碳、健康、安全为主题的民生科技产品成为引领市场结构变革的重要力量。2009 年，"惠民生、促消费"的政策措施有效激发了城乡居民的消费潜力，促进了家电、汽车、节能环保等产品的生产和消费。"2009 年，消费需求对工业增长的拉动作用明显增强，社会消费品零售总额实际增长 16.9%，最终消费对 GDP 的拉动为 4.6%，对 GDP 的贡献率为 52.5%。"⑥

5. 升级产业结构

在总体经济格局低迷之际，往往就是新产业发展的良机。中国把扩大内需、振兴产业和科技支撑结合起来，通过发展民生科技，振兴十大产业，提升产业结构。

一方面，发展民生科技积极培育新的产业增长点。2009 年中国确定了新能源、节能环保、电动汽车、新材料、新医药、生物育种和信息产业七个战略性新兴产业。"十二五"期间被列为民生科技产业发展重点的生物医药和节能环保两大技术

①　吴宇：《中国 55 个试点城市再生资源回收率达到 70%》，2011，http://news.xinhuanet.com/fortwre/2011-04/07/c_121277372.html[2011-05-03]。

②　国家统计局：《中国统计年鉴（2010）》，北京：中国统计出版社 2010 年版，第 269 页。

③　国家统计局：《中国发展报告（2010）》，北京：中国统计出版社 2010 年版，第 428，453 页。

④　吴宇：《中国 55 个试点城市再生资源回收率达到 70%》，2011，http://news.xinhuanet.com/fortwre/2011-04/07/c_121277372.html[2011-05-03]。

⑤　国家统计局：《中国人口和就业统计年鉴》，北京：中国统计出版社 2009 年版，第 25 页。

⑥　江飞涛：《金融危机以来扩大消费需求政策对工业增长的作用》，《中国经贸导刊》2010 年第 17 期，第15 页。

领域，总产值超过 5000 亿元。"中国环保产业正以每年 15%的速度增长"[①]。另一方面，积极倡导民生科技对中国十大产业的质改的作用。中国科技部通过与农业部、交通运输部、公安部、卫生部、建设部、国家发改委等部委合作，引领农业、交通运输业、现代公共服务业、建筑业向节能、环保、低碳、安全和健康方面发展，促进产业结构不断升级。

四、民生科技促进中国社会转型的现实意义

第一，体现了历时性与共时性特征。从历时性看，民生科技促进中国社会转型的模型源于民生问题，通过对科技结构、生产结构、市场结构和产业结构的渐进变革，实现中国经济从粗放型向节能、环保、低碳、安全和健康的经济发展方式转变，从工业经济形态向民生经济形态转变。从共时性看，民生科技促进中国社会转型的模型各因素处于相互的关联之中，彼此之间存在约束性和整合性，如果民生科技无法与生产结构协同发展，民生科技不能转化为现实生产力，也就不能促进中国社会转型。

第二，是中国落实科学发展的重要体现。"转型是一种社会试验与尝试，它不可能在试验室培植成熟再付诸实践，也不可能在不同发展基础和发展阶段的国家间移植复制。"[②] 一个国家是否要进行社会转型是由一个国家发展阶段与国际发展趋势共同决定的。目前，发展民生科技已成为国际科技发展的重要趋势。大力发展民生科技，体现以人为本，实现了中国不同产业、城乡、经济发展与人口资源环境协调发展和资源可持续利用，成为中国落实科学发展的重要体现。

第三，对中国社会转型具有全局性地位。20 世纪以来，科技越来越成为经济发展的内生变量。科技对中国经济的贡献率已超过 40%，但科技在促进中国经济增长的同时，也带来了能源、环境、生态、安全等民生问题。金融危机为中国转变经济发展方式提供了历史机遇。中国只有大力发展民生科技，通过科技创新实现科技结构、生产要素结构、市场结构和产业结构的变革，才能从根本上实现中国经济从量的增长转变为质的提高。因此，民众健康、公共安全、生态环境改善、民生等民生科技发展对解决中国民生问题，促进中国社会转型具有基底性和全局性地位。

第四，体现了对中国转型的系统推进。民生科技促进中国社会转型是一个系统工程。民生科技促进中国社会转型体现了民生科技对科技要素、生产要素、产品要素等变革基础上，实现科技结构、市场结构和产业结构等转型的过程。与此同时，政府制定的一系列强化安全、环保、能耗、质量等行业准入政策、财政补

---

① 李干杰：《2012 年中国节能环保产业规模预测》，2011，http://www.chinabgao.com/freereport/32776.html [2012-06-18]。

② 郭俊华，卫玲：《中国经济转型问题若干研究观点的述评》，《江苏社会科学》2011 年第 2 期，第 69-75 页。

贴与税收减免措施、鼓励企业创新的政策等，对促进民生科技促进中国社会转型发挥了不可替代的作用。

第三节　民生科技将成为实现"中国梦"的重要科技支撑

习近平总书记在参观国家博物馆《复兴之路》展览时指出："大家都在讨论中国梦。我以为，实现中华民族伟大复兴，就是中华民族近代以来最伟大的梦想。"① "从个体看，它是中华儿女的富民梦；从集体看，它是强国梦；从民族看，它是有五千年文明史的中华民族复兴梦。"② 马克思关注的都是消除人的生存状态的异化问题。近代以来，科学技术不仅成为生产力，而且成为第一生产力，虽然成为实现欧洲和美国财富梦的重要支撑，使世界科技中心、经济中心、文明中心不断发生转移，并使人类从农业文明进入工业文明和信息文明，但是，也使人类的生存状态越来越背离健康、环保、安全，并走向异化状态。20 世纪60 年代以来以追求健康、环保、安全等为核心的民生价值成为欧洲、美国、中国等新的梦想。根据科技革命与各国梦的实现机制以及专家学者对"中国梦"的分析，笔者认为以健康、环保、安全、低碳和可持续等为核心的民生科技不仅成为实现中国生态文明梦的重要科技支撑，并成为人类解决生存状态异化的重要保障。

一、历史维度：五次科技革命与欧洲和美国的财富梦

资产阶级作为政治力量取得政权后，为获得更多的剩余价值，开始了追求物质财富的梦想。在他们看来，物质财富是衡量经济、政治、发展的唯一标准。科技革命成为资产阶级实现财富梦的重要支撑。近代以来关于科技革命比较能够达到共识的是五次说，即"第一次是近代物理学诞生，第二次是蒸汽机和机械革命，第三次是电力和运输革命，第四次是相对论和量子力学革命，第五次是电子和信息革命"③。纵观科技革命与欧洲和美国财富梦的实现过程，我们发现如下特征。

（一）从价值取向看，欧洲和美国梦是财富梦

英国、法国等欧洲国家的资产阶级在取得政权后，大力发展生产力成为维持其政权稳定的重要保障，财富梦由此产生。正如马克思在《共产党宣言》中所说：

---

① 张烁：《承前启后，继往开来，继续朝着中华民族伟大复兴目标奋勇前进》，《人民日报》2012-11-30（1）。
② 程美东，张学成《当前"中国梦"研究评述》，《中国特色社会主义研究》2013 年第 2 期，第 58-65 页。
③ 何传启：《科技革命与世界现代化》，《江海学刊》2012 年第 1 期，第 98-104 页。

"资产阶级在它的不到一百年的阶级统治中所创造的生产力，比过去一切时代创造的全部生产力还要多……"① 美国作为一个移民的资本主义国家，奉行自由主义、个人主义、竞争主义，重视个人财富的积聚。所以，"美国梦是每一个人都拥有不受限制的机遇来追求财富、积累财富"②。美国梦在个人层面注重积聚财富和过度消费，社会层面倾向经济增长，国家层面强调美国自身利益，出现了洛克菲勒、比尔·盖茨等财富传奇。正是欧洲和美国的财富梦为五次科技革命提供了历史机遇。

（二）从财富梦的实现看，欧洲和美国主要依靠科技革命的当采科技门类

"某一科技门类的科技成果数在某一时期超过同期世界科技成果总数的 20%，则该科技门类为该时期的当采科技门类。一国某科技门类成果数超过世界该科技门类成果总数 30% 的时期称为该科技门类兴隆期，处于某一科技门类兴隆期的国家称为该科技门类的门类中心。一国某一科技门类成果数在某一时期超过该国科技成果总数的 20%，则该科技门类为该国在这一时期的优势科技门类。"③ 首先，当采科技门类与优势学科的一致性为欧洲和美国成为世界科技中心提供了条件。"意、英、法、德、美五国成为科学中心时都有优势学科，并且几乎都是当采学科。经计算，我们发现各国优势学科与当采学科一致的时期占该国科学兴隆期的百分比几乎都超过了 60%。"④ 其次，当采科技门类为欧洲和美国财富梦的实现创造了新的产业体系。科学技术成为生产财富的手段。"工业革命时代前期的当采科技门类是工具与设备，中期是交通，后期是通讯；电气时代和电子时代是通讯和交通；信息时代是通讯。"⑤ 正是新的产业体系的出现为欧洲和美国财富梦的实现提供了经济基础。

（三）从科技革命看，欧洲和美国财富梦的实现过程彰显人类科技中心、经济中心和文明中心转移的特征

科技革命不仅实现了科学和技术领域的重大突破，而且使世界科技中心、经济中心、文明中心不断发生转移。科技中心分别转移到意大利（1540~1610 年）、英国（1660~1730 年）、法国（1770~1830 年）、德国（1810~1920 年）、美国（1920 年至今），各国的科技兴隆期平均约为 80 年。

（1）经济中心与科技中心一致，"从科学中心到经济中心需要 10~20 年。经济

① 马克思，恩格斯著，中共中央马克思恩格斯列宁斯大林著作编译局编译：《马克思恩格斯选集》第 1 卷，北京：人民出版社 1995 年版，第 277 页。
② 乐黛云：《美国梦·欧洲梦·中国梦》，《社会科学》2007 年第 9 期，第 159-165 页。
③④⑤ 冯烨，梁立明：《世界科学中心转移的时空特征及学科层次析因（上）》，《科学学与科学科技管理》2000 年第 5 期，第 4-8 页。

中心在正常情况可以稳定和延续时间 30~50 年以至更长一些时间。"① 科技中心成为各国实现财富梦的先导。正是在科技革命的推动下，英国、法国、德国和美国先后进行了工业革命和产业革命，使社会生产力取得了重大发展，并成为世界经济中心。

（2）文明中心转移的路线与科技中心一致。"文明事实上有两层意义，它指的是精神的和物质的价值。由之马克思在基础（物质）和上层建筑（精神）之间做了区分，按照马克思的观点，后者严重地依赖于前者。"② 文明具有世界性和普遍性，同科学科技紧密相关。"新石器文明、原始文明、农业文明、工业文明等，这些划分人类发展水平的概念基本上是以生产力或科技的水平为标准的。"③ 而这些文明不仅改变了人类物质层次的生产方式和生活方式，而且改变了人类精神层次的思想观念。古代农业科学科技的发展诞生了农业文明，使人类依托土地进行生产和生活，产生小农思想；近代蒸汽机革命和电力革命诞生了工业文明，使人类依托资本进行生产和生活，产生了机械唯物观；20 世纪信息科技革命诞生了信息文明，使人类依托信息创造社会财富，产生了重视知识和信息的观念。

（四）从结果看，欧洲和美国财富梦使人的生态状态成为一种异化的状态

从历史维度看，五次科技革命虽然实现了欧洲和美国的财富梦，但是，随着资本主义金融危机的蔓延和生态债务的不断积聚，它们的财富梦越来越受到人们的质疑和批评，原因在于它使人的生存状态越来越背离健康、环保、安全等价值选择，成为一种异化的状态。

第一，由于机器的资本主义应用，产生了生产基础上的异化性。"自然力、科学和劳动的社会特征同工人的异化；劳动的物质条件机器同工人的异化；劳动本身同工人的异化；资本家同工人、工人同子女、工人同工人，总之，人与人之间关系的异化。"④ 如果把工场看成一部机器，而人是机器的各个部分，机器成了把工作日延长到超过一切自然界限的最有力的手段。

第二，由于对资本片面的追求，使健康、生态、安全、灾害、可持续等一系列民生问题越来越突出。"资本家对工人劳动时的生活条件系统的掠夺，也就是对空间、空气、阳光、人身安全和健康的设备系统的掠夺。"⑤ 艾滋病、变异链球菌、奥罗凯病毒、登革热病毒、非典病毒等正以惊人的速度吞噬人类的生命。温室效

---

① 黄立勋：《简析近代欧洲哲学发展线路与世界科技中心转移的契合因》，《西南民族大学学报（人文社科版）》2003 年第 7 期，第 114-117 页。

② Braudel F. A History of Civilizations，New York：The Penguin Press，1994.

③ 尹保云：《"文明"、"文化"与二十一世纪的东亚》，《北京大学学报》1998 年第 4 期，第 69-74 页。

④ 马克思著，中国科学院自然科学史科研所译：《机器、自然力和科学的应用》，北京：人民出版社 1978 年版，第 57 页。

⑤ 马克思，恩格斯著，中共中央马克思恩格斯列宁斯大林著作编译局译：《马克思恩格斯全集》第 23 卷，北京：人民出版社 1972 年版，第 467 页。

应、臭氧层破坏、酸雨、物种灭绝、土地沙漠化、森林锐减、越境污染、海洋污染等全球性环境危机，严重威胁着全人类的生存和发展。网络安全、食品安全、生产安全等问题随着社会系统复杂化的不断加剧，呈上升发展态势。2010 年菲律宾、冰岛等地区非常规火山爆发、澳大利亚冰雹大如橄榄球，全球因自然灾难死亡的人数已经超过 20 万人，远远超出往年正常水平。

第三，由于资本主义国家的掠夺性，使世界范围的不公平性越来越明显。发达国家在消费了最大多数的地球资源之后，没有承担起对相应的环境责任，甚至没有兑现最初的承诺，使健康、生物多样性、农业生产、水、能源、人口、贫困成为制约人类可持续发展的最严重问题。可以说，欧洲和美国的财富梦以粉碎他人的梦想为代价成就自己的梦想，是利己的财富梦，加剧了世界范围内的不公平性。所以，历史维度为新的科技革命和新文明的到来提供了动力来源，客观要求新的科技革命解决目前人的生存状态的异化问题，实现物的世界和人的世界的双向增值。

二、世界维度：民生科技与欧洲和美国的生态文明梦

20 世纪 60 年代以来，以重视人类健康、环保、安全、低碳和可持续发展为核心的生态文明梦逐步呈现出一种世界性维度。联合国原秘书长安南曾指出：21 世纪人类面临的最大挑战就是能否实现可持续发展。欧洲和美国作为发达国家在工业化过程产生大量的工业污染物，实现生态文明也是它们的梦想。从历史维度看，前五次科技革命成就了欧洲和美国的财富梦。生态文明梦的实现离不开人口健康科技、生态环境科技、公共安全科技、新能源科技和低碳科技等学科群。由于人口健康科技、生态环境科技、公共安全科技、防灾减灾科技、低碳科技等与人类健康、安全、生态和可持续发展等民生问题紧密联系在一起，我们把它们统称为民生科技。从民生科技与欧洲和美国生态文明梦实现看，体现了以下特征。

（一）从价值取向看，生态文明成为 20 世纪 60 年代以来人类新的梦想，也是欧洲和美国新的梦想

从世界范围看，实现生态文明已成为国际趋势。1962 年，美国生物学家卡逊的《寂静的春天》，拉开了人类实现生态文明梦的序幕。1972 年确定世界环境日，1987 年提出可持续发展概念，1992 年全球实施可持续发展战略。2012 年 6 月联合国可持续发展大会评估了 90 个最重要的环境目标后发现，有 4 项取得重大进展，40 项目标取得一些进展，24 项目标几乎或者根本没有进展，8 项目标责任制进一步恶化，表明"自 1992 年地球峰会以来，经过近二十年的努力，人类仍沿着一条

不可持续之路加速前行"[①]。所以，21世纪人类的伟大梦想就是实现生态文明，解决人类健康问题、生态环境问题、安全问题、高碳问题和可持续发展问题，实现人类与自然的和谐发展。

欧洲和美国作为后工业化国家，实现生态文明更为迫切，但二者态度是有区别的。杰里米·里夫金（Jeremy Rifkin）教授在《欧洲梦——21世纪人类发展的新梦想》一书中认为，21世纪欧洲梦基于人类健康、自然环境、社会关系改善等民生问题。"欧洲梦在本质上具有一定的包容性和整体性，也更关心全球福祉的寻求。欧洲梦几乎被认为是第二次启蒙；将终结一种历史，但它又预告另一种历史。"[②]欧洲国家比较积极地建设生态文明。英国作为工业革命的发源地，深刻认识到自己在气候变化过程中应负的历史责任，成为发展低碳经济最为积极的倡导者和实践者。意大利主要通过技术开发来影响国家的经济政策和经济发展。德国实施了气候保护高技术战略，大力发展新能源技术、环保技术等。法国大力发展以核能为主题的再生能源和清洁能源。虽然美国在2007年7月提出了《低碳经济法案》，表明发展低碳经济有望成为美国未来的重要战略选择。但是，总体上看，对于建设生态文明美国比较消极。例如，美国拒绝在《生物多样性公约》上签字，拒绝批准《京都议定书》，在落实《21世纪议程》所需资金时未做任何承诺。可以说，美国虽然在科技创新、生产方式转变等方面为实现生态文明不断努力，但实质上仍然在其财富梦的道路上以生态掠夺为基础，总体上生态文明梦依附于财富梦。

（二）从梦想的实现看，欧洲和美国生态文明梦所依托的民生科技越来越凸显成为第六次科技革命的当采科技门类

从社会需求看，随着民众生活水平的不断提高，民众在满足基本生活需求的条件下，越来越重视健康、环保、安全、可持续发展，这为民生科技发展提供社会动力。2008年爆发金融危机后世界科技需求越来越走向民生化。日益严重的安全问题需要公共安全科技的支撑，日益受关注的生态环境问题离不开生态环境科技的支撑，日益严峻的人口健康问题离不开人口健康科技的支撑，日益严重的灾害问题离不开防灾减灾科技的支撑。因此，涉及民众安全、健康、环保、可持续和防灾减灾的科技需求直接导致很多国家科技重心转向民生领域。

从科技发展看，人口健康科技、生态环境科技、公共安全科技、能源科技、防灾减灾科技、低碳科技等民生科技将会成为第六次科技革命的当采科技门类。也就是说："民生科技成为第六次科技革命发生的可能领域。"[③]欧洲和美国近年

---

① 周国梅，李霞，彭宁：《后里约＋20时代：为可持续发展注入新的活力》，《环境经济》2012年第8期，第10-19页。

② ［美］杰里米·里夫金：《欧洲梦——21世纪人类发展的新梦想》，重庆：重庆出版社2006年版，第341-343页。

③ 苏玉娟：《民生科技与第六次科技革命》，《理论探索》2013年第1期，第18-22页。

来积极发展民生科技。2003 年，英国能源白皮书《我们能源的未来：创建低碳经济》中提出发展低碳经济，大力发展清洁煤技术、二氧化碳捕捉及储存技术、环保技术、新能源技术等。2011 年，俄罗斯政府对民用科学拨款将达到 2278.00 亿卢布，比 2010 年增长 32%以上，主要用于安全、生活科学、远景武器、军事与特种设备种类、自然资源合理利用、交通运输与航天系统、能源效率与节能、核能科技等与解决民众安全、生活、环境、交通、能源等紧密相关的科技领域。2011 年，德国结合自己优势重点发展环境、资源能源、生命科学、信息通讯四大领域的科学技术。2009 年，美国奥巴马政府发布了《美国创新战略：确保经济增长与繁荣》，提出了实现清洁能源、生物科技、纳米科技和先进制造业、空间科技、卫生医疗科技以及教育科技等国家重点优先领域的发展和突破，而这些领域与民众健康、生存环境、教育等民生问题紧密联系在一起。中国科学院中国现代化研究中心主任何传启认为，"第六次科技革命（约 2020~2050 年）有可能以生命科学为基础，融合信息科技和纳米科技，提供解决和满足人类精神生活和生活质量需要的最新科技"[1]。可见，以解决和满足人类生活质量需要的民生科技越来越彰显为第六次科技革命的当采科技门类。

（三）从科技革命看，民生科技很可能引领欧洲和美国成为世界新的科技中心、经济中心和生态文明中心

每一次科技革命都促进了人类科技中心、经济中心和文明中心的转移。以人口健康科技、生态环境科技、公共安全科技、低碳科技等民生科技为核心的第六次科技革命将会产生新的世界民生科技中心、生态经济中心和生态文明中心。

但是，"随着美国梦在 21 世纪渐渐褪去其昔日的炫目光彩，世界正将它的目光投向了欧盟和中国"[2]。欧洲试图扮演全球生态治理的领导者。但是，欧洲是否能够成为下一个世界科技中心、经济中心、文明中心值得商榷。原因在于：欧洲 20 多年来通过产业与经济结构调整、技术革新，使传统污染型工业不断向发展中国家转移，其产业逐步走向高科技化。由于欧洲污染型产业、高碳产业的转移，使其引领和支撑相应产业的民生科技成为无源之水，也就是说欧洲所发展的民生科技是不彻底的和不全面的。而目前生态文明梦实现的难点在发展中国家，它们处于工业化、高科技化和现代化的过渡期，如何实现污染型产业、高碳产业、高技术产业走向健康、环保、低碳和可持续发展，是实现生态文明梦的关键。从目前看，哪个国家能够承担引领人类进入生态文明？中国最有可能，这带有一定的预测性。

---

① 金振蓉：《我国面临第六次科技革命战略机遇》，《光明日报》2011-08-06（1）。
② 刘尧：《破解杰出人才培养的知识评价困境》，《大学（学术版）》，2012 年第 4 期，第 1-5 页。

三、中国维度：民生科技与中国生态文明梦

从世界科技中心、经济中心和文明中心的转移看，当采科技门类不仅满足了民众的不同需求，而且增强了综合国力，实现了人类文明的不断进步。中国在工业化过程中产生了大量的污染物，建设生态文明已成为中国的重要战略之一，是人民富民梦、国家富强梦和文明复兴梦实现的前提和基础。习近平同志在主持中共中央政治局2013年5月24日的第六次集体学习时指出，生态环境保护是功在当代、利在千秋的事业。要清醒认识保护生态环境、治理环境污染的紧迫性和艰巨性，清醒认识加强生态文明建设的重要性和必要性，以对人民群众、对子孙后代高度负责的态度和责任，真正下决心把环境污染治理好、把生态环境建设好。习近平同志强调，要正确处理好经济发展同生态环境保护的关系，更加自觉地推动绿色发展、循环发展、低碳发展，绝不以牺牲环境为代价去换取一时的经济增长。只有实行最严格的制度、最严密的法治，才能为生态文明建设提供可靠保障。民生科技成为中国实现生态文明梦的重要支撑，体现以下特征。

（一）从价值取向看，富民梦、国家富强梦和文明复兴梦主线是生态文明梦

不同时期，人民梦、国家梦和文明梦都是存在的，由于价值取向的不同，在不同时期着力点不同。新中国成立初期，中国主要围绕工业化实现人民富裕、国家富强和工业文明梦，但像其他工业化国家一样，产生了环境问题、健康问题、安全问题、可持续发展问题。实现生态文明已成为21世纪中国新的梦想，它使富民梦、国家富强梦和文明复兴梦建立在健康、环保、安全、低碳、可持续等价值基础上。

从民众需求看，我国逐步从物质需求向提高生活质量需要和精神生活需要转变，民众渴求健康、环保、安全、低碳的生产方式和生活方式，因而富民梦不是单纯的经济富裕，是建立在健康、环保、安全、低碳等生态文明基础上的高生活质量的富裕。

从国家富强看，我国的经济发展逐步从追求经济增长向经济发展转变，国家富强是经济、社会与生态环境协同发展基础上的富强，单纯追求经济增长的思维已经过时。正如李君如所说："中国梦"在工业化和现代化实现过程中面临三大挑战，一是能源短缺；二是生态环境问题严重；三是经济与社会协调发展过程中一系列两难问题。"中国梦"所依靠的工业化和现代化已经不是传统意义上单纯的经济增长和物质财富的极大丰富，而是在工业化和现代化过程中同时解决健康、环境、安全、低碳等问题。

从民族复兴梦看，我们要抓住第六次科技革命，复兴曾经所拥有的世界科技中心、经济中心和文明中心的地位。我国在农业时期曾是世界科技中心、经济中

心和文明中心。"除了世人瞩目的四大发明外,领先于世界的科学发明和发现还有100 种之多。从公元 6 世纪到 17 世纪初,在世界重大科技成果中,中国所占的比例一直在 54%以上,而到了 19 世纪,中国科技却如江河日下。"① 建设生态文明已成为我国的重要战略之一,是中华民族复兴的关键。党的十七大报告指出建设生态文明,形成节约能源资源和保护生态环境的产业结构、增长方式、消费模式;党的十八大报告指出建设生态文明是关系人民福祉、关乎民族未来的长远大计。因此,中华民族复兴梦就是努力走向社会主义生态文明新时代。

（二）从梦想的实现看,中国生态文明梦所依托的民生科技越来越受到重视

2009 年 6 月,中国科学院发布的《创新 2050:科学科技与中国的未来》中提出"以科技创新为支撑的八大经济社会基础和战略体系"的整体构想,包括可持续能源与资源体系、先进材料与智能绿色制造体系、生态高值农业和生物产业体系、健康保障体系、生态与环境保育发展体系、国家与公共安全体系等。其中,与民众生存和发展紧密相关的能源、健康、环保、安全、生态农业等民生科技成为主要内容。民生科技也成为我国"十二五"科技规划的重要内容,主要包括人口健康科技、生态环境科技、公共安全科技、防灾减灾科技和低碳科技等。

经费和人才投入为民生科技发展奠定坚实的基础。"'十一五'期间,中央财政科技投入年增长 20%以上,从 808 亿元增长到 2010 年的约 2000 亿元,带动全社会研究与试验开发经费支出从 2450 亿元增长到约 7000 亿元。2010 年,我国科技人力资源达到 5700 万人,研发人员全时当量达到了 255 万人/年,居世界第1 位。"②"'十一五'期间,工业科技与民生科技的经费比例从"十五"期间的 7:3 调整到了'十一五'期间的 5:5,有关农村、健康、环境、生态、安全、节能、防灾减灾方面的科技经费有了大幅度的提高,增幅达到 30%左右。"③ 科研成果彰显我国民生科技实力不断提升。"2011 年北京市科学科技上百奖项中,关乎民生的科技成果最多,占总量的 59.4%。"④

（三）从科技革命看,民生科技也会引领中国成为下一个世界民生科技中心、生态经济中心和生态文明中心

根据前五次科技革命发生的经验看,只有成为当采科技门类中心才可能成为

---

① 刘尧:《破解杰出人才培养的知识评价困境》,《大学（学术版）》2012 年第 4 期,第 1-5 页。

② 孙英兰:《奋力前行的中国科技》,2011,http://news.xinhuanet.com/politics/2011-12/19/c_122445517_2.htm [2012-07-18]。

③ 刘燕华:《"十一五"国家民生科技与工业科技经费比提升至 5:5》,2008,http://news.163.com/08/0313/09/46TG6C760001124J.html[2012-06-12]。

④ 郭超:《五成科技成果关注民生》,《新京报》2011-04-29（3）。

世界科技中心，进而成为世界经济中心和文明中心。而且世界科技中心、经济中心、文明中心存在交叉现象，也就是说存在多中心的现象，法国和德国曾经有20年处于交叉状态，同时为世界中心。虽然欧洲发展民生科技的态势非常强烈，但并不妨碍别的国家发展民生科技，关键看谁能成为民生科技的中心。中国要实现中华民族的伟大复兴，关键在于复兴曾经所拥有的科技地位、经济地位和文明地位，引领人类进入新的生态文明时代。因此，我们必须大力发展以民生科技为核心的当采科技门类，实现经济发展方式的转变，引领人类进入生态文明时代，只有这样才能实现中国的民族复兴梦。

四、实践维度："中国梦"视域下民生科技发展的路径

从实践维度看，一个有价值的梦想必须要有一条可以实现的路径。中国生态文明梦的实现，必须坚持中国特色社会主义道路，构建民生科技中心、生态经济中心、生态文明中心，实现国家富强和民族复兴。

（一）坚持中国特色社会主义道路，为民生科技支撑中国生态文明梦指明了方向和路径

中国特色社会主义道路是马克思主义基本原理与中国实践相结合的适合中国特点的道路，生态文明梦是中国特色社会主义道路建设的重要组成部分。结合我国工业化和现代化过程中产生的健康、环保、安全、高碳、可持续等问题，党的十七大报告提出要建设生态文明；党的十七届四中全会把生态文明建设提升到与经济建设、政治建设、文化建设、社会建设并列的战略高度，形成"五位一体"建设目标；十八大报告进一步指出建设社会主义生态文明。因此，中国特色社会主义道路不仅为生态文明梦指明了方向，而且明确了实现的路径，即大力发展民生科技、调整产业结构、转变发展方式和消费模式。

虽然英国、法国、美国等国家通过强大的技术资金使本国生态危机得以缓解，但是追求资本利润最大化，不愿意承担工业化过程中的生态债务，向发展中国家和不发达国家转移生态成本。所以，它们的生态文明建设是被动的。在中国共产党的领导下，中国正在以科学发展观为指导，以积极的态度通过科技、产业、制度、文化等多层次实现生态文明梦，并用实际行动向联合国环境规划署信托基金捐款600万美元，安排2亿元人民币开展为期3年的国际合作。因此，正如潘岳所说："资本主义的本质使它不可能停止剥削而实现公平。因此，生态文明只能是社会主义的，生态文明是社会主义文明体系的基础，只有社会主义才会自觉承担起改善与保护全球生态环境的责任。"[①] 中国特色社会主义道路使中国的生

---

① 潘岳：《论社会主义生态文明》，2007，http://www.zhb.gov.cn/hjyw/200702/t20070206_100622.htm [2011-06-07]。

态文明梦是彻底的、全面的、现实的、负责任的，并将引领人类进入一个新的文明时代。

（二）以科技规划为依托，力争成为第六个世界民生科技中心

某一时期优势学科与世界的当采学科一致，是保证该国成为世界科技中心的重要条件。要想实现中华民族的伟大复兴，我们首先要实现科技的伟大复兴，我们需要在科技规划、机构设置、人才和经费等方面为民生科技发展提供支撑。

以科技规划为依托大力发展民生科技。科学中心的转移是伴随着新的引领性科技体系的形成，并对传统农业、工业形成巨大的渗透力和变革力。新中国成立以来，民生科技一直是贯穿我国科技规划的一条主线。新中国成立初期，民生科技所属的健康科技、防灾减灾科技已进入该时期的科技规划。《1978—1985 年全国科学科技发展规划纲要》中环境保护科技第一次作为我国科学科技发展的领域被列入，并同医药科技一起成为该时期我国科技发展的重点领域之一。《国家"十二五"科学和科技发展规划》中明确民生科技发展的重点领域。国家科技规划已成为促进民生科技发展的重要举措。

以民生科技、高科技、传统科技的融合为抓手，实现我国科技体系的民生化。从科技革命看，每一次科技革命不仅使世界科技中心发生转移，而且对其他产业实现了改造和提升，是科学技术不断扬弃的过程。高技术发展不仅产生了以信息技术为核心的信息产业、环保产业、新能源产业、新材料产业，而且实现了传统产业的信息化。民生科技的发展不仅产生了健康产业、环保产业、安全产业和低碳产业，而且将引领传统农业、工业和高技术产业走向健康、环保、安全和低碳。

以人才为基础，提高民生科技的创新能力。要想成为世界科技中心，必须具有世界一流的科学家和发明家。美国作为世界科技中心和经济中心，从世界范围内吸引人才，延缓其衰落的时间。我们要想成为下一个世界科技中心和经济中心，实现中华民族的伟大复兴，必须在留住国内人才的同时，积极吸收世界范围内的优秀人才，加强国际合作，要大力培育民生科技尖端人才为基础，形成民生科技人才高地，为提高民生科技自主创新能力提供人才保障。

（三）以民生科技产业为主导，力争成为第六个世界生态经济中心

工具机或工作机的出现是 18 世纪英国产业革命的出发点。提高民生科技对我国工业化和现代化的改造力度，必须以生态化带动工作化和高科技化，以工业化、高科技化促进生态化，实现我国工具机、产品和产业的生态化。一方面，我们需要提高民生科技的转化率，实现我国从注重经济发展向注重经济、资源、安全、

环保、健康等协同发展的轨道上转移。从经济增长依靠科技进步的经验看，要实现我国工业化和现代化的健康、环保、安全、低碳和可持续发展，必须提高民生科技对社会发展和生态文明建设的贡献率。

从历史经验看，每一个世界经济中心都有其主导产业。英国成为世界经济中心，主要发展纺织业、制造业，号称"世界工厂"。法国当时大力发展电力产业，德国大力发展化工产业，美国大力发展高新科技产业。中国要成为下一个民生科技中心，在民生科技改造传统产业的同时，需要大力发展民生科技产业。其一，弘扬中医和发展生物科技，引领世界健康产业的发展，这既是我国传统的优势，也是当下的优势。其二，发展和壮大环保产业、公共安全产业和防灾减灾产业，实现经济体系的健康、环保、安全、低碳和可持续。

（四）积极倡导生态文明，力争成为第六个世界生态文明中心

要实现中华民族的伟大复兴，不仅在于科技和经济，而且还在于引领世界文明的不断进步。生态文明将成为新时期文明发展的方向标，要将健康、环保、安全、低碳和可持续价值作为我国经济、政治、文化、社会和生态等建设的价值基础。经济领域要以健康、环保、安全等民生维度为依托实现经济健康、安全和环保的转型升级；政治文明领域需要依托健康、环保、安全等价值实现社会的公平和正义；文化领域需要依靠健康、安全、环保等价值走向更高层次的发展；社会和生态文明领域建设需要依托民生科技走向健康、环保、安全、低碳和可持续发展。

加强国际合作是扩大中国民生科技对世界文明贡献的重要途径。"中国梦"的实现不仅影响中国的发展历程，而且对其他发展中国家和发达国家都具有示范效应。胡锦涛同志在 2005 年 9 月 15 日向联合国首脑大会提出的"和谐世界"理念，表明我国在实现"中国梦"的过程中不是靠殖民扩张，也不是靠战争，而是靠强国富民的和平、发展、合作发展之路实现。"中国梦"的实现过程涉及规模大、范围广。我们应该积极推进生态文明走出去模式，开展多渠道、多层次、多形式对外文明交流活动，促进世界各国的文明相互借鉴，增强生态文明在世界各国的影响力，从而实现生态文明的市场化、现代化、世界化。

总之，未来 20 年是人类社会实现生态文明梦关键的 20 年，也是解决人的生存状态异化问题的关键期。我们能否实现生态文明梦，关键看民生科技对人类生产方式和生活方式的变革力，对经济和生态可持续发展的支持力。人类渴望健康、环保、安全、低碳和可持续化成为经济、政治、文化、社会、生态建设及生产方式、生活方式的价值旨归，引领人类进入生态文明时代，解决人类生存状态的异化问题。

在党的十八届三中全会中多次提到民生和生态文明。①高举中国特色社会主

义伟大旗帜，以邓小平理论、"三个代表"重要思想、科学发展观为指导，团结带领全党全军全国各族人民，坚持稳中求进的工作总基调，着力稳增长、调结构、促改革，沉着应对各种风险挑战，全面推进社会主义经济建设、政治建设、文化建设、社会建设、生态文明建设，全面推进党的建设新的伟大工程。②全面深化改革的总目标是完善和发展中国特色社会主义制度，推进国家治理体系和治理能力现代化。③必须更加注重改革的系统性、整体性、协同性，加快发展社会主义市场经济、民主政治、先进文化、和谐社会、生态文明，让一切劳动、知识、技术、管理、资本的活力竞相迸发，让一切创造社会财富的源泉充分涌流，让发展成果更多更公平惠及全体人民。④建设生态文明，必须建立系统完整的生态文明制度体制，用制度保护生态环境。⑤要健全自然资源资产产权制度和用途管制制度，划定生态保护红线，实行资源有偿使用制度和生态补偿制度，改革生态环境保护管理体制。总之，实现生态文明梦，已成为我国相当长时间内的重要任务。生态危机是 21 世纪人类面临的最大潜在危机，生态灾难有可能使人类遭受灭顶之灾。生态文明建设是个只有起点没有终点的世代工程。为实现健康、安全、环保的生态文明梦，我们必须大力发展民生科技。

第十一章　民生科技发展广义语境路径需要注意的几个问题

民生科技发展广义语境路径体现了民生科技在历史、认知、科学、社会等主语境和支撑语境中不断转换的过程。语境因素是从民生科技发展过程中概括出来的，具有一定的科学性和合理性。但是，在现实中为了更好地促进民生科技发展，我们更需要解决好以下几个问题。

第一节　民生科技发展广义语境路径研究方法的创新性

民生科技发展广义语境路径是将科学技术与社会需要紧密结合在一起的一个命题。从研究视角看，不是一个单纯的科学技术问题或社会问题，而是将二者紧密结合在一起的复杂问题。因此，研究这样的复杂问题，需要研究方法的创新。从语境研究的历史现状来看，各门不同的学科以及不同的学术流派关于语境的定义及其基本内容并不完全相同。广义语境分析方法就是从历史、认知、科学、社会、支撑等广义的语境中进行分析问题与研究问题。语境分析方法能够客观反映民生科技发展广义语境路径的客观实在性和复杂性。

一、广义语境方法反映了事物的客观实在性

马克思主义认为，一切事物处于普遍的联系中。联系体现了事物发展的客观性、普遍性和多样性。联系的客观性表现为不以人的意识为转移，即人不能改变事物的联系（方法论有一点是说，人可以充分发挥主观能动性，根据事物固有的联系建立新的具体的联系，这个观点并不与联系的客观性相矛盾，而正好体现了辩证法思想）。联系的普遍性是指事物是普遍联系的，即事物普遍和周围的其他事物联系着。联系的多样性表现为事物的联系是复杂变化的。条件性则是说联系需要有一定的条件，不是说两个具体的事物一定有联系。

联系的哲学原理要求我们要用联系、全面的观点看问题，统筹全局，从整体出发，寻求最优目标。根据事物的因果联系，提高实践的自觉性和预见性。根据事物固有的联系建立新的具体的联系，改变事物的状态，使主观能动性得到更好的发挥。事物的客观性体现在彼此联系之中。

广义语境方法体现了客观实在性，它将分析的问题置于广义的历史、认知、

科学和社会语境中进行研究，通过研究事物之间的联系性，反映事物之间的客观性、普遍性和多样性。所以，它反映的是一种客观实在，通过在联系中反映事物运动的本质和规律，是对马克思主义客观性规律的突破和具体化。

二、广义语境方法反映了民生科技发展路径的客观性

民生科技发展广义语境路径离不开历史、认知、科学和社会等语境。所以，我们对民生科技发展广义语境路径客观性的把握离不开广义语境的方法。历史语境体现了民生科技发展的历史性发展过程，认知语境彰显了民生科技发展的动态性，科学语境体现了民生科技发展的科学性，社会语境呈现了民生科技发展解决民生问题的社会性，支撑语境体现了民生科技发展的复杂性。大科学时代，民生科技发展已不是科学共同体的事情，而成为整个社会的事情。只有在广义语境中，我们才可能客观、实在地分析民生科技发展广义语境路径。

广义语境方法的运用体现了民生科技发展广义语境路径之间的客观性、普遍性和多样性。首先，民生科技发展广义语境路径的五个维度体现了联系的客观性。民生科技的提法本身就是与民生问题联系在一起，而民生问题和民生科技的发展是在历史因素中不断取得发展的。所以，广义语境研究客观反映了它们之间的关系。其次，体现了联系的普遍性。从民生科技发展广义语境路径的历程看，其具有普遍性，只不过是在不同时代民生科技发展广义语境路径内容和水平不同而已。但是，这个任务在任何时代都是存在的，反映了普遍存在性。从中国历史发展过程来看，民生科技发展广义语境路径是民生科技、民生问题和社会条件相互整合的过程。最后，反映了联系的多样性。民生科技发展广义语境路径涉及的因素非常之多，民生科技发展本身涉及多因素，民生问题的产生也涉及多因素，社会条件的创造也涉及多因素。它们的整合形成民生科技发展广义语境路径这一任务，彼此之间的联系是多样的。

广义语境方法与系统方法有联系但也有区别。系统方法多是从平面结构来研究问题，如当代民生科技发展广义语境路径。而广义语境方法可以从立体结构中看到事物之间的客观联系。例如历史因素，就是将民生科技发展广义语境路径放入立体结构中进行研究的。它比系统方法更具有客观性和真实性。本身客观性就是相对的，关键看哪种方法更能反映这种客观实在。如果我们只是分析一定时代所面临的民生问题，系统方法就可以了。但是，我们要分析不同时代民生科技发展广义语境路径的特殊性与普遍性，就需要从历史因素中挖掘它们之间的联系和规律。二者之间并不存在矛盾，只是分析的重点不同而已。我们应学会使用多种方法研究问题。

第二节　民生科技发展广义语境路径是科技决定论

民生问题作为科学发展、构建和谐社会的重要历史任务，它的解决离不开社会思维创新、战略创新、制度创新、科技创新和管理创新等。民生科技只是解决民生问题重要路径之一，一方面，民生科技创新促进了思维、战略、制度、管理等方面的创新；另一方面，民生科技创新离不开思维创新、战略创新、制度创新和管理创新。所以，民生科技发展广义语境路径反映了思维、战略、制度、科技、管理等方面的双向互动关系。民生科技发展广义语境路径的研究并不是一种科技决定论，而是一种科技综合论。

一、科技决定论的内涵

马克思认为，机器生产的发展要求自觉地应用自然科学，并且指出："生产力中也包括科学。"邓小平根据当代生产力发展规律和时代特征，在 1978 年第一次全国科学大会上提出"科学技术是生产力"的思想后，又进一步提出"科学技术是第一生产力"的论断。以江泽民为总书记的党的中央领导集体全面落实邓小平"科学技术是第一生产力"的思想，制定和实施了科教兴国战略。以胡锦涛为核心的党的第四代中央领导集体为了促进科学技术的发展，提出了自主创新发展战略。科学技术在生产力发展过程中具有重要作用。它可以渗透和改造生产力要素，而促进生产力的发展。生产力要素包括劳动者、劳动工具和劳动资料。每一次科技革命都促进了生产要素的巨大变革。科学技术是第一生产力就是说它对生产力要素的改造而发挥的作用。

中国人民大学梁树发这样界定科技决定论：一方面，它认为科学技术可以不通过其他社会因素特别是生产关系而直接影响社会的发展；另一方面，它又把科学技术看作是推动历史发展的唯一的决定因素。我们不否认科学技术对社会结构体系中的其他要素的作用。科技决定论夸大科学技术在推动社会进步过程中的作用，违背科学技术发展的客观事实，是一种唯心主义观。

第一，科技决定论将社会发展因素完全归为科学技术的作用，也就是科学技术决定社会发展的进程和方向。科学技术是万能的，对于社会领域产生的一切问题都可以通过科学技术来解决。这种观点产生于 18、19 世纪。当时为了促进生产力的发展，科学技术发挥了巨大的作用。人们沉醉于给科学技术唱赞歌，扩大了科学技术的作用。

第二，科学技术与社会实践之间双向的发展过程，而不是科技决定社会实践的单向度发展特点。任何一项科技理论都不是完美无缺的，也不可能是万能的。

它只是相对真理，需要在实践中不断修正、不断充实和不断发展完善。科学技术的发展与作用来源于社会实践，又作用于社会实践，因此，科学技术与实践之间是双向的关系，而不是科技决定社会发展的单向度的关系，二者处于相互作用之中，而不是谁作用谁的问题。

第三，从人类发展史看，科学技术的发展并不一定决定社会的发展，关键看社会因素的作用。中国四大发明的作用充分说明了科技决定论的片面性。古代农业社会里，中国出现了世界上公认的四大发明。但是在中国漫长的农业社会里，这四大发明并没有引起中国的社会革命，而它们传入西方则成为推翻封建主的主要工具。由此可见，科学技术的发展并不一定决定社会发展或社会变革，关键还要看社会环境、社会价值取向等因素。科学技术本身并不决定社会变革，而是通过转化为现实生产力才能发挥作用。

第四，科学技术发展的功能表现为经济功能、政治功能和社会功能等。这是社会发展逐步凸显出来的，是由社会发展进程决定的。显然，科学技术本身并不能决定社会发展的所有领域，只是随着社会的发展它的功能才越来越明显。邓小平提出"科学技术是第一生产力"，主要强调科学技术的经济功能。江泽民提出"三个代表"思想，"是科学与政治的有机结合、升华的产物。当然，要做到科学与政治的结合是不容易的，需要有高度的智慧，而'三个代表'正好反映出这种理论概括的智慧"[①]。胡锦涛提出的四个建设任务，科学技术也可以发挥作用促进经济、政治、社会和文化建设。因此，科学技术发挥作用的空间是由社会发展阶段决定的，而不是科学技术在任何时候都可以发挥任何作用。因此，科技决定论是违背辩证唯物主义历史观的。

二、民生科技发展广义语境路径具有综合论特征

民生科技发展广义语境路径体现了民生科技发展的作用，也体现了民生科技与社会之间相互影响、相互作用的关系。民生科技发展广义语境路径还需要分析历史因素的作用。这样以来，民生科技发展广义语境路径首先不是民生科技决定论，而是一种综合论，强调民生科技与历史、认知、科学、社会、支撑之间的关系问题。

1. 民生科技发展坚持科学技术是第一生产力

民生科技作为解决民生问题的科学技术，它不仅促进生产力的发展，而且提高生产力发展的质量。传统科技的发展主要通过变革生产力要素，促进经济的发

---

① 涂元季：《从科学与政治结合的高度理解"三个代表"重要思想——记钱学森同志学习"三个代表"重要思想》，《人民日报》2002-06-24（2）。

展，目前民生科技的发展，不仅促进生产力的发展，而且改变和修正传统科技发展的不完善的地方，提高生产力发展的质量和水平。例如，民生科技中的生态环境科技、人口健康科技和安全科技等的发展，能够修正传统生产力发展过程中带来的负面作用。

2. 民生科技发展具有政治建设、社会建设和文化建设方面的功能

民生科技发展水平与一定历史时期的民生问题紧密联系在一起。而目前，中国面临的民生问题主要表现为经济、政治、社会、文化和生态文明建设五个方面的问题。民生问题引领民生科技的发展。有什么样的民生问题客观上要求有相应的民生科技。而目前中国民生科技的发展正是在民生问题的基础上不断发展和完善的。也就是说，现在民生科技的发展不仅提高生产力的经济功能，而且具有政治、社会和文化建设等方面的功能。民生科技的多元价值取向正是为了满足社会多方面发展的需要。

3. 民生科技发展体现了历史、认知、科学、社会的融合性

民生科技发展广义语境路径包括历史、认知、科学、社会、支撑多语境。五者处于相互影响和相互作用之中，不存在民生科技决定历史因素和决定社会发展这一功能。民生科技发展的方向和领域来源于历史因素和社会需要，社会因素又决定了民生科技转化的力度，如社会创新能力、民众认知水平等因素的发展水平。为了更好地促进民生科技的发展，我们必须分析历史因素和社会因素，提高它们的整合水平。

4. 民生科技发展实现了科学文化与人文文化的有机融合

科技决定论承认自然科学才是真正的科学，是"唯一"有意义的文化，排斥社会科学和人文科学，强调用自然科学的理论和方法去审视和衡量其他科学。科技决定论受到科学主义思潮的影响。19世纪中叶以来逐步盛行科学主义，即拒斥传统意义上的哲学，把哲学变成科学的"副产品"。后现代主义科学哲学家们强调用艺术家、政治家的观点、方法和标准去审视科学，将人文科学作为整体文化的基础，又走向另一端。民生科技来源于社会实践解决民生问题的需求，民生问题的重视来源于我们以人为本的文化根源。可以说，民生科技发展来源于以人为本的人文文化。民生科技发展应遵循自然科学和技术发展的规律，又体现了自然科学文化的依托性，我们提倡科学，反对科学主义。因此，民生科技发展实现了科学文化和人文文化的有机融合。

总之，一方面，民生科技发展广义语境路径离不开历史、认知、科学、社会主语境和支撑语境。显然，从民生科技发挥功能的环节来讲，就不是科技决定一

切。民生科技发展广义语境路径是在多要素相互作用中才能实现。另一方面，民生科技发展广义语境路径很大程度上来源于历史、认知、科学、社会和支撑等语境反作用力的大小。历史遗留问题越突出，社会需要越强调，民生科技发展广义语境路径的力度可能越强。民生科技的发展反过来又促进民生问题的解决与发展。民生科技、历史因素与社会历史处于动态的运动之中。客观上不存在谁一定决定谁的问题。所以，民生科技发展是一个综合论而不是科技决定论，是科技与人文、科技与社会和谐发展的典型。民生科技发展广义语境路径既是一个科学问题，又是一个历史问题和社会问题，我们只有实现多语境的有机整合，才能更好地解决我国现在面临的民生问题。

第三节　民生科技发展广义语境路径彰显多重协同关系

　　民生科技发展广义语境路径涉及历史、认知、科学、社会主语境和支撑语境，为了更好地促进民生科技发展，我们需要解决好以下几个方面的协同关系。

一、处理好民生科技与高技术、传统科学技术的协同关系

　　"十二五"期间，我国民生科技发展的重点领域为人口健康科技、公共安全科技、生态环境科技和防灾减灾科技。从我国科技发展历程看，新中国成立到 20 世纪 80 年代中期，为促进经济发展，解决民众的温饱问题，我国科学技术发展重点发展了农业科技、工业科技；20 世纪 70 年代，随着世界范围内发展高技术热潮的到来，很多国家将发展高技术作为国家重要科技战略。1986 年，高技术也成为我国科技发展战略的重要内容。随着传统科技、高技术发展带来的人口健康、公共安全、生态环境等民生问题越来越多，如传统科技在转化应用过程中与安全、生态环境问题紧密联系在一起，如职业病、生产安全和社会安全问题；高技术在应用过程中产生了转基因食品可能带来的健康问题、信息安全问题。随着我国全面建设小康社会目标的不断推动，民众对解决这些民生问题的呼声也越来越高。正是在此背景下民生科技应运而生。

　　民生科技与传统科技、高技术是一种什么关系？在笔者看来，三者既独立发展，又相互协同。首先，民生科技作为解决人口健康、公共安全、生态环境等民生问题的科学技术，对传统农业科技、工业科技和目前高技术具有改造功能，促进传统科技和高技术向健康、安全、环保等方面转型。其次，民生科技作为促进社会建设的重要科学技术，离不开高技术的支撑，信息技术、生物技术、海洋技术、新材料技术、新能源技术、空间技术等对提高民生科技的科技含量具有直接的支撑功能。最后，民生科技的发展客观上需要加大其与传统科技、高技术之间

的集成创新，提高我国传统科技、高技术和民生科技的协同力。

纳米技术、生物技术、新材料技术等对促进民生科技发展确实具有改造和引领作用。但是，高技术发展不仅存在市场风险，而且存在技术风险。它们将会在人类健康、社会伦理、生态环境、公共安全等方面引发新的民生问题，我们必须建立相应的伦理、道德、政治、法律等手段，完善社会约束机制，实现民生科技、高技术和传统科技的协同安全发展。

二、处理好民生科技与其所属科学技术的协同关系

人口健康、公共安全、生态环境、防灾减灾等属于不同的民生问题，但是它们彼此之间是有联系的。生态环境问题的解决有助于民众健康水平的提高，安全问题与民众的健康问题紧密联系在一起。民生问题的协同性决定了民生科技发展的协同性。例如，食品安全科技发展指标与健康指标紧密联系在一起，生态环境科技发展与人口健康科技有密切联系。因此，民生科技作为科学技术发展的一个新领域，需要加强民生科技学科群的发展，加强其不同学科之间的协同发展。

三、处理好基础研究与应用研究之间的协同关系

目前，我国民生科技的发展主要是在民生科技工程层次上推动的，并不是说基础研究在民生科技发展过程中不重要。目前，关于宇宙的起源、智力的起源以及生命的起源等的研究处于科学前沿。科学除了前沿科学外，更多的科学在向应用阵地进军。应用科学也存在前沿科学。

科学发现是科学的天职。科学在探索过程中获得了新发现，扩大了人们的认识范围和活动空间，为科学转化为民生科技提供了一种可能。技术发明是技术运动的天职。一方面，技术发明可以促进科学的发现，可以为民生科技发展提供工具和支撑；另一方面，民生科技为科学和技术的发展提供问题和研究方向。因此，在当代科学发现、技术发明和民生科技已结成一个整体，彼此之间相互联系和作用。

民生科技与科学技术的关系还说明理论与应用的辩证统一。科学技术理论是对客观世界运动规律的最高概括。科学技术理论来源于实践又需要实践进一步的证明，因而是相对真理。民生科技的发展体现了理论与应用之间的辩证统一。所以，民生科技作为科学技术发展的领域之一，应处理好民生科技与前沿科学技术、理论科学技术的关系问题。

四、处理好自然科学、技术、人文社会科学的协同关系

民生科技发展广义语境路径不仅涉及科学技术因素，而且包括社会科学和人文科学的因素。因而处理好它们三者的关系对民生科技发展广义语境路径具有重要意义。人类生存的环境包括自然界、人类社会两大部分，因而在人类社会发展过程中应实现人与自然、人与人、人与社会的和谐发展。研究自然运动规律的科学与技术，形成自然科学与技术科学，研究人类社会运动规律的科学形成人文社会科学，而哲学作为宏观方法对于自然科学和人文社会科学都具有指导意义。而自然科学与工程技术科学的发展又有助于哲学、人文社会科学的发展。这样，自然科学与技术、社会科学、哲学之间形成一个三圈模式（图 11-1）。

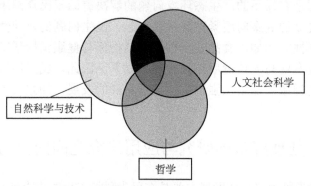

图 11-1　自然科学与技术、人文社会科学和哲学之间的协同关系

民生科技发展广义语境路径涉及三个领域。一方面，自然科学与技术为民生科技提供科学技术方面的支撑，哲学提供方法论指导，人文社会科学提供制度创新、管理创新和实践创新等方面的支撑。因此，我们必须实现不同学科之间的交叉与融合，这是由当代科学技术发展规律与当代民生问题特点决定的。当代科学技术发展的一个显著特点就是科学内部、科学与技术、人文社会科学之间的融合，交叉科学与综合性科学的发展成为当今科学技术发展的重要领域。另一方面，当代民生问题越来越复杂。例如环境问题，不仅需要环保技术，而且需要制度创新和管理创新以及可持续发展观的落实。因此，民生科技发展广义语境路径需要处理好科学技术、人文社会科学与哲学的关系问题，实现它们之间的交叉与融合。

民生问题的产生与自然科学所倡导的科技理性的不合理发展紧密相关，技术理性的无限膨胀造成人与自然、人与社会、人自身关系的异化。只有实现技术理性与价值理性的有机整合，才能保证人性的完整，最终改善人、自然、社会之间的关系，促使它们朝和谐健康方向发展。

五、处理好主语境与支撑语境的协同关系

大科学时代，科学技术的发展已成为社会的事业，民生科技作为公共领域的科学技术，更是社会的事情。首先，要实现民生科技发展主语境内部的协同发展。民生科技发展促进历史语境、认知语境、科学语境、社会语境等主语境的变革，通过产品、产业、制度和文化等方面的变革解决目前我国的民生问题。历史语境、认知语境和科学语境是民生科技解决民生问题的前提和基础，社会语境是实践判据。没有民生科技发展的历史、认知和科学语境就没有其所实现的社会语境。其次，要实现民生科技发展支撑语境内部的协同发展。科技规划对部门协同、传播机构建设、要素体系投入和国际合作具有统领和宏观指导作用。部门协同有助于要素体系、传播机构的建设。国际合作涉及传播机构建设、要素体系的合作。因此，对于支撑语境来讲，需要实现其内部因素之间的协同发展。最后，要实现民生科技发展主语境和支撑语境之间的协同发展。主语境是民生科技发展广义语境路径的主要方面，支撑语境对其实现具有支撑功能。因此，它们之间的协同发展体现了民生科技发展的科学、技术、社会之间的互动关系。

六、处理好政府、企业、科学共同体与民众的协同关系

科研主体主要包括国家科研单位和高校，企业作为技术创新的主体，科技成果转化的主体，民众和社会作为科技成果应用的主体。虽然不同主体的任务和目标是不同的，但是它们的工作的总体目标是一致的，都是为了促进社会和谐发展。

科研单位应坚持理论创新与应用创新，满足社会需要。企业作为科学技术与社会联系的纽带，应遵从科学规律和社会需要，否则生产出来的产品没有市场。民众和社会作为科技成果的应用主体，应按照社会发展观的要求，选择产品和消费方式。只有科研单位、企业、民众与社会形成共同的价值取向，才能更好地提高科技成果转化率，更好地促进产学研相结合。

为了更好地促进它们的结合，我们需要制度创新，为它们的融合提供平台。要促进科研与企业的结合，科研为企业解决科学技术难题，企业帮助科研单位科技成果的转化。民众和社会需要为科研单位和企业提供需要，并消费它们的产品，改变社会发展模式。

民生科技发展广义语境路径的过程是需要科研单位、企业、民众和社会共同作用，提高民生科技转化水平，促进企业科学发展，改变民众消费观念，加快社会转型。

总之，民生科技发展广义语境路径涉及的领域广、学科多、任务重。为了更

好地促进民生科技发展，我们必须协同科学、技术与社会的发展，协同自然科学与技术、人文社会科学和哲学，协同不同参与主体，协同不同发展战略的关系，这是民生科技发展广义语境路径的客观需要。

第四节　民生科技发展广义语境路径研究需要坚持正确的三观

民生科技发展广义语境路径的方向是由社会的价值观选择决定的。我们应树立正确的世界观、科技观和发展观。

一、坚持辩证唯物主义和历史唯物主义的世界观

世界观是人们对客观世界的总的根本看法，我们应坚持辩证唯物主义和历史唯物主义的世界观。辩证唯物主义的认识论是能动的、革命的反映论。辩证唯物主义是无产阶级的世界观、方法论，是无产阶级政党的战略和策略的理论基础。相信客观世界处于永恒的运动变化之中，它们具有各种特性和运动变化规律，但是彼此之间又处于相互联系之中。科技工作者应支持辩证唯物观，同伪科学、反科学做斗争，相信客观世界的规律性和可知性，在实践基础上不断认识自然和改造自然。一定时期的民生科技只能解决一定时期的民生问题。一方面，民生科技的发展受科学技术整体发展水平的制约，应遵循科学技术发展的规律；另一方面，民生科技的发展受社会需要的指引。一定时期的民生问题为民生科技的发展提供了方向和目标。所以，民生科技发展广义语境路径具有历史性、科学性和社会性三个维度的特征，坚持辩证唯物主义与历史唯物主义的世界观。任何超越历史条件的民生科技是不可能得到发展的。就像在科学技术革命史中，孟德尔发现了遗传学说，但由于受当时历史条件的制约，没有人认同他。后来人们又重新发现了这一规律。所以，民生科技发展广义语境路径必须是在一定的社会历史条件下才能实现的。

民生科技作为解决民生问题的科学技术，民生问题是基础，民生科技是支撑，它们之间的关系随着民生问题的不断变革，而处于动态发展之中，只有坚持辩证唯物主义和历史唯物主义的世界观，民生科技解决民生问题才能在实践基础上得以实现。民生科技发展过程是民生科技与人文、社会科学、历史与现实、逻辑与历史的辩证发展过程。

二、坚持以人为本的科技观

科技观是人们对科学技术总的根本看法。科学技术是人们在实践过程中积累起来的系统化的知识体系和技能。因此，科技观首先要重视实践的作用。科学技术来源于实践，又需要回到实践中进行检验。在实践中，人们认识到科技发展的继承性与突破性，科技发展的社会变革功能，科技发展的不完善性等。由于实践的作用，科学技术与社会形成一个开放的系统，科学技术不断地从实践和外部环境的作用中得到发展。

科学技术的实践性必须坚持以人为本，不仅主张人是发展的根本目的，回答了为什么发展、发展"为了谁"的问题。人是发展的根本目的，也是发展的根本动力，一切为了人，一切依靠人，二者的统一构成以人为本的完整内容。民生科技发展广义语境路径的实现既要体现以人为本，又要依靠民众实现，是为了民众和依靠民众的统一体。以人为本的科技观体现了技术理性和价值理性的有机融合，包括人、社会、自然和谐的科技观。

三、坚持以人为本的发展观

发展观是人们对科学技术发展过程的总的根本看法。科学技术发展过程是不断创新的过程。创新是科学技术发展的根本动力。从科技发展史看，科学技术的发展经过了从宏观到微观，从感性到理性的过程，科学技术发展的广度和深度不断扩展。科学技术发展的主体也从个体向群体、国家层次不断推进。目前，科学技术已经成为一项重要的国家事业。

科学技术作为实现社会进步的重要依靠力量，发展观为科学技术发展指明了方向。改革开放初期，为解放生产力，发展生产力，我们确定的政策是经济发展要依靠科学技术，科学技术要服务于经济建设。20世纪90年代，随着可持续发展观的不断深入，生态环境科技等为实现人与自然协调发展的科学技术成为我国科学技术发展的重要领域之一。进入21世纪，随着科学发展观的不断深入，以人为本也成为民生科技发展应坚持的核心思想。

第一，民生科技以解决民生问题为己任，体现人为本的核心思想。为此，我们首先要解放思想，解放思想是发展的前提。只有解放思想才能认真地思考科学技术问题，思考科学技术与社会的关系问题。

第二，民生科技解决民生问题体现了以人为本的发展思想。民生科技不仅仅是要解决民众的生存问题，关键是解决好与民众紧密相关的生活问题和长远发展问题。健康、安全和环保不仅是民众的生存问题，还是一个长期的发展问题。因此，我们发展民生科技必须立足社会民众的现实需求。

第三，民生科技解决民生问题的过程是民众广泛参与的过程，应发挥不同主体的能动性。科学技术发展作为一项社会事业，它的经费来源越来越依靠社会领域。它的研究主体包括科研机构、大学、企业。科学技术服务于社会需要，它的转化水平受民众认知水平的影响。我们必须发挥民众的积极性，提高民生科技解决民生问题的水平。

参 考 文 献

阿尔文·托夫勒. 1996. 第三次浪潮. 朱志焱等译, 北京: 新华出版社.

白金和. 2002. 中华人民共和国经济大事辑要（1978—2001）. 北京: 中国计划出版社.

白毅. 2012-12-19.我国生物医药领域国际论文"表现不俗". 中国医药报, 3.

贝尔纳. 1981. 历史上的科学. 伍况甫等译. 北京: 科学出版社.

贝尔纳. 2003. 科学的社会功能. 陈体芳译. 北京: 商务印书馆.

陈柳钦. 2007. 解决民生问题, 构建和谐社会. 民主, （7）: 5-7.

丹尼斯·米都斯等. 1997. 增长的极限. 李宝恒译. 长春: 吉林人民出版社.

德里克·博克. 2001. 走出象牙塔——现代大学的社会责任. 徐小洲, 陈军译. 杭州: 浙江教育出版社.

恩格斯. 1984. 自然辩证法. 于光远等译编. 北京: 人民出版社.

范维澄. 2010. 公共安全科技问题与思考. http: //wenku.baidu.com/view/af5641ea76e58fafab00308[2011-06-10].

方新, 柳卸林. 2004. 我国科技体制的改革与展望. 求是, （5）: 46-49.

高志前. 2004. 市场经济条件下的公共科技管理. 中国科技论坛, （2）: 60-62.

耿世刚. 2009. 大国策——通向大国之路的我国应对生态和环境危机发展战略. 北京: 人民日报出版社.

郭贵春. 1997. 论语境. 哲学研究, （4）: 12-20.

郭俊华, 卫玲. 2011. 中国经济转型问题若干研究观点的述评. 江苏社会科学, （2）: 69-75.

国家统计局, 科学技术部. 2011. 中国科技统计年鉴（2011）. 北京: 中国统计出版社.

国家统计局. 2010. 中国发展报告（2010）. 北京: 中国统计出版社.

国家统计局等. 2005. 中国高技术产业统计年鉴（2005）. 北京: 中国统计出版社.

国家统计局人口和就业统计司. 2009. 中国人口和就业统计年鉴（2009）. 北京: 中国统计出版社.

韩建民. 2003. 晚清科学传播的几种模式. 上海交通大学学报, （5）: 46-50.

何传启. 2011. 第六次科技革命的主要方向. 中国科学基金, （5）: 55-58.

何传启. 2012. 第六次科技革命的中国战略机遇. 决策, （6）: 20-22.

何传启. 2012. 科技革命与世界现代化. 江海学刊, （1）: 98-104.

红旗杂志社经济编辑室《中国省情》编辑组. 1986. 中国省情. 北京: 工商出版社.

洪晓楠等. 2009. 第二种科学哲学. 北京: 人民出版社.

姜振寰. 1988. 科学分类的历史沿革及当代交叉科学体系. 科学学研究, （3）: 112-118.

金振蓉. 2011-08-06. 我国面临第六次科技革命战略机遇. 光明日报, 1.

科恩. 1999. 科学中的革命. 鲁旭东等译. 北京：商务印书馆.

孔凡瑜, 周柏春. 2012. 中国民生科技发展：必要、挑战与应对. 科技管理研究, (2)：30-33.

蒯强. 2009. 关于法国重视社会发展和民生科技的成功经验. 全球科技经济瞭望, (6)：50-65.

李芳. 2009. 产业生态学——科技发展与环境保护的链接. 林业调查规划, (34)：132-138.

李会平. 2006. 共和国 7 个科技规划回放. 创新科技, (3)：5-7.

李田. 2005. 两种科学进步观的比较研究. 华南理工大学学报, (5)：14-17.

李新功. 2007. 借鉴国外科技评估经验完善我国科技评估体系. 科技进步与对策, (10)：135-139.

李新灵. 2011. 科学技术与社会结构变化. 理论探索, (1)：49-51.

李正风, 邱惠丽. 2005. 若干典型国家科技规划共性特征分析. 科学学与科学技术管理, (3)：
　　109-117.

林坚. 2004. 二十世纪中国留学生与科技发展. 山西师大学报（社会科学版）, (2)：73-77.

刘立. 2008. 改革开放以来中国科技政策的四个里程碑. 中国科技论坛, (10)：3-8.

刘潜, 张爱军. 2009. "安全科学技术"一级学科修订. 中国安全科学学报, (6)：5-11.

刘助仁. 2008. 2008 年以来突发事件频发对我国公共安全问题的启示. 经济研究参考, (63)：
　　2-13.

吕乃基. 2004. 科技革命与中国社会转型. 北京：中国社会科学出版社.

洛莫夫. 1982. 科学技术进步与军事上的革命, 军事科学院外国军事研究部译. 北京：中国人民
　　解放军战士出版社.

马惠娣. 1995. 科学技术宏观管理的"规划模式"——对中国第一个科学技术发展规划的评析.
　　自然辩证法通讯, (4)：46-50.

马克思, 恩格斯. 1957. 马克思恩格斯全集. 中共中央马克思恩格斯列宁斯大林著作编译局译.
　　北京：人民出版社.

迈克尔·德图佐斯. 1999. 未来会如何. 周昌忠译. 上海：上海译文出版社.

美国国家研究院地学、环境与资源委员会, 地球科学与资源重新发现地理学委员会. 2002. 重新
　　发现地理学与科学和社会的新关联. 黄润华译. 北京：学苑出版社.

苗东升. 1999. 系统科学精要. 北京：中国人民大学出版社.

默顿. 2007. 十七世纪英格兰的科学、技术与社会. 范岱年等译. 北京：商务印书馆.

牛芳, 苏玉娟. 2003. 对促进我国科技与经济紧密结合的思考. 理论探索, (1)：48-50.

欧阳进良, 张俊清, 李有平. 2010. 我国科技评估与评价实现的分析与探讨. 中国科技论坛, (5)：
　　86-92.

上海财经大学区域经济研究中心. 2003. 2003 年中国区域经济发展报告. 上海：上海财经大学出
　　版社.

施问超, 邵荣, 韩香云, 等. 2011. 环境保护通论. 北京：北京大学出版社.

石兰亚. 2003. 山西高新技术产业的发展现状及对策研究. 晋阳学刊, (5)：31-38.

苏玉娟, 郭智渊. 2010. 民生科技研究. 北京：人民出版社.

苏玉娟, 魏屹东. 2009. 公共安全活动中的利益冲突及其控制——"三鹿奶粉事件"的利益冲突分析. 山东大学学报, (5): 134-140.

苏玉娟. 2002. 从系统论看科技成果转化. 系统辩证学学报, (3): 52-55.

苏玉娟. 2005. 我国科技与经济互动关系研究. 淮海工学院学报, (3): 76-80.

苏玉娟. 2008. 从价值观选择下科技与社会和谐发展模式研究. 经济问题, (6): 86-91.

苏玉娟. 2013. 民生科技与第六次科技革命. 理论探索, (1): 18-22.

孙海鹰, 冯波. 2005. 加强科技政策引导推动我国公共安全科技发展. 科学学与科学技术管理, (9): 118-122.

孙家驹. 2005. 人、自然、社会关系的世纪性思考. 北京大学学报, (1): 88-91.

孙健. 2000. 中国经济通史. 北京: 中国人民大学出版社.

童天湘. 1998. 高科技的社会意义. 北京: 社会科学文献出版社.

王鸿生. 1997. 中国历史中的技术与科学. 北京: 中国人民大学出版社.

王鸿生. 2004. 中国科技小史. 北京: 中国人民大学出版社.

魏屹东, 苏玉娟. 2009. 科学革命发生的语境解释及其现实意义. 自然科学史研究, (3): 363-375.

魏屹东. 2004. 广义语境中的科学. 北京: 科学出版社.

魏屹东. 2012. 语境论与马克思主义哲学. 理论探索, (5): 9-15.

温泽先. 2002. 山西科技史. 太原: 山西科学技术出版社.

吴鹏举, 孔正红, 郭光普. 2007. 产业生态学: 传统环境保护的选项还是对其颠覆? 生态经济, (2): 26-29.

吴宇. 2011. 中国 55 个试点城市再生资源回收率达到 70%. http://news.xinhuanet.com/fortune/2011-04/07/c_121277372.htm[2011-05-03].

徐耀玲, 唐五湘, 吴秉坚. 2000. 科技评估指标体系设计的原则及其应用研究. 中国软科学, (5): 48-51.

严建新. 2007. 国内几种科学知识体系结构的评述. 科学学研究, (1): 20-25.

杨小波. 2000. 走有中国特色的可持续发展道路. 科学对社会的影响, (2): 35-39.

叶青, 何传启. 2008. 迎接世界第六次科技革命. 决策, (8): 16-18.

殷登祥. 1997. 科学技术与社会导论. 西安: 陕西人民出版社.

殷杰, 王亚男. 2012. 复杂性视角下的社会科学规律问题. 理论探索, (4): 26-31.

余光胜. 2000. 企业发展的知识分析. 上海: 上海财经大学出版社.

袁鹰. 2000. 现代科学技术史. 武汉: 武汉大学出版社.

张虎林. 2002. 我国科技体制改革进展. 医学研究通讯, (1): 63-66.

张利华, 李颖明. 2007. 区域科技发展规划评估的理论和方法研究. 中国软科学, (2): 95-101, 138.

张瑞民. 2004. 世界科技革命的历史简介及启示. 社科纵横, (5): 8-11.

张守一, 葛新权等. 2003. 微观知识经济与管理. 北京: 社会科学文献出版社.

张晓强. 2005. 中国高技术产业发展年鉴（2005）. 北京：北京理工大学出版社.

张孝德. 2009. 金融危机背后的"新经济革命"与我国应对战略. 国家行政学院学报,（5）：46-49.

赵冬，刑润川. 2003. 清末民初中国留日学生的科技活动及其影响. 科学技术与辩证法,（5）：
　　67-73.

赵智勇. 2009. 改革开放三十年我国环保事业发展及启示. 佳木斯大学社会科学学报,（1）：
　　18-22.

中国科协学会学术部. 2006. 新观点新学说学术沙龙. 北京：中国科技出版社.

中国社会科学院工业经济研究所. 2010. 中国工业发展报告（2010）. 北京：经济管理出版社.

周宏春，季曦. 2009. 改革开放三十年我国应对生态和环境危机政策演变. 南京大学学报,（1）：
　　35-40.

周元，王海燕. 2008. 中国应加强发展民生科技. 中国科技论坛,（1）：3-6.

周元，王海燕. 2011. 民生科技论. 北京：科学出版社.

Bargeman R A，Maidique M A. 2008. Strategic Management of Technology and Innovation. New
　　York：McGraw-Hill/Irwin.

Collingwood R G. 1980. The Idea of History. Oxford：Oxford University Press.

Crombie A C. 1986. Experimental science and the rational artist in early modern Europe. Daedalus,
　　115（3）：49-74.

Crombie C. 1963. Scientific Change. London：Heinemann.

Darrel E. 1964. Christensen，philosophy and its history. The Review of Metaphysics，18（1）：58-83.

Frank P. 1955. The variety of reasons for the acceptance of scientific theories. Scientific Monthly,
　　（80）：107-111.

Hesse M B. 1960. Gilbert and historians. British Journal for the Philosophy of Science,（11）：
　　131-142.

Kuhn T S. 1970. Alexandre Koyré and the history of science：on an intellectual revolution.
　　Encounter,（1）：67-79.

Marchant G E，Sylvester D J，Abbott K W. 2008. Risk management principles for nanotechnology.
　　Nanoethics，2：43-60.

Porter R. 1986. Revolution in History. Cambridge：Cambridge University Press.

Robinson R D. 1988. The International Transfer of Technology：Theory，Issues and Practice. London：
　　Longman Higher Education.

Rupert H A. 1969. Can the history of science be history.British Journal for the History of Science,
　　（4）：207-220.

Rupert H A. 1987. Alexandre Koyré and the scientific revolution.History and Technology,（4）：
　　485-495.

后　记

　　长期以来，我有一个愿望，就是想从科技与社会的角度研究二者之间的融合问题。因为 21 世纪科技与社会之间的融合越来越明显，而更多的著作是研究科技史、科技与社会发展规律、科学哲学，具体研究科技与社会二者之间融合的模式相对要少些。在 2008 年的一次会议上，我首次接触到民生科技，隐约感觉到研究二者微观机制的时候到了。此后，我发表了关于民生科技的一系列论文，并在 2010 年 3 月出版了全国范围内第一本关于民生科技的专著——《民生科技研究》，当时我国对于民生科技研究还处于认知阶段，还没有出台关于民生科技的正式概念，对民生科技的研究处于探索阶段。2011 年 7 月，科技部出台的《关于加快发展民生科技的意见》中提出："民生科技主要涉及民生改善的科学技术，是围绕人民群众最关心、最直接、最现实的社会发展重大需求，开展的科学研究、产品开发、成果转化和科技服务。"《国家"十二五"科学和技术发展规划》明确了该时期民生科技发展的主要领域。该课题正是在此背景下完成的。作为一名教师，我对中国当下人口健康问题、生态环境问题、公共安全问题和防灾减灾问题感到深切的忧虑，同时对我国近些年重视解决民生问题感到由衷的欣慰，更对实现健康、环保、安全为一体的人民梦、国家梦和民族梦充满期盼。

　　本书是我国家社科基金课题——"科学、技术、社会"视域下民生科技发展的路径研究（10CZX012）研究结果的重要体现。在课题与书的完成过程中，我得到了领导和同事的关心和帮助。首先感谢我的博士生导师山西大学魏屹东教授，魏教授常用的广义语境方法、概念分析方法也深深地影响了我，在本书中都有体现。在此，我特别感谢魏教授对我的帮助和指导，这将使我终身受益。感谢山西大学殷杰教授对我的民生科技发展广义语境模型提出的宝贵意见。感谢南开大学陈士俊教授对我的民生科技发展广义语境评估体系建设提出的宝贵意见。感谢中共山西省委党校潘峰校长、田忠宝校长及各位领导和同事为本书付出的辛苦。感谢王鹏飞在数据分析过程中付出的辛苦。感谢本书评审专家提供的宝贵意见和建议。感谢山西大学科学技术哲学中心对本书出版所给予的大力支持！感谢科学出版社的牛玲老师、刘溪老师、刘巧巧老师及其他编校人员对本书付出的辛劳！

　　本书在思考写作中参考和吸取了专家和学者的许多思想观点，书中可能难以全部注明，在此一并表示感谢。

　　由于时间紧迫，涉及的理论问题与实践问题难度大，一些处于空白，书中不足之处请专家、读者批评指正，以便以后修订改正。学海无涯，创新无边，我深知我们只是天资愚钝的平凡探索者，需要在不断地探索中完善自己，回报社会、亲人和朋友！

苏玉娟

2014 年 5 月